Ulrich Wojahn
Alfred Breitkopf

Übungsbuch Fertigungstechnik

Ulrich Wojahn
Alfred Breitkopf

Übungsbuch Fertigungstechnik

Urformen, Umformen, Spanen

Mit zahlreichen Abbildungen,
12 Tabellen und 102 Beispielen

ISBN-13:978-3-528-03817-5   e-ISBN-13:978-3-322-89868-5
DOI:10.1007/978-3-322-89868-5

Vorwort

Dieses Übungsbuch orientiert sich an dem Bedürfnis nach Übungsmaterial für Studenten und Schüler an Fachhochschulen, technischen Fachschulen, Fachoberschulen und Fachgymnasien. Das Buch zeigt praktische Anwendungsmöglichkeiten zu der bereits vermittelten Theorie auf und bietet Problemlösungen für die gestellten fertigungstechnischen Aufgaben. Der Aufbau ist nach Fertigungsverfahren geordnet und so ausgeführt, daß jede Aufgabe ein Problem für sich darstellt und unabhängig von anderen gelöst werden kann. In einer *Projektaufgabe* wird versucht, ein komplexes Problem, bei dem verschiedene Fertigungsverfahren zum Einsatz kommen, zu bearbeiten. Der Lösungsgang zu jeder Aufgabe ist schrittweise für jeden Übenden nachvollziehbar aufbereitet und strukturiert. Somit eignet sich dieses Buch besonders für das Selbststudium.
Eine Zusammenstellung der verwendeten Formelzeichen und eine Auswahl der gebräuchlichsten Formeln zur Lösung der gestellten Probleme ist jedem Kapitel vorangestellt. Im Anhang befindet sich eine Auswahl von Diagrammen und Tabellen, die nicht nur das Bearbeiten der gestellten Aufgaben erleichtert, sondern auch bei anderen fertigungstechnischen Problemen verwendet werden kann.
Die Verfasser hoffen mit ihrer Arbeit einerseits den Studierenden eine Hilfe für das Handhaben technischer Berechnungsverfahren aufzuzeigen und andererseits Anregungen zu geben, Aufgabenstellungen aus der Praxis weiter zu entwickeln und fachübergreifend einzusetzen.
Die aufgeführten Stähle entsprechen den neuen DIN EN 10025 und DIN EN 10027. Zum besseren Verständnis wurde die alte Werkstoffkennzeichnung nach DIN 17100 und DIN 17200 in Klammer gesetzt. Für Anregungen und Hinweise, die zur Verbesserung und Vervollständigung beitragen, sind wir stets dankbar.

Darmstadt, im Juli 1996

Ulrich Wojahn
Alfred Breitkopf

Inhaltsverzeichnis

1 Urformverfahren

1.1 Gießen

1.1.1 Verwendete Formelzeichen

p_B	$[N / mm^2]$	Bodendruck
F_B	$[N]$	Bodendruckkraft
A_B	$[mm^2]$	Bodenfläche (projiziert)
ρ_K	$[kg / dm^3]$	Dichte des Kerns
h_B	$[mm]$	Druckhöhe, Eingußhöhe, Füllhöhe
F_D	$[N]$	Druckkraft
g	$[m / s^2]$	Fallbeschleunigung
b_{Fs}	$[mm]$	Formschrägenbreite
α	$[°]$	Formschrägenwinkel
F_{Ges}	$[N]$	Gesamtauftriebskraft
l_G	$[mm]$	Gußstücklänge
F_A	$[N]$	Kernauftriebskraft
F_K	$[N]$	Kerngewicht (Gewichtskraft des Kerns)
V_K	$[mm^3]$	Kernvolumen
l_K	$[mm]$	Länge des Kerns
l_M	$[mm]$	Modellänge
h_M	$[mm]$	Modellhöhe
H	$[mm]$	Oberkastenhöhe
V_G	$[mm^3]$	verdrängtes Metallvolumen
V_W	$[mm^3]$	Volumen des Gußstücks
V_0	$[mm^3]$	Volumen des Oberkastens
ρ_G	$[kg / dm^3]$	Werkstoffdichte
h_W	$[mm]$	Werkstückhöhe

1.1.2 Auswahl verwendeter Formeln

Bodendruckkraft

$$F_B = A_B \cdot h_B \cdot \rho_G \cdot g$$

Kernauftriebskraft

$$F_A = V_G \cdot \rho_G \cdot g$$

Kerngewicht

$$F_K = V_K \cdot \rho_K \cdot g$$

Oberkastenauftriebskraft

$$F_{OK} = V_G \cdot \rho_G \cdot g$$

Gesamtauftriebskraft

$$F_G = F_A + F_{OK} - F_K$$

Bodendruck

$$p = h_B \cdot g \cdot \rho_G$$

Kernvolumen

$$V_K = A \cdot l$$

Druckkraft

$$F_D = p_B \cdot A_B$$

1.1.3 Berechnungsbeispiele

1. Das skizzierte Gußstück aus G-CuZn30, Dichte 7,8 kg/dm^3, wird mit einem liegenden Kern gegossen. Die Dichte des Kernsandes beträgt 1,2 kg/dm^3.

   Berechnen Sie:
   a) die Bodenkraft
   b) die Kernauftriebskraft
   c) das Kerngewicht
   d) die Oberkastenauftriebskraft
   e) die Gesamtauftriebskraft.

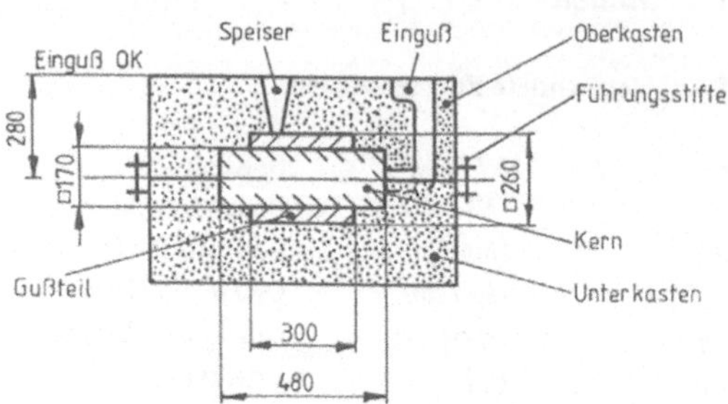

2. In einem Formkasten ist eine mit Flanschen versehene Buchse eingeformt (s. Skizze). Die Buchse hat eine Länge von 540 mm, einen Innendurchmesser von 160 mm und eine Wandstärke von 50 mm.

   Die Flansche haben einen Außendurchmesser von 420 mm, die Flanschdicke beträgt 60 mm. Der Oberkasten ist 300 mm hoch. Der Kern wiegt 240 N, Dichte des Gußeisens 7,2 kg/dm^3.

   Berechnen Sie die Gesamtauftriebskraft.

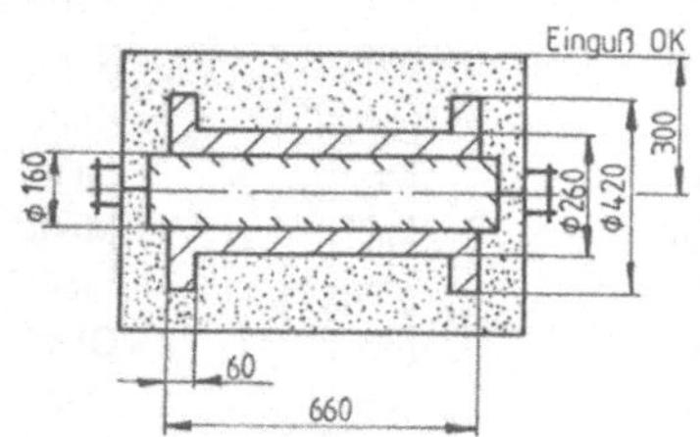

3. Das skizzierte Distanzstück aus E 360 (St 70-2) soll durch Schwerkraftgießen hergestellt werden.

   a) Skizzieren Sie das eingeformte Werkstück im Formkasten, die Oberkastenhöhe beträgt 400 mm.
   b) Berechnen Sie den Bodendruck.
   c) Ermitteln Sie die Auftriebskraft beim Gießen, wenn die Dichte von Stahl 7,8 kg/dm^3 und die Dichte des Kernwerkstoffs 3,6 kg/dm^3 beträgt.

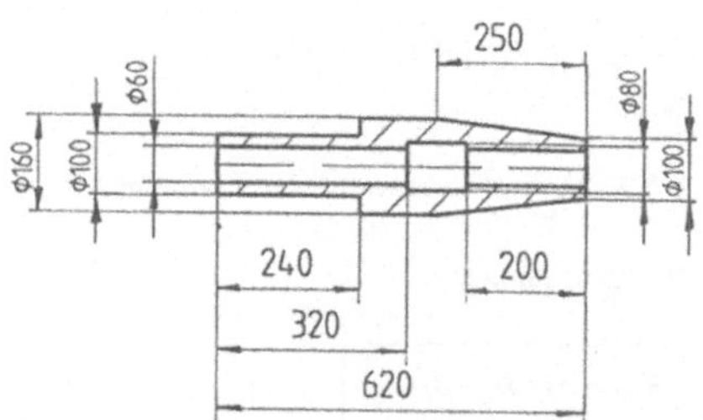

4. Die abgebildete Walze aus GG-30 soll durch Gießen hergestellt werden.

   a) Welches Gießverfahren ist anzuwenden, wenn 20 Walzen benötigt werden?
   b) Skizzieren Sie für das Gußstück die Gießform mit allen wesentlichen Merkmalen.
   c) Berechnen Sie die Auftriebskraft gegen den Oberkasten bei vollständig gefüllter Gießform. Höhe des Oberkastens 280 mm, Dichte des Gußeisens 7,2 kg/dm^3.

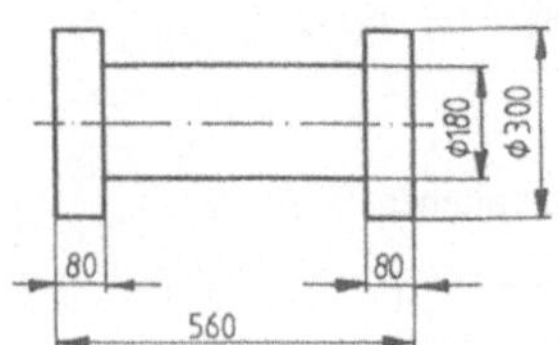

5. In einem Formkasten ist die skizzierte Scheibe mit einem Durchmesser von 550 *mm* zum Gießen eingeformt. Höhe des Oberkastens 130 *mm*, Dichte des Gußwerkstoffs 6,9 kg/dm^3.

   a) Skizzieren Sie die Gußform.

   b) Berechnen Sie die Auftriebskraft gegen den Oberkasten bei vollständig gefüllter Gießform.

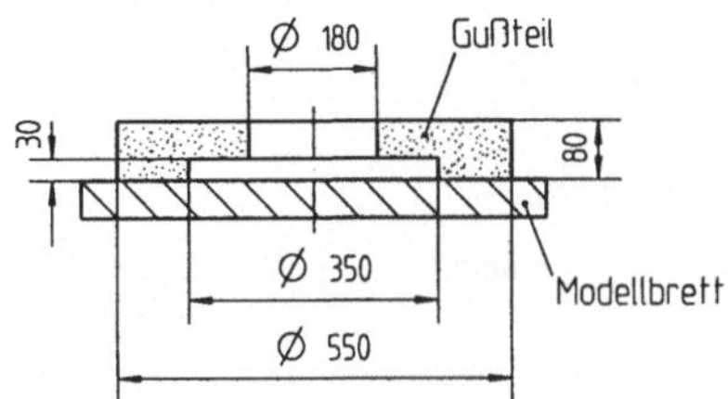

6. Ermitteln Sie:

   a) den Bodendruck (in bar) in einer Gießform, wenn das Werkstück aus Stahl gegossen wird.

   b) die Druckkraft.

   Die Grundfläche beträgt 46800 mm^2, die Eingußhöhe wurde mit 0,4 *m* gewählt, Werkstoffdichte 7,8 kg/dm^3 .

7. Ermitteln Sie die Modellmaße des skizzierten Guß-stücks aus Temperguß GTW 35 - 04, ohne Bearbei-tungszugaben und Formschrägen. Das Schwindmaß beträgt 1,6% (DIN 1511).

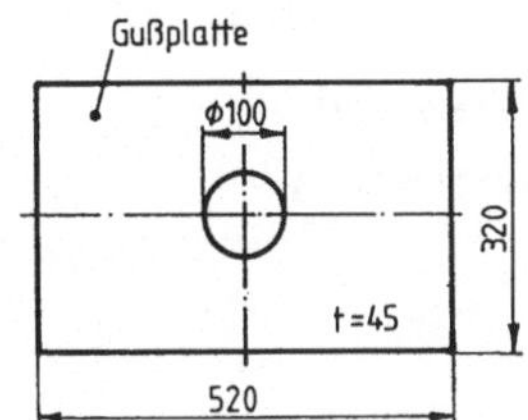

8. Die Höhe eines Modells beträgt 320 *mm*.

   Ermitteln Sie:

   a) die Formschrägenbreite

   b) den Formschrägenwinkel.

9. Wieviel Kilogramm Aluminium und Silizium sind in 50 *kg* der Aluminium-Gußlegierung G-AlSi 9 ent-halten?

10. Eine Guß-Kupfer-Zinn-Legierung G-CuSn 20 soll in G-CuSn 10 umlegiert werden.

   Welches Metall und wieviel davon müssen zugegeben werden, wenn 120 *kg* G-CuSn 20 vorhanden sind?

11. Ermitteln Sie:

   a) den Erstarrungsmodul der skizzierten Teile

   b) erläutern Sie anschließend die Ergebnisse.

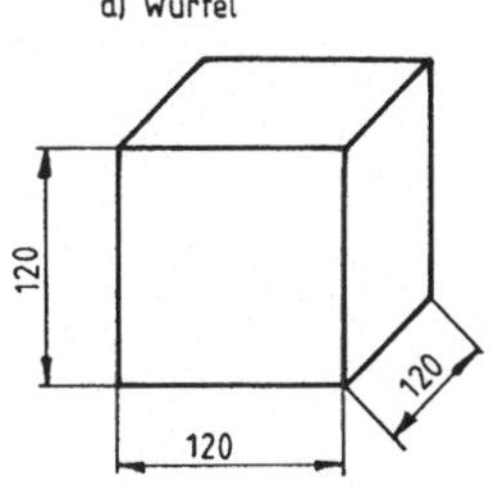

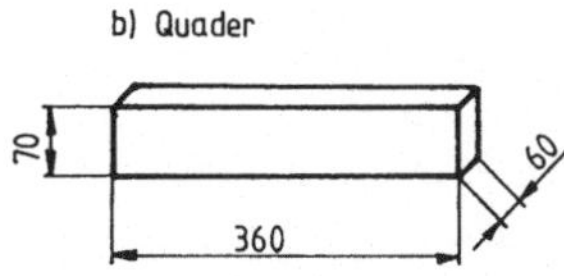

1.1.4 Lösungen

Lösung zu Beispiel 1

a) Bodenkraft

$$F_B = A_B \cdot h_B \cdot \rho_G \cdot g$$
$$A_B = 3 \cdot 2{,}6 = 7{,}8 \ dm^2$$
$$h_B = 2{,}8 \ dm$$
$$\rho_G = 7{,}8 \ kg \ / \ dm^3$$
$$F_B = 7{,}8 \cdot 2{,}8 \cdot 7{,}8 \cdot 9{,}81 = \underline{\underline{1671{,}2}} \ N$$

b) Kernauftriebskraft

$$F_A = V_G \cdot \rho_G \cdot g$$
$$V_G = 3 \cdot 1{,}7 \cdot 1{,}7 = 8{,}67 \ dm^3$$
$$F_A = 8{,}67 \cdot 7{,}8 \cdot 9{,}81 = \underline{\underline{663{,}4}} \ N$$

c) Kerngewicht

$$F_K = V_K \cdot \rho_K \cdot g$$
$$V_K = 4{,}8 \cdot 1{,}7 \cdot 1{,}7 = 13{,}87 \ dm^3$$
$$F_K = 13{,}87 \cdot 1{,}2 \cdot 9{,}81 = \underline{\underline{163{,}3}} \ N$$

d) Oberkastenauftriebskraft

$$F_{OK} = V_G \cdot \rho_G \cdot g$$
$$V_G = 3 \cdot 2{,}6 \cdot 1{,}5 = 11{,}7 \ dm^3$$
$$F_{OK} = 11{,}7 \cdot 7{,}8 \cdot 9{,}81 = \underline{\underline{895{,}3}} \ N$$

e) Gesamtauftriebskraft

$$F_G = F_A + F_{OK} - F_K = 663{,}4 + 895{,}3 - 163{,}3 = \underline{\underline{1395{,}4}} \ N$$

Lösung zu Beispiel 2

a) Oberkastenauftriebskraft

$$F_{OK} = V_G \cdot \rho_G \cdot g = \left(b_1 \cdot h_1 - \frac{\pi \cdot d_1^2}{2 \cdot 4} \right) \cdot l_1 + 2 \cdot \left(b_2 \cdot h_2 - \frac{\pi \cdot d_2^2}{2 \cdot 4} \right) \cdot l$$

$$V_G = \left(2{,}6 \cdot 3 - \frac{\pi \cdot 2{,}6^2}{2 \cdot 4} \right) \cdot 5{,}4 + 2 \cdot \left(4{,}2 \cdot 3 - \frac{\pi \cdot 4{,}2^2}{2 \cdot 4} \right) \cdot 0{,}6 = 34{,}63 \; dm^3$$

$$F_{OK} = 34{,}63 \cdot 7{,}2 \cdot 9{,}81 = \underline{\underline{2446 \; N}}$$

b) Kernauftriebskraft

$$F_A = V_G \cdot \rho_G \cdot g$$

$$V_G = \frac{1{,}6^2 \cdot \pi}{4} \cdot 6{,}6 = 13{,}26 \; dm^3$$

$$F_A = 13{,}26 \cdot 7{,}2 \cdot 9{,}81 = \underline{\underline{936{,}8 \; N}}$$

c) Gesamtauftriebskraft

$$F_G = F_{OK} + F_A - F_K = 2446 + 936{,}8 - 240 = \underline{\underline{3143 \; N}}$$

Lösung zu Beispiel 3

a) eingeformtes Distanzstück

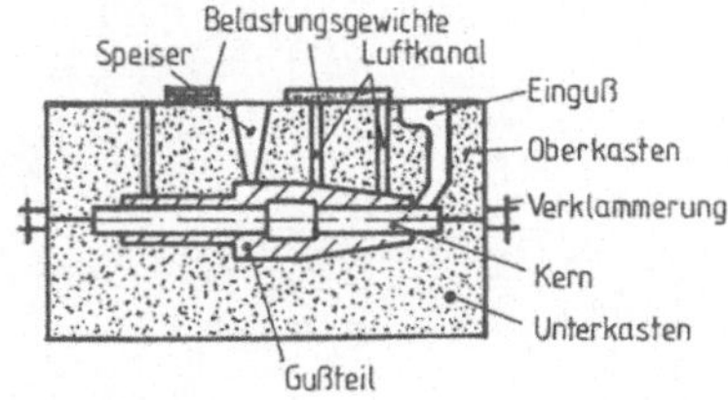

b) Bodendruck

$$p = h_B \cdot g \cdot \rho_G$$

$$h_B = 400 + \frac{160}{2} = 480 \; mm$$

$$p = 0{,}48 \cdot 9{,}81 \cdot 7{,}8 = 0{,}3673 \; bar \approx \underline{\underline{0{,}37 \; bar}}$$

c) Auftriebskraft

Kernvolumen

$$L = 320 + 200 = 520\ mm$$

$$V_K = \frac{d^2 \cdot \pi}{4} \cdot l + \frac{D^2 \cdot \pi}{4} \cdot l_1 = \frac{60^2 \cdot \pi}{4} \cdot 520 + \frac{80^2 \cdot \pi}{4} \cdot 100 = 1971920\ mm^3 \approx \underline{\underline{1,972\ dm^3}}$$

Kerngewicht

$$F_K = V_K \cdot \rho_K \cdot g = 1,972 \cdot 3,6 \cdot 9,81 = \underline{\underline{71\,N}}$$

Kernauftriebskraft

$$F_A = V_G \cdot \rho_G \cdot g = 1,972 \cdot 7,8 \cdot 9,81 = \underline{\underline{151\,N}}$$

Wirksame Auftriebskraft

$$F_W = F_A - F_K = 151 - 71 = \underline{\underline{80\,N}}$$

Oberkastenauftriebskraft

$$F_{OK} = V_G \cdot \rho_G \cdot g$$

$$V_W = \frac{d_1^2 \cdot \pi}{4 \cdot 2} \cdot l_1 + \frac{d_2^2 \cdot \pi}{4 \cdot 2} \cdot l_2 + \frac{\pi \cdot h}{12 \cdot 2} \cdot (D^2 + d^2 + D \cdot d) - V_K$$

$$= \frac{1,2^2 \cdot \pi}{4 \cdot 2} \cdot 2,4 + \frac{1,6^2 \cdot \pi}{4 \cdot 2} \cdot 1,3 + \frac{3,14 \cdot 2,5}{12 \cdot 2} \cdot (1^2 + 1,6^2 + 1 \cdot 1,6) - 1,972$$

$$= 0,942 + 1,306 + 1,688 - 1,972 = 3,936\ dm^3$$

$$V_O = d_1 \cdot l_1 \cdot H + d_2 \cdot l_2 \cdot H + \left[\frac{D+d}{2} \cdot h \cdot H\right] = 1 \cdot 2,4 \cdot 4 + 1,6 \cdot 1,3 \cdot 4 + \left[\frac{1,6+1}{2} \cdot 2,5 \cdot 4\right] = 30,92\ dm^3$$

$$V_G = V_O - V_W = 30,92 - 3,936 = 26,984\ dm^3$$

$$F_{OK} = 26,984 \cdot 7,8 \cdot 9,81 = \underline{\underline{2064,8\ N}}$$

Gesamtauftriebskraft

$$F_G = F_{OK} + F_W = 2064,8 + 80 = 2144,8\ N \approx \underline{\underline{2145\ N}}$$

Lösung zu Beispiel 4

a) gewähltes Gießverfahren: Schwerkraftgießen

$\Rightarrow$ Gießen mit verlorener Form
$\Rightarrow$ Herstellung durch Handformen

b) Abb: eingeformte Walze, GG-30

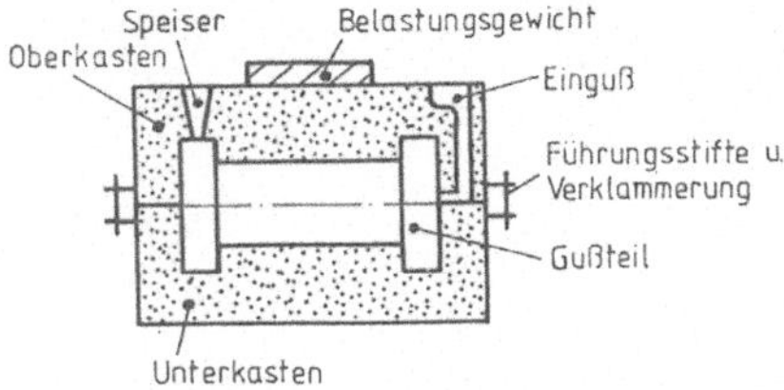

c) Oberkastenauftriebskraft

$$F_{OK} = V_G \cdot \rho_G \cdot g$$

$$V_G = \left(1{,}8 \cdot 2{,}8 - \frac{1{,}8^2 \cdot \pi}{4 \cdot 2}\right) \cdot 4 + 2\left(3 \cdot 2{,}8 - \frac{3^2 \cdot \pi}{4 \cdot 2}\right) \cdot 0{,}8 = 22{,}98 \, dm^3$$

$$F_{OK} = 22{,}98 \cdot 7{,}2 \cdot 9{,}81 = \underline{\underline{1622{,}8 \, N}}$$

Lösung zu Beispiel 5

a) Abbildung eingeformte Scheibe, GG-30

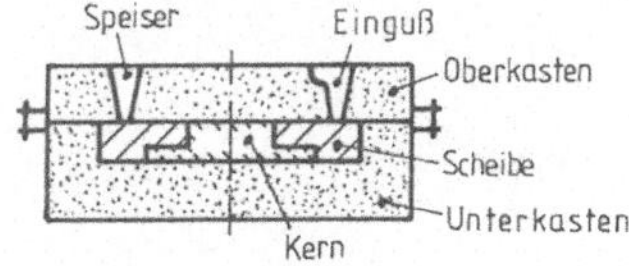

b) Oberkastenauftriebskraft

$$F_{OK} = V_G \cdot \rho_G \cdot g$$

$$V_G = (D^2 - d^2) \cdot \frac{\pi}{4} \cdot h = (5{,}5^2 - 1{,}8^2) \cdot \frac{\pi}{4} \cdot 1{,}3 = 27{,}56 \, dm^3$$

$$F_{OK} = 27{,}56 \cdot 6{,}9 \cdot 9{,}81 = \underline{\underline{1866 \, N}}$$

Lösung zu Beispiel 6

a) Bodendruck

$$p_B = h_B \cdot \rho_G \cdot g = 0,4 \cdot 7,8 \cdot 9,81 = \underline{\underline{0,31\,bar}}$$

b) Druckkraft

$$F_D = p_B \cdot A_B = 0,31 \cdot 468 = \underline{\underline{1451\,N}}$$

Lösung zu Beispiel 7

Modellmaß

$$l_m = \frac{l_G \cdot 100\%}{100\% - s}$$

$$l_{m1} = \frac{l_{G1} \cdot 100\%}{100\% - s} = \frac{320 \cdot 100\%}{100\% - 1,6\%} \approx \underline{\underline{325,2\,mm}}$$

$$l_{m2} = \frac{l_{G2} \cdot 100\%}{100\% - s} = \frac{520 \cdot 100\%}{100\% - 1,6\%} \approx \underline{\underline{528,46\,mm}}$$

Lösung zu Beispiel 8

a) Formschrägenbreite

aus Tabelle 1: Formschrägenbreite
bei $h_M > 315\,mm \Rightarrow b_{FS} = 2,5\,mm$

$$b_{FS} = 2,5\,mm$$

b) Formschrägenwinkel

$$b_{FS} = \tan\alpha \cdot h_M$$

$$\tan\alpha = \frac{b_{FS}}{h_M} = \frac{2,5}{320} = 0,00781$$

$$\alpha = 0,447° \approx \underline{\underline{0,45°}}$$

Lösung zu Beispiel 9

Aus der Normbezeichnung der Legierung G-AlSi9 ergibt sich:

100 kg $G\text{-}AlSi$ 9 enthalten 91 $kg\,Al$ und 9 $kg\,Si$

50 kg $G\text{-}AlSi$ 9 enthalten $\dfrac{91 \cdot 50}{100} = \underline{\underline{45{,}5\,kg\,Al}}$

50 kg $G\text{-}AlSi$ 9 enthalten $\dfrac{9 \cdot 50}{100} = \underline{\underline{4{,}5\,kg\,Si}}$

Lösung zu Beispiel 10

Aus der Normbezeichnung der Legierung G-CuSn20 ergibt sich:

100 kg $G\text{-}CuSn$ 20 enthalten 80 $kg\,Cu$ und 20 $kg\,Sn$

120 kg $G\text{-}CuSn$ 20 enthalten $\dfrac{80 \cdot 120}{100} = 96\,kg\,Cu$

120 kg $G\text{-}CuSn$ 20 enthalten $\dfrac{20 \cdot 120}{100} = 24\,kg\,Sn$

$\Rightarrow$ in $G\text{-}CuSn$ 10 sind 90 % Cu enthalten

nach der obigen Rechnung sind in 24 kg $\Rightarrow$ 10% Zinn enthalten,

somit $90\% \cong \dfrac{24 \cdot 90\%}{10\%} = 216\,kg\,Cu$

98 $kg\,Cu$ sind vorhanden, es müssen also: x = 216 kg - 98 kg = 118 $kg\,Cu$ zugegeben werden.

Lösung zu Beispiel 11

a) Erstarrungsmodul beim Würfel

$$m_{E1} = \frac{V}{A0}$$

$$V = a^3$$
$$V = 1{,}2^3 = 1{,}728\,dm^3$$
$$A_0 = 6 \cdot a^2 = 6 \cdot 1{,}2^2 = 8{,}64\,dm^2$$
$$m_{E1} = \frac{1{,}728}{8{,}64} = \underline{\underline{0{,}2}}$$

b) Erstarrungsmodul beim Quader

$$V = l \cdot b \cdot h = 3{,}6 \cdot 0{,}6 \cdot 0{,}7 = 1{,}512 \, dm^3$$

$$A_0 = 2 \cdot l \cdot b + 2 \cdot b \cdot h + 2 \cdot b \cdot h = 2 \cdot 3{,}6 \cdot 0{,}6 + 2 \cdot 0{,}6 \cdot 0{,}7 + 2 \cdot 3{,}6 \cdot 0{,}7 = 10{,}2 \, dm^2$$

$$m_{E1} = \frac{1{,}512}{10{,}2} = 0{,}148 = \underline{\underline{0{,}15}}$$

Hinweis:

Das Stück mit dem kleinsten Erstarrungsmodul erstarrt zuerst. Dies gilt für jeden einzelnen Teilbereich eines Gußstückes. Liegt nun bei einem Gußstück ein Teil mit größeren m_E zwischen Stellen mit niedrigerem m_E, so erstarren diese zuerst!

1.2 Sintern

1.2.1 Verwendete Formelzeichen

q		Füllfaktor
h	$[mm]$	Füllhöhe
h_W	$[mm]$	gepreßte Höhe

1.2.2 Auswahl verwendeter Formeln

$$h = h_W \cdot q$$

$$q = \frac{\text{Dichte des gepreßten Körpers}}{\text{Scheindichte des Pulvers}}$$

1.2.3 Berechnungsbeispiel

1. Ein Körper aus Eisenpulver soll auf 20 mm Höhe gepreßt werden. Die Dichte im gepreßten Zustand beträgt 6,8 $g \, / \, cm^3$. 100 g des Eisenpulvers nehmen 35 cm^3 Füllvolumen ein.

   Ermitteln Sie:
   a) den Füllfaktor
   b) die Füllhöhe.

1.2.4 Lösung

Lösung zu Beispiel 1

a) Füllfaktor

   Hinweis: Beim Herstellen von Preßlingen spielt der Füllfaktor eine wesentliche Rolle. Komplizierte Teile müssen in verschiedene Füllräume aufgeteilt werden. Für jeden Körperquerschnitt ergibt sich der Füllraum durch die Füllhöhe.

$$q = \frac{\text{Dichte des gepreßten Körpers} \cdot \text{Füllvolumen}}{\text{Scheindichte des Pulvers} \cdot 100}$$

   Scheindichte des Pulvers
   $100g \triangleq 35 \, cm^3 \triangleq 2,86 \; g \, / \, cm^3$

$$q = \frac{6,8}{2,86} = \underline{\underline{2,38}}$$

   oder

$$q = \frac{6,8 \cdot 35}{100} = \underline{\underline{2,38}}$$

b) Füllhöhe

$$h = h_W \cdot q = 20 \cdot 2,38 = \underline{\underline{47,6 \; mm}}$$

2 Umformverfahren

2.1 Walzen

2.1.1 Verwendete Formelzeichen

P_a	$[kW]$	Antriebsleistung
d_0	$[mm]$	Ausgangsdurchmesser
k_{f0}	$[N / mm^2]$	Ausgangsformänderungsfestigkeit
A_0	$[mm^2]$	Ausgangsquerschnitt
a	$[Nmm / mm^3]$	bezogene Formänderungsarbeit
ε	$[\%]$	bezogene Stauchung
M	$[Nm]$	Drehmoment
d_1	$[mm]$	Durchmesser nach dem Umformen
k_{fE}	$[N / mm^2]$	Endformänderungsfestigkeit
η_F	$[\%]$	Formänderungswirkungsgrad
α_0	$[°]$	Greifwinkel
Δ_h	$[mm]$	maximale Dickenabnahme
k_{fm}	$[N / mm^2]$	mittlere Formänderungsfestigkeit
F_m	$[N]$	mittlere Stauchkraft
F_N	$[N]$	Normalkraft
F_R	$[N]$	Reibkraft
ρ	$[°]$	Reibungswinkel
μ		Reibungszahl
s		Stauchverhältnis
W	$[Nm]$	Umformarbeit
F	$[N]$	Umformkraft
φ	$[\%]$	Umformgrad
A_1	$[mm^2]$	umgeformter Querschnitt
V	$[mm^3]$	umgeformtes Volumen
V_0	$[mm^3]$	Volumen des Rohlings
F_{NW}	$[N]$	waagerechte Komponente der Normalkraft
F_{RW}	$[N]$	waagerechte Komponente der Reibkraft
$T(\vartheta)$	$[°]$	Temperatur des Walzgutes
v	$[m / s]$	Walzengeschwindigkeit
l	$[mm]$	Walzlänge, Rohlingslänge
r	$[mm]$	Walzenradius
h_0	$[mm]$	Werkstückdicke vor der Bearbeitung
h_1	$[mm]$	Werkstückdicke nach der Bearbeitung
ω	$[s^{-1}]$	Winkelgeschwindigkeit

2.1.2 Auswahl verwendeter Formeln

Umformgrad

$$\varphi = \ln \frac{A_0}{A_1}$$

Mittlere Formänderungsfestigkeit

$$k_{fm} = \frac{a}{\varphi}$$

Umformkraft

$$F = \frac{A_1}{2} \cdot \frac{k_{fm}}{\eta_f} \cdot \varphi$$

Umformarbeit

$$W = 2 \cdot F \cdot l_1$$

Drehmoment je Walze

$$M = F \cdot r$$

Antriebsleistung

$$P_a = \frac{2 \cdot F \cdot v}{60 \cdot 10^3} = 2 \cdot M \cdot \omega$$

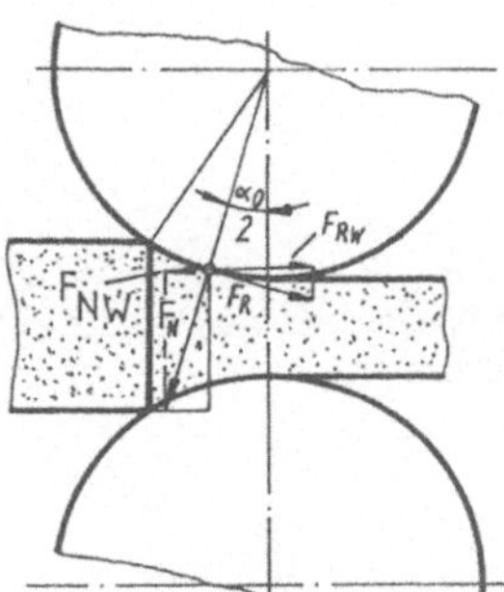

Waagerechte Komponente
der Normalkraft

$$F_{NW} = F_N \cdot \sin \frac{\alpha_0}{2}$$

Waagerechte Komponente
der Reibkraft

$$F_{RW} = F_R \cdot \cos \frac{\alpha_0}{2}$$

Reibkraft

$$F_R = \mu \cdot F_N$$

Maximale
Dickenabnahme

$$\Delta h = h_0 - h_1 = 4 \cdot r \cdot \sin^2 \cdot \frac{\alpha_0}{2}$$

Reibungszahl beim Warmwalzen
(700°-1200°C)

$$\mu = 1{,}05 - 0{,}5 \cdot 10^{-3} \cdot T - 0{,}056 \cdot v$$

Druckwalz-
bedingung

$$\alpha_o < 2 \cdot \rho$$

2.1.3 Berechnungsbeispiele

1. Eine durch Wärmebehandlung weichgeglühte Stange aus E 360 (St 70-2) mit dem Durchmesser von
    25 *mm* soll auf einen Durchmesser von 20 *mm* gewalzt werden, der Formänderungswirkungsgrad beträgt
    60 %. Die Stange längt sich dabei auf 20 *m*.

    Ermitteln Sie:

    a) die Umformkraft

    b) die Umformarbeit.

2. Durch Kaltwalzen wird ein 1000 *mm* breites Stahlblech aus C35 von 10 *mm* Dicke auf 5 *mm* verformt. Die
    Walzen, 600 *mm* Durchmesser, laufen mit einer Umfanggeschwindigkeit von 0,12 *m / s*.
    Der Formänderungswirkungsgrad beträgt 55 %.

    Ermitteln Sie:

    a) die Walzenkraft

    b) das Walzendrehmoment

    c) die Leistung am Walzenpaar.

3. Ein Blechstreifen aus S275JR (St 44-2), 200 *mm* breit, wird auf eine Dicke von 22 *mm* kaltgewalzt.
    Die Ausgangstemperatur beträgt 50 °C, die Walzgeschwindigkeit 1,5 *m / min*, Walzenradius 40 *mm*,
    der Formänderungswirkungsgrad beträgt 60 %.

    Ermitteln Sie:

    a) die Umformkraft

    b) das Walzendrehmoment

    c) die Antriebsleistung, wenn mit größtmöglichem Eingriffswinkel gearbeitet wird.
        Wie verändern sich die Daten, wenn bei einer Walztemperatur von 1000 °C auf eine Blechdicke von
        6 *mm* gewalzt wird ?

2.1.4 Lösungen

Lösung zu Beispiel 1

a) Umformkraft

$$F = \frac{A_1}{2} \cdot \frac{k_{fm}}{\eta_f} \cdot \varphi$$

Umformgrad

$$\varphi = \ln \frac{A_0}{A_1} = \ln \frac{d_0^2}{d_1^2} = \ln \frac{25^2}{20^2} = \ln \frac{625}{400} = 0{,}446 \mathrel{\hat{=}} 44{,}6\,\%$$

aus Diagramm E 360 (St 70-2):

bei $\varphi = 46\,\% \quad \Rightarrow \quad a = 310\ Nmm\,/\,mm^3$

Mittlere Formänderungsfestigkeit

$$k_{fm} = \frac{a}{\varphi} = \frac{310}{0{,}446} = 695{,}1\ N\,/\,mm^2$$

Umformkraft je Walze

$$F = \frac{A_1}{2} \cdot \frac{k_{fm}}{\eta_f} \cdot \varphi = \frac{20^2 \cdot \pi}{2 \cdot 4} \cdot \frac{695{,}1}{0{,}6} \cdot 0{,}446 = \underline{\underline{81\,161{,}6\ N}}$$

b) Umformarbeit

$$W = 2 \cdot F \cdot l_1 = 2 \cdot 81\,161{,}6 \cdot 20 = 3\,246\,460\ Nm \approx \underline{\underline{3246{,}5\ kNm}}$$

Lösung zu Beispiel 2

a) Walzenkraft je Walze

$$F = \frac{A_1}{2} \cdot \frac{k_{fm}}{\eta_f} \cdot \varphi$$

$$\varphi = \ln\frac{h_1}{h_0} = \ln\frac{5}{10} = 0,693 \,\hat{=}\, 69,3\,\%$$

$$k_{fm} = \frac{a}{\varphi} = \frac{540}{0,693} = 779,2 \; N/mm^2$$

aus Diagramm C35:
$$\Rightarrow a = 540\, Nmm/mm^3$$

$$F = \frac{1000\cdot 5}{2} \cdot \frac{779,2}{0,55} \cdot 0,693 = 2454480 \; N \approx \underline{\underline{2454,5 \; kN}}$$

Querschnittsfläche
$$A_1 = l\cdot b = 1000\cdot 5 = 5000\; mm^2$$

b) Drehmoment der Walze

$$M = F\cdot r = 2454,5\cdot \frac{600}{2} = \underline{\underline{736,35 \; kNm}}$$

c) Antriebsleistung

$$P_a = \frac{2\cdot F\cdot v}{60\cdot 10^3} = \frac{2\cdot 2454,5\cdot 0,12\cdot 60\cdot 1000}{60\cdot 10^3} = \underline{\underline{589,1 \; kW}}$$

Lösung zu Beispiel 3

a) Umformkraft beim Kaltwalzen

Für das Greifen des Walzgutes ist die Reibung eine wesentliche Voraussetzung, es gilt:

Gleichgewichtsbedingungen

$$F_{NW} \le F_{RW}$$

$$F_{NW} = F_N \cdot \sin\frac{\alpha_0}{2}$$

$$F_{RW} = F_R \cdot \cos\frac{\alpha_0}{2}$$

Durchwalzbedingung:

$$\alpha_0 \le 2\rho$$

aus der Gleichgewichtsbedingung ergibt sich mit $F_R = \mu \cdot F_N$

$$\tan\frac{\alpha}{2} \le \mu = \tan\rho$$

Zwischen Dickenabnahme des Walzgutes und Eingriffswinkel gilt folgende Beziehung:

$$\Delta h = h_0 - h_1 = 4 \cdot r \cdot \sin^2 \cdot \frac{\alpha_0}{2}$$

$$\alpha_0 \leq 2\rho = 2 \cdot 43{,}3° = 86{,}6°$$

$$\Delta h = h_0 - h_1 = 4 \cdot r \cdot \sin^2 \cdot \frac{\alpha_0}{2} = 4 \cdot 40 \cdot \sin^2 \frac{86{,}6°}{2} = 75{,}26 \, mm$$

aus Diagramm S275JR (St 44 –2):

$$h_0 = \Delta h + h_1 = 75{,}26 + 22 = 97{,}26 \, mm$$

$$\Rightarrow a = 1150 \, Nmm \, / \, mm^3$$

$$\varphi = \ln \frac{h_0}{h_1} = \ln \frac{97{,}26}{22} = 1{,}48 \mathrel{\hat=} 148 \, \%$$

$$k_{fm} = \frac{a}{\varphi} = \frac{1150}{1{,}48} = 777 \, N \, / \, mm^2$$

Walzenkraft je Walze

$$F = \frac{A_1}{2} \cdot \frac{k_{fm}}{\eta_f} \cdot \varphi = \frac{200 \cdot 22}{2} \cdot \frac{777}{0{,}6} \cdot 1{,}14 = 3247860 \, N \approx \underline{\underline{3248 \, kN}}$$

b) Walzendrehmoment je Walze

$$M = F \cdot r = 3248 \cdot 40 = 129914{,}4 \, kNmm \approx \underline{\underline{130 \, kNm}}$$

c) Antriebsleistung

$$P_a = \frac{2 \cdot F \cdot v}{60 \cdot 10^3} = \frac{2 \cdot 130000 \cdot 1{,}5}{60 \cdot 10^3} = \underline{\underline{162 \, kW}}$$

d) Umformkraft beim Warmwalzen

$$\mu = 1{,}05 - 0{,}5 \cdot 10^{-3} \cdot T - 0{,}056 \cdot v = 1{,}05 - 0{,}5 \cdot 10^{-3} \cdot 1000 - 0{,}056 \cdot 1{,}5 = 0{,}466$$

$$\mu = \tan \rho = 0{,}466 \mathrel{\hat=} 24{,}99°$$

$$2 \cdot \rho = 2 \cdot 24{,}99° = 49{,}98°$$

$$\Delta h = h_0 - h_1 = 4 \cdot 40 \cdot \sin^2 \cdot \frac{49{,}98}{2} = 28{,}55 \, mm$$

$$h_0 = \Delta h + h_1 = 28{,}55 + 6 = 34{,}5 \, mm$$

$$\varphi = \ln \frac{h_0}{h_1} = \ln \frac{34{,}5}{6} = 1{,}75 \mathrel{\hat=} 175 \, \%$$

aus Diagramm S275JR (St 44-2):

$$\Rightarrow k_{fo} = 380 \, N \, / \, mm^2$$
$$\Rightarrow k_{f1} = 890 \, N \, / \, mm^2$$

$$k_{fm} = \frac{k_{fo} + k_{f1}}{2} = \frac{380 + 890}{2} = 635 \, N \, / \, mm^2$$

Walzenkraft je Walze

$$F = \frac{A_1}{2} \cdot \frac{k_{fm}}{\eta_f} \cdot \varphi = \frac{200 \cdot 6}{2} \cdot \frac{635 \cdot 1,75}{0,6} = 1111250 \ N \approx \underline{\underline{1111,3 \ kN}}$$

Walzendrehmoment

$$M = F \cdot r = 1111,3 \cdot 40 = 44452 \ kNmm \approx \underline{\underline{44,5 \ kNm}}$$

Antriebsleistung

$$P_a = \frac{2 \cdot F \cdot v}{60 \cdot 10^3} = \frac{2 \cdot 1111250 \cdot 1,5}{60 \cdot 10^3} = \underline{\underline{55,6 \ kW}}$$

oder

$$P_a = 2 \cdot M \cdot \omega$$

$$\omega = \frac{\pi \cdot n}{30}$$

$$n = \frac{v \cdot 1000}{d \cdot \pi} = \frac{1,5 \cdot 1000}{2 \cdot 40 \cdot \pi} = 5,96 \ \text{min}^{-1}$$

$$\omega = \frac{\pi \cdot 5,96}{30} = 0,624 \ s^{-1}$$

$$P_a = 2 \cdot M \cdot \omega = 2 \cdot 55,6 \cdot 0,624 = \underline{\underline{55,5 \ kW}}$$

2.2 Stauchen

2.2.1 Verwendete Formelzeichen

V	$[mm^3]$	an der Umformung beteiligtes Volumen
b	$[mm]$	Ausgangsbreite
d_0	$[mm]$	Ausgangsdurchmesser
la	$[mm]$	Ausgangslänge
A_0	$[mm^2]$	Ausgangsquerschnitt
a	$[Nmm/mm^3]$	bezogene spezifische Formänderungsarbeit
ε	$[\%]$	bezogene Stauchung
b_1	$[mm]$	Breite am Ende des Stauchens
d_1	$[mm]$	Durchmesser nach dem Umformen
k_{f0}	$[N/mm^2]$	Formänderungsfestigkeit vor der Umformung
k_{fE}	$[N/mm^2]$	Formänderungsfestigkeit am Ende der Umformung
η_f	$[\%]$	Formänderungswirkungsgrad
l_1	$[mm]$	Länge am Ende des Stauchens
k_{fm}	$[N/mm^2]$	mittlere Formänderungsfestigkeit
F_m	$[N]$	mittlere Stauchkraft
μ		Reibwert
l	$[mm]$	Rohlingslänge
s		Stauchverhältnis
W	$[Nm]$	Umformarbeit
φ	$[\%]$	Umformgrad
F	$[N]$	Umformkraft
A_1	$[mm^2]$	umgeformter Querschnitt
V_k	$[mm^3]$	Volumen der Kugel
V_d	$[mm^3]$	Volumen des Drahtabschnittes
V_0	$[mm^3]$	Volumen des Rohlings
h_1	$[mm]$	Werkstückdicke nach der Bearbeitung
h_0	$[mm]$	Werkstückdicke vor der Bearbeitung

2.2.2 Auswahl verwendeter Formeln

Rohlänge

$$h_0 = h_1 \cdot \frac{D^2}{d^2}$$
$$h_0 = \frac{h_1 \cdot l_1 \cdot b_1}{l_0 \cdot b_0}$$

Stauchverhältnis

$$s = \frac{h_0}{d_0} = \frac{h_0}{h_1} = \frac{l}{d}$$

Stauchungsgrad

$$\varphi = \ln \frac{h_0}{h_1}$$

mittlere Stauchkraft

$$F_m = A_1 \cdot k_{fm} \cdot \left(1 + \frac{1}{3} \cdot \mu \cdot \frac{d_1}{h_1}\right)$$

Umformarbeit

$$W = \frac{V \cdot k_{fm} \cdot \varphi}{\eta_f}$$

Ausgangsdurchmesser

$$d_0 = \sqrt[3]{\frac{4 \cdot V}{\pi \cdot s}}$$

mittlere Formänderungsfestigkeit

$$k_{fm} = \frac{k_{f0} + k_{f1}}{2} = \frac{a}{\varphi}$$

Volumen des Drahtabschnitts

$$V_d = \frac{d^2 \cdot \pi}{4} \cdot l$$

Volumen der Kugel

$$V_K = \frac{D^3 \cdot \pi}{6}$$

Ausgangslänge

$$l_0 = \frac{d_1^2}{d_0^2} \cdot h_1$$

bezogene Stauchung

$$\varepsilon = \frac{h_0 - h_1}{h_0} \cdot 100$$

zulässiges Stauchverhältnis:

für **eine** Operation

$$s \leq 2{,}6$$

für **zwei** Operationen

$$s \leq 4{,}5$$

2.2.3 Berechnungsbeispiele

1. Der skizzierte Bolzen aus C10E (Ck10) wird durch Kaltstauchen gefertigt. Der Rohlingsdurchmesser beträgt
   10 *mm*, Reibwert μ = 0,2, Formänderungswirkungsgrad 80 %.

   Ermitteln Sie:
   a) die Länge des Rohlings
   b) das Stauchverhältnis
   c) die spezifische Formänderungsarbeit
   d) die gesamte Umformkraft
   e) die Umformarbeit.

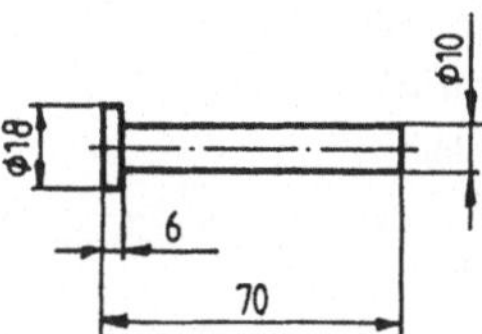

2. Der Rohling des skizzierten Schiebers soll gestaucht werden.
   Werkstoff C10E (Ck10) , Reibwert μ = 0,15, Formänderungswirkungsgrad 65 %.

   Ermitteln Sie:
   a) die Rohlingslänge
   b) das Stauchverhältnis
   c) die Umformkraft
   d) die Umformarbeit.

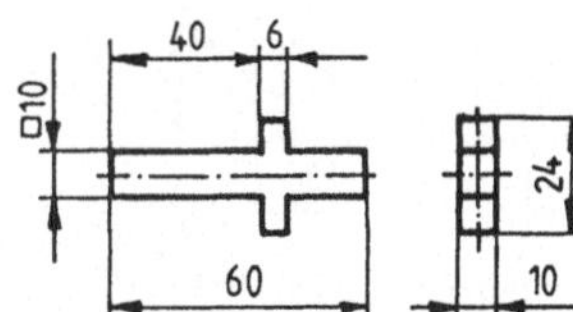

3. Aus Stangenmaterial E 360 (St 70-2) sollen Schraubenrohlinge hergestellt werden.
   Die Rohlingslänge ist so festzulegen, daß das Stauchverhältnis 1,2 nicht überschritten wird.
   Reibwert μ = 0,15, Formänderungswirkungsgrad 80 %.

   Ermitteln Sie:
   a) den Stangendurchmesser (aufgerundet)
   b) die Gewindegröße (Kerndurchmesser)
   c) die Länge des Stangenabschnitts
   d) das Formänderungsverhältnis
   e) die maximale Stauchkraft
   f) die mittlere Staucharbeit.

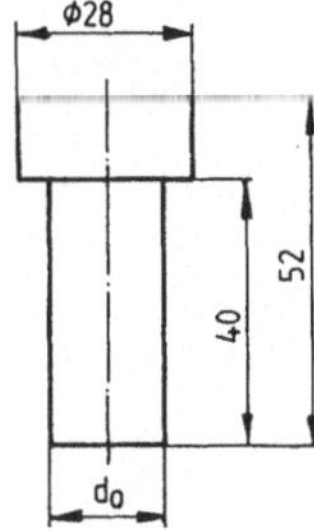

4. Wälzlagerkugeln sollen durch Kaltstauchen hergestellt werden.

   Ermitteln Sie:
   a) den Drahtdurchmesser, wenn das günstige Stauchverhältnis $l\,/\,d$ zwischen 2,2 und 2,3 liegt.
      Das Volumen vor und nach dem Stauchvorgang ist gleich!
   b) die notwendige Rohlingslänge.

5. Sechskantschrauben, DIN 931 - M 10x50 - 8.8, aus Cq 35 sollen durch Stauchen hergestellt werden.
   Schraubendurchmesser d_0 = 10 *mm*, das Eckenmaß entspricht dem Durchmesser des gestauchten Kopfes
   d_1 = 18,9 *mm*, Kopfhöhe 7 *mm*, Reibwert μ = 0,15, Formänderungswirkungsgrad 60 %.

   Ermitteln Sie:
   a) die Ausgangslänge
   b) die maximale Umformkraft
   c) die Umformarbeit.

6. Der skizzierte Kegelstumpf aus Cq 35 soll durch Anstauchen hergestellt werden.
   Reibwert $\mu = 0{,}15$, Formänderungswirkungsgrad 80 %.

   Berechnen Sie:
   a) die Rohlingshöhe
   b) den Stauchungsgrad
   c) die bezogene Stauchung
   d) das Stauchverhältnis
   e) die Stauchkraft
   f) die Staucharbeit.

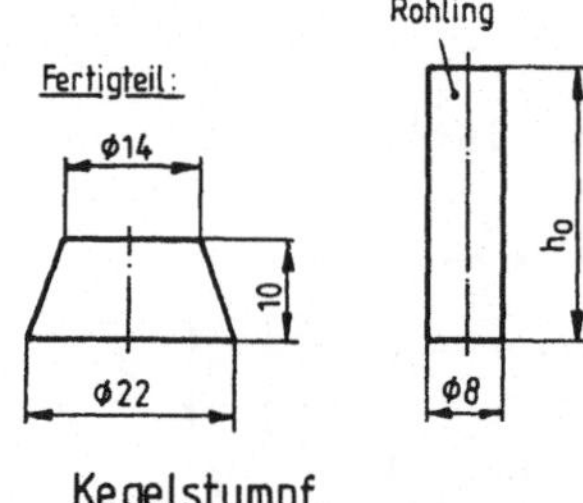

Kegelstumpf

2.2.4 Lösungen

Lösung zu Beispiel 1

a) Länge des Rohlings

$$h_0 = \frac{D^2}{d^2} \cdot h_1 = \frac{18^2}{10^2} \cdot 6 = 19{,}44 \ mm$$

$$L = h_1 + h_0 = 19{,}44 + 64 = \underline{\underline{83{,}44 \ mm}}$$

b) Stauchverhältnis

$$s = \frac{h_0}{d_0} = \frac{19{,}44}{10} = \underline{\underline{1{,}94}}$$

$$s_{vorh} \leq s_{zul}$$

$$1{,}94 \ \leq 2{,}6 \ \Rightarrow \ \text{Fertigung mit } \textbf{einer} \text{ Operation möglich!}$$

c) Stauchungsgrad

$$\varphi = \ln\frac{h_0}{h_1} = \ln\frac{19{,}44}{6} = 1{,}176 \triangleq \underline{\underline{117{,}6\,\%}}$$

d) Mittlere Stauchkraft

aus Diagramm C10E (Ck10):
bei $\varphi = 117{,}6\,\% \ \Rightarrow \ a = 620 \ Nmm \,/\, mm^3$

$$F_m = A_1 \cdot k_{fm} \cdot \left(1 + \frac{1}{3} \cdot \mu \cdot \frac{d_1}{h_1}\right)$$

$$k_{fm} = \frac{a}{\varphi} = \frac{620}{1{,}176} = 527{,}2 \ N \,/\, mm^2$$

oder

$$k_{fm} = \frac{k_{f0} + k_{fE}}{2} = \frac{280 + 690}{2} = 485 \ N \,/\, mm^2$$

aus Diagramm C10E (Ck10):
$k_{f0} = 280 \ N \,/\, mm \quad k_{f1} = 690 \ N \,/\, mm$

Hinweis: Die Berechnung des k_{fm}-Wertes mittels der spezifischen Formänderungsfestigkeit a ist genauer, da bei der Ermittlung über k_{f0} und k_{fE} ein linearer Kurvenverlauf unterstellt wird!

$$F_m = \frac{18^2 \cdot \pi}{4} \cdot 527{,}2 \cdot \left(1 + \frac{1}{3} \cdot 0{,}2 \cdot \frac{18}{6}\right) = 160987 N \approx \underline{\underline{161 \ kN}}$$

e) Umformarbeit

$$W = \frac{V \cdot k_{fm} \cdot \varphi}{\eta_f} = \frac{18^2 \cdot \pi}{4} \cdot 6 \cdot \frac{527{,}2 \cdot 1{,}176}{0{,}8} = 1183256 \ Nmm \approx \underline{\underline{1183{,}3 \ Nm}}$$

Lösung zu Beispiel 2

a) Rohlingslänge

$$h_0 = \frac{h_1 \cdot l_1 \cdot b_1}{l_0 \cdot b_0} = \frac{6 \cdot 10 \cdot 24}{10 \cdot 10} = 14,4 \; mm$$

$$h_0 + l' = 14,4 + 54 = \underline{\underline{68,4 \; mm}}$$

b) Stauchverhältnis

$$s = \frac{h_0}{h_1} = \frac{14,4}{6} = \underline{\underline{2,4}}$$

$$s_{vorh} \leq s_{zul}$$

$$2,4 \; \leq \; 2,6 \; \Rightarrow \; \text{Fertigung mit } \textbf{einer} \text{ Operation möglich!}$$

c) Stauchungsgrad

$$\varphi = \ln\frac{h_0}{h_1} = \ln\frac{14,4}{6} = 0,875 \, \widehat{=} \, \underline{\underline{87,5 \; \%}}$$

Mittlere Stauchkraft

aus Diagramm C10E (Ck10):
bei $\varphi = 87,5\ \% \; \Rightarrow \; a = 450 \; Nmm \, / \, mm^3$

$$F_m = A_1 \cdot k_{fm} \cdot \left(1 + \mu \cdot \frac{l_1}{h_1}\right)$$

$$F_m = b_1 \cdot l_1 \cdot k_{fm} \cdot \left(1 + \mu \cdot \frac{l_1}{h_1}\right)$$

$$k_{fm} = \frac{a}{\varphi} = \frac{450}{0,875} = 514 \; N \, / \, mm^2$$

$$F_m = 10 \cdot 24 \cdot 514 \cdot \left(1 + 0,15 \cdot \frac{24}{6}\right) = 197376 \; N \approx \underline{\underline{197,4 \; kN}}$$

d) Umformarbeit

$$W = \frac{V \cdot k_{fm} \cdot \varphi}{\eta_f} = 6 \cdot 10 \cdot 24 \cdot 514 \cdot \frac{0,875}{0,65} = 996369 \; Nmm \approx \underline{\underline{996,4 \; Nm}}$$

Lösung zu Beispiel 3

a) Ausgangsdurchmesser

$$d_0 = \sqrt[3]{\frac{4 \cdot V}{\pi \cdot s}} = \sqrt[3]{\frac{4 \cdot 28^2 \cdot \pi \cdot 12}{\pi \cdot 4 \cdot 1,2}} = 19,9 \ mm \quad \text{gewählt} \Rightarrow d_0 = \underline{\underline{20 \ mm}}$$

b) geeignet für M 24: Kerndurchmesser 20,32 mm (s. Tabellenbuch)

c) Rohlingslänge

$$l_0 = l' + \frac{V}{A} = 40 + \frac{28^2 \cdot \pi \cdot 12 \cdot 4}{4 \cdot 20^2 \cdot \pi} = 40 + 23,52 = \underline{\underline{63,52 \ mm}}$$

d) Formänderungsverhältnis

$$\varphi = \ln \frac{h_0}{h_1} = \ln \frac{23,52}{12} = 0,673 \,\hat{=}\, \underline{\underline{67,3 \ \%}}$$

e) Stauchkraft

aus Diagramm E360 (St 70-2):
bei $\varphi = 67,3 \ \% \Rightarrow k_{fE} = 920 \ N \,/\, mm^2$

$$F = A_1 \cdot k_{fE} \cdot \left(1 + \frac{1}{3} \cdot \mu \cdot \frac{d_1}{h_1}\right) = \frac{28^2 \cdot \pi}{4} \cdot 920 \cdot \left(1 + \frac{1}{3} \cdot 0,15 \cdot \frac{28}{12}\right)$$

$$= 634471 \ N \approx \underline{\underline{634,5 \ kN}}$$

f) Umformarbeit

aus Diagr. E360 (St70-2):
$\Rightarrow a = 440 \ Nmm \,/\, mm^3$

$$W = \frac{V \cdot k_{fm} \cdot \varphi}{\eta_f}$$

$$k_{fm} = \frac{a}{\varphi} = \frac{440}{0,673} = 653 \ N \,/\, mm^2$$

$$W = \frac{28^2 \cdot \pi}{4} \cdot 12 \cdot \frac{653 \cdot 0,673}{0,8} = 4059059,8 \ Nmm \approx \underline{\underline{4,1 \ kNm}}$$

Lösung zu Beispiel 4

a) Drahtdurchmesser

Volumen des Drahtabschnitts

bei konstantem Umformvolumen gilt:

$$V_d = V_K$$

$$\frac{d^2 \cdot \pi}{4} \cdot s \cdot d = \frac{D^3 \cdot \pi}{6}$$

$$\frac{d^3 \cdot \pi \cdot s}{4} = \frac{D^3 \cdot \pi}{6}$$

somit:

$$d = \sqrt[3]{\frac{2}{3 \cdot s} \cdot D^3} = \underline{\underline{0{,}662 \cdot D}}$$

Zylinder: $\quad V_d = \dfrac{d^2 \cdot \pi}{4} \cdot l$

Kugel: $\quad V_K = \dfrac{D^3 \cdot \pi}{6}$

b) notwendige Abschnittslänge $\quad l = s \cdot d$

$$l = \underline{\underline{(2{,}2 \div 2{,}3) \cdot 0{,}662 \cdot D}}$$

Lösung zu Beispiel 5

a) Ausgangslänge

$$l_0 = \frac{d_1^{\,2}}{d_0^{\,2}} \cdot h_1 = \frac{18{,}9^2}{10^2} \cdot 7 = \underline{\underline{25\ mm}}$$

b) maximale Umformkraft

$$F_{max} = A_1 \cdot k_{fm} \cdot \left(1 + \frac{1}{3} \cdot \mu \cdot \frac{d_1}{h_1}\right)$$

Stauchverhältnis

$$s = \frac{h_0}{d_0} = \frac{25{,}0}{10} = 2{,}5$$

$$s_{vorh} \leq s_{zul}$$

$$2{,}5 \ \leq \ 2{,}62 \ \Rightarrow \text{ somit } \textbf{eine} \text{ Operation notwendig!}$$

Stauchungsgrad

$$\varphi = \ln \frac{h_0}{h_1} = \ln \frac{25}{7} = 1,273 \mathrel{\hat{=}} 127,3\,\%$$

aus Diagramm Cq 35:

$$k_{f\,max} = 710\ N\,/\,mm^2 \qquad k_{f0} = 410\ N\,/\,mm^2$$

b) maximale Umformkraft

$$F_{max} = A_1 \cdot k_{f\,max} \cdot \left(1 + \frac{1}{3} \cdot \mu \cdot \frac{d_1}{h_1}\right) = \frac{18,9^2 \cdot \pi}{4} \cdot 710 \cdot \left(1 + \frac{1}{3} \cdot 0,15 \cdot \frac{18,9}{7}\right) = 226083\ N \approx \underline{\underline{226,1\ kN}}$$

c) mittlere Umformarbeit

$$W = \frac{V \cdot k_{fm} \cdot \varphi}{\eta_f}$$

$$k_{fm} = \frac{k_{f0} + k_{f\,max}}{2} = \frac{410 + 710}{2} = 560\ N\,/\,mm^2$$

$$W = \frac{18,9^2 \cdot \pi}{4} \cdot 7 \cdot \frac{560 \cdot 1,273}{0,6} = 2333333\ Nmm \approx \underline{\underline{2,3\ kNm}}$$

Lösung zu Beispiel 6

a) Rohlingshöhe

$$h_0 = \frac{\pi \cdot h_1}{12} \cdot (D^2 + d^2 + D \cdot d) \cdot \frac{4}{d_0^2 \cdot \pi} = \frac{\pi \cdot 10}{12} \cdot (22^2 + 14^2 + 22 \cdot 14) \cdot \frac{4}{8^2 \cdot \pi}$$

$$= \frac{10}{12} \cdot (484 + 196 + 308) \cdot \frac{4}{64} = 51,46 \approx \underline{\underline{52\ mm}}$$

b) Stauchungsgrad

$$\varphi = \ln \frac{h_0}{h_1} = \ln \frac{52}{10} = 1,65 \mathrel{\hat{=}} \underline{\underline{165\,\%}}$$

c) bezogene Stauchung

$$\varepsilon = \frac{h_0 - h_1}{h_0} \cdot 100 = \frac{52 - 10}{52} \cdot 100 = \underline{\underline{81\,\%}}$$

d) Stauchverhältnis

$$s = \frac{h_0}{d_0} = \frac{52}{8} = 6{,}5$$

$s_{vorh} > s_{zul}$

6,5 > 4,6   das bedeutet: für die Fertigung sind <u>drei</u> Arbeits-Operationen notwendig!

e) Stauchkraft

$$F_m = A_1 \cdot k_{fm} \cdot \left(1 + \frac{1}{3} \cdot \mu \cdot \frac{d_1}{h_1}\right)$$

aus Diagramm Cq 35:

$$k_{f\,max} = 960 \; N\,/\,mm^2 \quad k_{f0} = 410 \; N\,/\,mm^2$$

$$k_{fm} = \frac{k_{f0} + k_{f\,max}}{2} = \frac{410 + 960}{2} = 685 \; N\,/\,mm^2$$

$$F_m = \frac{22^2 \cdot \pi}{4} \cdot 685 \cdot \left(1 + \frac{1}{3} \cdot 0{,}15 \cdot \frac{22}{10}\right) = 289034 \; N \approx \underline{\underline{289 \; kN}}$$

f) Umformarbeit

$$W = \frac{V \cdot k_{fm} \cdot \varphi}{\eta_f} = \frac{10 \cdot \pi}{12}(22^2 + 14^2 + 22 \cdot 14) \cdot \frac{685 \cdot 1{,}65}{0{,}8} = 3654349 \; Nmm \approx \underline{\underline{3{,}65 \; kNm}}$$

2.3 Schmieden

2.3.1 Verwendete Formelzeichen

w_0	$[s^{-1}]$	Anfangsumformgeschwindigkeit
v_{StR}	$[mm\,/\,s]$	Austrittsgeschwindigkeit
ρ	$[kg\,/\,m^3]$	Dichte des Materials
m_A	$[kg]$	Einsatzmasse mit Grat
y		Faktor der Werkstückform
k_{f1}	$[N\,/\,mm^2]$	Formänderungsfestigkeit (bei $w = s^{-1}$ und der Temperatur T_1)
k_f	$[N\,/\,mm^2]$	Formänderungsfestigkeit
k_{wa}	$[N\,/\,mm^2]$	Formänderungswiderstand am Anfang
k_{we}	$[N\,/\,mm^2]$	Formänderungswiderstand am Ende
b	$[mm]$	Gratbahnbreite
s^x	$[mm]$	Gratdicke
h	$[mm]$	Weg des Stößels
m	$[kg]$	Masse
m_E	$[kg]$	Masse des Fertigteils
w^x		Massenverhältnisfaktor
v_m	$[s^{-1}]$	mittlere Umformgeschwindigkeit
v	$[mm\,/\,s]$	Pressengeschwindigkeit
D_d	$[mm]$	Projektionsdurchmesser
A_s	$[mm^2]$	Projektionsfläche des Fertigteils
A_d	$[mm^2]$	Projektionsfläche des Schmiedeteils
A_o	$[mm^2]$	Querschnitt des Rohlings
h_a	$[mm]$	Rohlingshöhe
n	$[min^{-1}]$	Schlagzahl des Hammers
f	$[mm\,/\,min]$	Stangenvorschub
d	$[mm]$	Stempeldurchmesser
v_{St}	$[mm\,/\,s]$	Stempelgeschwindigkeit
W	$[Nmm]$	tatsächliche Formänderungsarbeit
φ	$[\%]$	Umformgrad, Formänderungsverhältnis
F	$[N]$	Umformkraft
$T\,(\vartheta)$	$[°]$	Umformtemperatur
V_o	$[mm^3]$	Volumen des Rohlings
V	$[mm]$	Volumen des Schmiedestücks
m		Werkstoffexponent

2.3.2 Auswahl verwendeter Formeln

Formänderungs-
verhältnis

Volumen

Anfangsumform-
geschwindigkeit

Materialeinsatzmasse

$$\varphi = \ln\frac{V_0}{A_d \cdot h_0}$$

$$V = A_0 \cdot h_0$$

$$w_0 = \frac{v}{h_0}$$

$$m_E = (D^2 \cdot h_1 - d_m{}^2 \cdot h_2) \cdot \frac{\pi}{4} \cdot \rho$$

Einsatzmasse

Rohlingsvolumen

mittlere Umform-
geschwindigkeit

Gratdicke

$$m_A = w^x \cdot m_E$$

$$V = \frac{m}{\rho}$$

$$w_m = 1{,}6 \cdot w_o$$

$$s^x = 0{,}015 \cdot \sqrt{A_s}$$

Gratbahnbreite

Projektionsfläche

Formänderungsverhältnis

Projektions-
durchmesser

$$b = 4 \cdot s$$

$$A_d = D_d{}^2 \cdot \frac{\pi}{4}$$

$$\varphi = \ln\frac{V}{A_d \cdot h_0} = \ln\frac{A_0}{A_d}$$

$$D_d = D + 2b$$

Formänderungs-
festigkeit

Formänderungs-
widerstand

Umformkraft

Umformarbeit

$$k_f = k_{f1} \cdot w_0{}^m$$

$$k_{we} = y \cdot k_f$$

$$F = A_d \cdot k_{we}$$

$$W = \frac{V_0 \cdot k_f \cdot \varphi}{\eta_F}$$

Rohlingsdurchmesser

Formänderungsarbeit
je Hub

Mittlere Umformkraft

$$D = \sqrt{\frac{4 \cdot V}{\pi \cdot h}}$$

$$W = \frac{A_0 \cdot a \cdot f}{\eta_F \cdot n}$$

$$F = \frac{W}{h}$$

2.3.3 Berechnungsbeispiele

1. Die skizzierte Scheibe soll im Gesenk durch eine hydraulische Presse mit einer Umformgeschwindigkeit von $v = 0{,}55\ m/s$ geformt werden. Die Rohlingstemperatur beträgt 1200 °C, Rohlingshöhe 85 mm. Die Schmiedestückprojektionsfläche mit Grat beträgt 6300 mm^2, das Rohlingsvolumen 722500 mm^3.

   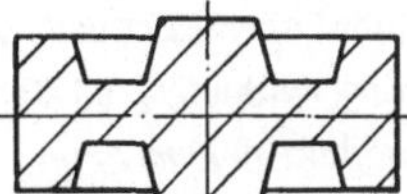

   Ermitteln Sie:

   a) die erforderliche Umformkraft

   b) die Umformarbeit.

2. Riemenscheiben sollen aus C45 hergestellt werden. Eine Kurbelpresse steht als Umformmaschine zur Verfügung. Die Werkzeuggeschwindigkeit wird mit 600 mm/s angegeben, die Werkstoffdichte beträgt $7{,}81\ kg/dm^3$. Massenverhältnisfaktor 1,16, Umformtemperatur 1200 °C.

   Zu bestimmen sind mit Hilfe der im Anhang vorgegebenen Tabellen u. Diagramme:

   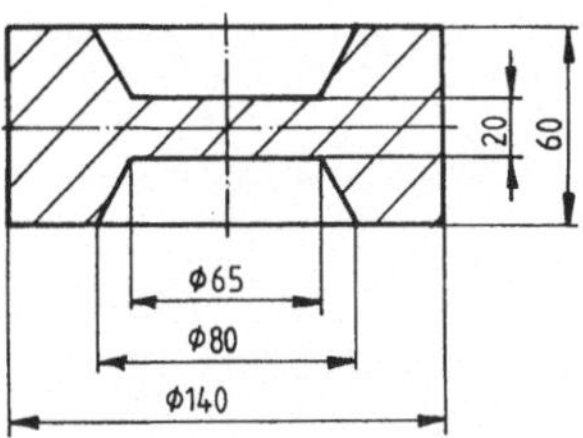

   a) die Materialeinsatzmasse

   b) das Rohlingsvolumen

   c) die Rohlingsabmessungen, bei einem Ausgangsdurchmesser von 120 mm

   d) die Schmiedestückprojektionsfläche mit Gratbahn

   e) die Umformkraft

   f) die Umformarbeit.

3. Für die Riemenscheibe – siehe Aufgabe 2 – sollen die erforderliche Umformkraft und die Umformarbeit berechnet werden.

4. Eine Laufrolle aus C45 soll unter einem Gegenschlaghammer im Gesenk geschmiedet werden. Die Schmiedetemperatur beträgt 1100 °C, die Hammergeschwindigkeit 6 m/s, die Rohlingshöhe 110 mm. Rohlingsdurchmesser 32 mm, Werkstücksprojektionsfläche mit Grat 160 cm^2, Formänderungsverhältnis 63 %.

   Ermitteln Sie:

   a) die Endhöhe des Werkstücks

   b) die anfängliche Umformgeschwindigkeit

   c) die Formänderungskraft

   d) die Formänderungsarbeit (alternative Berechnung und Ermittlung über die Diagramme).

5. Das skizzierte Schwungrad aus C60 soll durch Schmieden mit dem Hammer hergestellt werden. Hammergeschwindigkeit 5600 mm/s, Werkstücksausgangshöhe 125 mm.

   Zu berechnen sind:

   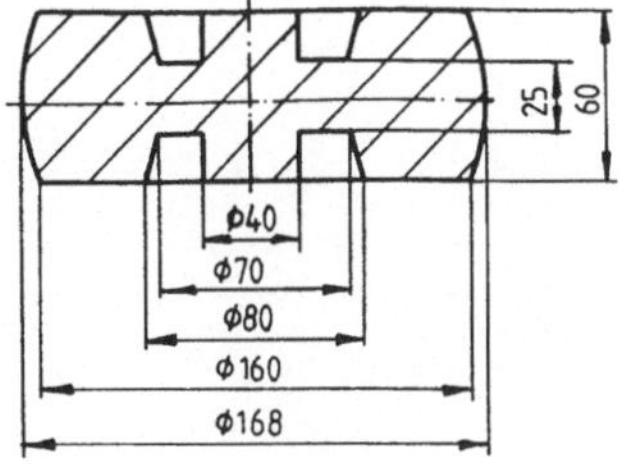

   a) die Materialeinsatzmasse

   b) die Gratdicke

   c) die Gratbahnbreite

   d) die Umformkraft

   e) die Umformarbeit.

6. Ein Rohr aus C10E soll durch Rundkneten verjüngt werden.

   Folgende Daten liegen vor:
   - Rohrdicke vor dem Umformen 2,5 *mm*
   - mittlerer Rohrdurchmesser 30 *mm*
   - Rohrdicke nach dem Umformen 3 *mm*
   - mittlerer Rohrdurchmesser nach dem Umformen 22 *mm*
   - Formänderungswirkungsgrad 40 %
   - Stangenvorschub 300 *mm / min*
   - Maschinenschlagzahl 2200 *min*⁻¹
   - Maschinenhub 3 *mm*

   Berechnen Sie:

   a) die Formänderungsarbeit je Stößelhub

   b) die auf jeden Stößel entfallende mittlere Umformkraft.

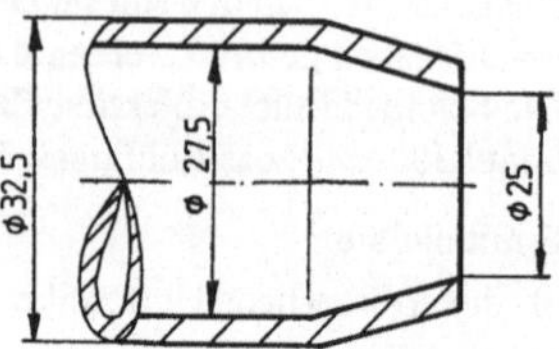

2.3.4 Lösungen

Lösung zu Beispiel 1 (mit Hilfe von Diagrammen)

Hinweis: Die Umformkraft und Umformarbeit werden mit Hilfe der Diagramme und Tabellen
– siehe Anhang 3.8.3 – ermittelt.

a) Umformkraft

aus Diagramm 1
Umformgeschwindigkeit am Anfang:

$$w_0 = \frac{v_c}{h_0} = \frac{550}{85} = 6{,}5 \ s^{-1}$$

Mittlere Umformgeschwindigkeit:

$$w_m = 1{,}6 \cdot w_o = 1{,}6 \cdot 6{,}5 = 10{,}4 \ s^{-1}$$

Feld 1: $\quad k_{wa} = 75 \ N/mm^2$ (bei 1200 °C)

Feld 2: $\quad k_{wa} = 75 \ N/mm^2$ und Form 7 (Tabelle 1) $\Rightarrow k_{we} = 700 \ N/mm^2$

Feld 3: $\quad$ bei einer projiz. Fläche = 6300 mm^2 erhält man eine Umformkraft von $\Rightarrow \underline{F = 5000 \ kN}$

b) Umformarbeit

Feld 1: $\quad$ Umformarbeit (aus Diagramm 2)

$\quad$ bei $w_m = 10{,}4 \ s^{-1}$ und $T = 1200$ °C $\Rightarrow k_{wa} = 75 \ N/mm^2$

Feld 2
und Form 6: $\Rightarrow k_{we} = 200 \ N/mm^2$

Feld 3: $\quad$ spez. Formänderungsarbeit bei $\varphi = \ln \dfrac{V}{A_d \cdot h_0} = \ln \dfrac{722500}{6300 \cdot 85} = 0{,}3 \,\hat{=}\, 30\,\%$

$\quad$ somit $\Rightarrow a = 80 \ Nmm/mm^3$

Feld 4: $\quad$ bei $V = 722500 \ mm^3$ erhält man eine Umformarbeit von $\Rightarrow \underline{W = 64000 \ Nm}$

Lösung zu Beispiel 2

a) Materialeinsatzmasse

$$m_E = (D^2 \cdot h_1 - d_m^2 \cdot h_2) \cdot \frac{\pi}{4} \cdot \rho = (140^2 \cdot 60 - 72{,}5^2 \cdot 40) \cdot \frac{\pi}{4} \cdot 7{,}85 = \underline{\underline{5{,}95 \ kg}}$$

Hinweis: Die Wahl des Massenverhältnisfaktors ist von der Masse des fertigen Werkstücks und der Werkstückform abhängig!

$$m_A = w^x \cdot m_E = 1{,}16 \cdot 5{,}95 = \underline{\underline{6{,}9 \ kg}} \qquad\qquad w^x = 1{,}16 \text{ (Mittelwert)}$$

aus Tabelle 2 und 3 erhält man bei Formengruppe 2 und Einsatzmasse $m_E = 6 \ kg$ den Faktor $\Rightarrow w^x = 1{,}16$

b) Rohlingsvolumen

$$V_o = \frac{m}{\rho} = \frac{6{,}9}{7{,}85} = 0{,}879 \ dm^3 = \underline{\underline{879000 \ mm^3}}$$

c) Rohlingsabmessungen

$$h_0 = \frac{V_o \cdot 4}{d^2 \cdot \pi} = \frac{879000 \cdot 4}{120^2 \cdot \pi} = 77{,}7 \ mm, \ \text{gewählt} \Rightarrow h_0 = \underline{\underline{80 \ mm}}$$

d) Projektionsfläche des Schmiedeteils mit Grat

Gratdicke

$$s = 0{,}015 \cdot \sqrt{A_s}$$

$$A_s = 140^2 \cdot \frac{\pi}{4} = 15394 \ mm^2$$

$$s = 0{,}015 \cdot \sqrt{15386} = 1{,}86 \ mm, \ \text{gewählt} \Rightarrow s = \underline{\underline{1{,}9 \ mm}}$$

Ermittlung der Gratbahnbreite

Das Verhältnis $b \, / \, s$ ist von der Werkstückform abhängig.
Entsprechend Tabelle 5 und der Form b wird $b \, / \, s = 4$ gewählt.

somit:

$$b = 4 \cdot s$$

$$b = 4 \cdot 1{,}9 = 7{,}6 \ mm \ , \ \text{gewählt} \Rightarrow b = \underline{\underline{8 \ mm}}$$

e) Projektionsfläche mit Gratbahn

$$A_d = D_d^2 \cdot \frac{\pi}{4}$$

$$D_d = D + 2b = 140 + 2 \cdot 8 = 156 \ mm$$

$$A_d = 156^2 \cdot \frac{\pi}{4} = \underline{\underline{19113 \ mm^2}}$$

f) Umformkraft (aus Diagramm 1)

Feld 1

$$w_0 = \frac{v}{h_0} = \frac{600}{80} = 7,5 \ s^{-1}$$

gewählt $\Rightarrow$ 1,4

$$w_m = (1,3...1,6) \cdot w_{0\,m} = 1,4 \cdot 7,5 = 10,5 \ s^{-1}$$

Formänderungswiderstand
bei $T = 1200 \ °C$ und $w_m = 10,5 \ s^{-1}$ erhält man: $\Rightarrow \ k_{wa} \approx 70 \ N \,/\, mm^2$

Feld 2
bei Umformgrad 7 (Tab. 1) erhält man: $\Rightarrow \ k_{we} \approx 750 \ N \,/\, mm^2$

Feld 3
Bei der errechneten Projektionsfläche von $19113 \ mm^2$ ergibt sich eine Umformkraft von $\Rightarrow \underline{F = 15000 \ kN}$

g) Umformarbeit

aus Diagramm 2

Feld 1: bei $w_m = 10,5 \ s^{-1}$ und $T = 1200 \ °C$ erhält man $\Rightarrow \ k_{wa} = 70 \ N \,/\, mm^2$

Gewählter Umformvorgang Form 5 (Tab. 2) $\Rightarrow \ k_{we} = 190 \ N \,/\, mm^2$

Umgeformtes Volumen : $V = \dfrac{120^2 \cdot \pi}{4} \cdot 80 = 90432 \ mm^3$

$$h_0 = \frac{879000 \cdot 4}{120^2 \cdot \pi} = 78 \ mm$$

$$\varphi = \ln \frac{V_0}{A_d \cdot h_0} = \frac{879000}{19113 \cdot 78} = 0,53 \,\hat{=}\, 53 \ \%$$

bei $\varphi = 53 \ \%$ und $k_{we} = 190 \ N \,/\, mm^2$ erhält man eine spezifische Umformarbeit von $\Rightarrow a = 75 \ Nmm \,/\, mm^3$,

bei $V_o = 879000 \ mm^3$ und $a = 75 \ Nmm \,/\, mm^3$ erhält man eine Umformarbeit von $\Rightarrow \underline{W = 60000 \ Nm}$

Lösung zu Beispiel 3

a) Umformarbeit (rechnerische Lösung)

Umformgrad $Ad = 19113\ mm^2$
                                                               $d\ \ = 120\ mm$

$$\varphi = \ln\frac{A_0}{A_d} = \ln\frac{120^2 \cdot \pi}{4 \cdot 19113} = 0,53 \cong 53\%$$

Ermittlung der Formänderungsfestigkeit

Die Formänderungsfestigkeit steht in Abhängigkeit der Umformungsgeschwindigkeit und Umformtemperatur, siehe Tabelle 6: (Basiswerte k_{f1} für $\varphi_1 = 1\ s^{-1}$ bei den angegebenen Umformtemperaturen und Werkstoffexponenten m zur Berechnung von $k_f = f(\varphi)$).

$k_f = k_{f1} \cdot w_0{}^m$ aus Tabelle 6: C45 (C45) $\Rightarrow m = 0,163$

                                                          $k_{f1} = 70\ N\ /\ mm^2$ bei $T = 1200\,^\circ C$

somit

$k_f = k_{f1} \cdot w_0{}^m = 70 \cdot 7,5^{0,163} = 97,2\ N\ /\ mm^2$ $w_0 = \dfrac{v}{h_0} = \dfrac{600}{80} = 7,5\,s^{-1}$

Formänderungswiderstand   aus Tabelle 5 $\Rightarrow y = 5,5$

$k_{we} = y \cdot k_f$

$k_{we} = 5,5 \cdot 97,2 = 535\ N\ /\ mm^2$ $k_f = 97,2\ N\ /\ mm^2$

a) Umformkraft

$$F = A_d \cdot k_{we} = 19113 \cdot 535 = 10225455\ N \approx \underline{\underline{10255\ kN}}$$

b) Umformarbeit   aus Tabelle 5 $\Rightarrow \eta_F = 0,45$

$$W = \frac{V_0 \cdot k \cdot \varphi}{\eta_F} = \frac{120^2 \cdot \pi \cdot 80 \cdot 97,2 \cdot 0,53}{4 \cdot 0,45} = 10352080\ Nmm \approx \underline{\underline{10,4\ kNm}}$$

Hinweis: Die Berechnung zeigt, daß die Ablesewerte aus den Schaubildern nur Überschlagswerte darstellen!

Lösung zu Beispiel 4

a) Werkstückendhöhe

$$\varphi = \ln \frac{V_0}{A_d \cdot h_0} \quad \text{bzw.} \quad \varphi = \ln \frac{h_0}{h_1}$$

$$h_1 = h_0 \cdot e^{-\varphi} = 110 \cdot 2{,}718^{-0{,}63} = \underline{\underline{58{,}59 \ mm}}$$

Hinweis: In der Regel ist an Schmiedeteilen die Höhe h_1 (exakte Höhe des Fertigteils) nicht genau definiert, man berechnet φ über das Rohlingsvolumen, die Projektionsfläche und die Rohlingshöhe. Da in o.a. Aufgabe das Formänderungsverhältnis gegeben ist, erfolgt die Berechnung von h_1 (Werkstückendhöhe) aus:

b) mittlere Umformgeschwindigkeit

$$w_0 = \frac{v}{h_0} = \frac{6000}{110} = 55 \ s^{-1}$$

$$w_m = (1{,}3 ... 1{,}6) \cdot w_0 = 1{,}4 \cdot 55 = \underline{\underline{77 \ s^{-1}}}$$

gewählt $\Rightarrow$ 1,4

c) Formänderungskraft (analytisch)

$$k_f = k_{f1} \cdot w_0{}^m$$

$$\Rightarrow \ k_f = 90 \cdot 55^{0{,}163} = 173 \ N / mm^2$$

für C45 (C45) $\Rightarrow m = 0{,}163$
aus Tabelle 6:
$k_{f1} = 90 \ N / mm^2$ bei $T = 1100 \ °C$

aus Tabelle 5: gewählt Form 2
$\Rightarrow \ y = 5{,}5, \ \eta_f = 0{,}45$

$$k_{we} = y \cdot k_f = 5{,}5 \cdot 173 = 952 \ N / mm^2$$

d) Umformkraft

$$F = A_d \cdot k_{we} = 16000 \cdot 952 = 15232000 \, N \approx \underline{\underline{15232 \ kN}}$$

e) Umformarbeit

$$W = \frac{V_0 \cdot k_f \cdot \varphi}{\eta_F} = \frac{32^2 \cdot \pi \cdot 110 \cdot 173 \cdot 0{,}63}{4 \cdot 0{,}45} = 21415905 \, Nmm \approx \underline{\underline{21{,}4 \ kNm}}$$

Formänderungskraft mittels Diagramm

$$\Rightarrow F \approx 21000 \ kN$$

gewählt $\Rightarrow$ Form 7

Formänderungsarbeit mittels Diagramm

$$\Rightarrow W \approx 19{,}000 \ kNm$$

gewählt $\Rightarrow$ Form 5

Lösung zu Beispiel 5

a) Materialeinsatzmasse

$$m_A = W^x \cdot m_E$$

$$m_E = V \cdot \rho$$

$$V = 1185\,cm^3$$

$$m_E = 1185 \cdot 7{,}85 = 9300\,g = 9{,}3\,kg \qquad\qquad \Rightarrow\ W \text{ nach Formgruppe 2} \Rightarrow 1{,}08$$

$$m_A = 1{,}08 \cdot 9{,}3\,kg = \underline{\underline{10{,}05\,kg}}$$

Rohlingsvolumen

$$V_o = \frac{m}{\rho} = \frac{10{,}05}{7{,}85} = \underline{\underline{1{,}28\,dm^3}}$$

Rohlingsdurchmesser

$$D = \sqrt{\frac{V_o \cdot 4}{h \cdot \pi}} = \sqrt{\frac{1280000 \cdot 4}{125 \cdot \pi}} = \underline{\underline{114{,}2\,mm}} \quad \text{gewählt} \Rightarrow D = \underline{\underline{115\,mm}}$$

b) Gratdicke

$$s = 0{,}015 \cdot \sqrt{A_s} = 0{,}015 \cdot \sqrt{\frac{168^2 \cdot \pi}{4}} = 2{,}23\,mm \quad \text{gewählt} \Rightarrow s = 2{,}3\,mm$$

c) Gratbahnbreite $\Rightarrow$ nach Form 3 (Tabelle 5)

$\qquad\qquad\qquad\qquad\qquad\qquad\qquad\qquad\quad\ b/s = 6 \div 8 \qquad$ gewählt $\Rightarrow 7$

$$b = 7 \cdot s = 7 \cdot 2{,}3 = 16{,}1\ mm \quad \text{gewählt} \Rightarrow b = 16\ mm$$

Projektionsfläche mit Grat

$$A_d = D_d^{\,2} \cdot \frac{\pi}{4}$$

$$D_d = D + 2b = 168 + 2 \cdot 16 = 200\,mm$$

$$A_d = 200^2 \cdot \frac{\pi}{4} = \underline{\underline{31400\,mm^2}}$$

d) Umformkraft

$$F = A_d \cdot k_{we}$$

aus Diagramm für C 60 $\Rightarrow m = 0,167$

$k_{f1} = 80 \; N/mm^2$ bei $w_1 = 1 \; s^{-1}$ und $T = 1100 \; °C$

$$k_{we} = y \cdot k_f$$

$$k_f = k_{f1} \cdot w_0^{\,m}$$

$v = 5600 \; mm/s$
$h_o = 125 \; mm$
$m = 0,163$ (Tabelle 6)

$$v_0 = \frac{v_c}{h_0} = \frac{5600}{125} = 44,8 \; s^{-1}$$

$$k_f = k_{f1} \cdot w_0^{\,m} = 80 \cdot 44,8^{0,163} = 149 \; N/mm^2$$

$$k_{we} = y \cdot k_f$$

$\Rightarrow y = 7,5$ nach Formgruppe 3

$$k_{we} = 7,5 \cdot 149 = 1117,5 \; N/mm^2$$

$$F = A_d \cdot k_{we} = 31400 \cdot 1117,5 = 35089500 \, N \approx \underline{\underline{35089,5 \, kN}}$$

e) Umformarbeit

$$W = \frac{V_0 \cdot k_F \cdot \varphi}{\eta_F}$$

$$\varphi = \ln\frac{A_0}{A_d} = \frac{114,2^2 \cdot \pi}{31400 \cdot 4} = 1,12 \,\hat{=}\, 112\,\%$$

$\eta_F = 0,4$ (aus Tab. 5)
$V_o = 1,28 \; dm^3$

$$W = \frac{128000 \cdot 149 \cdot 1,12}{0,4} = 53401600 \, Nmm \approx \underline{\underline{53,4 \, kNm}}$$

Lösung zu Beispiel 6

a) Formänderungsarbeit je Hub

$$\varphi = \ln\frac{A_0}{A_1}$$

$$A_0 = d_{m0} \cdot \pi \cdot s_0 = 30 \cdot \pi \cdot 2{,}5 = 235{,}5\ mm^2$$

$$A_1 = d_{m1} \cdot \pi \cdot s_1 = 22 \cdot \pi \cdot 3 = 207{,}24\ mm^2$$

$$\varphi = \ln\frac{235{,}5}{207{,}24}\,0{,}13 \mathrel{\hat=} 13\,\%$$

aus Fließkurve für C10E die spez. Umformarbeit
$$\Rightarrow\ a \approx 50\ Nmm\,/\,mm^3$$

$$W = \frac{A_0 \cdot a \cdot f}{\eta_F \cdot n} = \frac{235{,}5 \cdot 50 \cdot 300}{0{,}4 \cdot 2200} = \underline{\underline{4014{,}2\ Nmm}}$$

$$f = 300\ mm$$
$$n = 2200\ min^{-1}$$
$$h = 3\ mm$$

b) mittlere Umformkraft

$$F = \frac{W}{h} = \frac{4014{,}2}{3} = \underline{\underline{1338\,N}}$$

2.4 Strangpressen

2.4.1 Verwendete Formelzeichen

w_0	$[s^{-1}]$	Anfangsumformgeschwindigkeit
v_{StR}	$[mm/s]$	Austrittsgeschwindigkeit
k_f	$[N/mm^2]$	Formänderungsfestigkeit am Anfang des Umformens
k_{f1}	$[N/mm^2]$	Formänderungsfestigkeit am Ende des Umformens
η_F	$[\%]$	Formänderungswirkungsgrad
w_m	$[s^{-1}]$	mittlere Umformgeschwindigkeit
F	$[N]$	Preßkraft
A_o	$[mm^2]$	Querschnitt des Rohlings
A_1	$[mm^2]$	Querschnitt nach der Umformung
μ		Reibwert
v_{St}	$[mm/s]$	Stempelgeschwindigkeit
W	$[Nmm]$	Umformarbeit
φ	$[\%]$	Umformgrad (Umformverhältnis)
m		Werkstoffexponent

2.4.2 Auswahl verwendeter Formeln

Tatsächlicher Umformgrad

$$\varphi = \ln \frac{A_0}{A_1}$$

Austrittsgeschwindigkeit

$$V_{StR} = \frac{V_{St} \cdot 60 \cdot A}{10^3 \cdot A_1}$$

Formänderungsfertigkeit

$$k_f = k_{f1} \cdot w_0{}^m$$

Preßkraft

$$F = \frac{A_0 \cdot k_f \cdot \varphi}{\eta_F} + D_0 \cdot \pi \cdot l \cdot \mu \cdot k_f$$

Umformarbeit

$$W = \frac{V_0 \cdot k_f \cdot \varphi}{\eta_F}$$

2.4.3 Berechnungsbeispiele

1. Aus Al 99,5 sind Vierkantprofile mit den Abmessungen 20 *mm* x 20 *mm* durch Vorwärtsstrangpressen
    herzustellen. Die Geschwindigkeit des Preßstempels beträgt 1,6 *mm / s*, Dichte des Werkstoffs 2,7 *kg / dm³*,
    Abmessungen des Rohlingsblockes ∅ 200 *mm*, Länge 800 *mm*, Umformtemperatur 450 °C, zulässiger
    Umformgrad 6,9, Formänderungswirkungsgrad 40 %, Reibwert 0,15.

    Ermitteln Sie:

    a) die Austrittsgeschwindigkeit des Preßstrangs

    b) die Formänderungsfestigkeit

    c) die Preßkraft

    d) die Umformarbeit.

2. Durch Rückwärtsstrangpressen (indirektes Strangpressen) soll ein Rohrprofil hergestellt werden.
    Der verarbeitete Werkstoff ist CuZn 37, Preßtemperatur 750 °C, zulässiger Umformgrad 5,5, Strang-
    geschwindigkeit 180 *m / s*, Stempelgeschwindigkeit 8 *mm / s*, Blockdurchmesser 80 *mm*, Blocklänge
    350 *mm*, Formänderungswirkungsgrad 0,4, Rohraußendurchmesser 20 *mm*, Rohrinnendurchmesser 18 *mm*.

    Ermitteln Sie:

    a) die Preßkraft

    b) die Umformarbeit.

2.4.4 Lösungen

Lösung zu Beispiel 1

a) Austrittsgeschwindigkeit des Preßstrangs

    Tatsächlicher Umformgrad

$$\varphi = \ln \frac{A_0}{A_1} = \ln \frac{200^2 \cdot \pi}{4 \cdot 20 \cdot 20} = \underline{\underline{4,36}}$$

$\varphi_{tat} < \varphi_{zul}$

4,36 < 6,9 , d.h. Umformung ist möglich!

$$v_{StR} = \frac{v_{St} \cdot 60 \cdot A}{10^3 \cdot A_1} = \frac{1,6 \cdot 60 \cdot 200^2 \cdot \pi}{4 \cdot 10^3 \cdot 20 \cdot 20} = \underline{\underline{7,54 \; m / min}}$$

b) Formänderungsfertigkeit

$$k_f = k_{f1} \cdot w_0{}^m$$

$$w_0 \approx \frac{6 \cdot V_{St} \cdot \varphi}{D_0}$$

oder

$$w_0 \approx \frac{2 \cdot V_{StR}}{D_1} = \frac{6 \cdot 1,6 \cdot 4,36}{200} \approx 0,21 \; s^{-1}$$

aus 3.8.3 Tabelle 6:

$\Rightarrow k_{f1} = 24 \ N / mm^2$, $m = 0,159$ bei Temeratur von 450 °C

$$k_f = 24 \cdot 0,21^{0,159} = 18,73 \ N / mm^2$$

c) Preßkraft

$$F = \frac{A_0 \cdot k_f \cdot \varphi}{\eta_F} + D_0 \cdot \pi \cdot l \cdot \mu \cdot k_f = \frac{200^2 \cdot \pi \cdot 18,73 \cdot 4,36}{4 \cdot 0,4} + 200 \cdot \pi \cdot 800 \cdot 0,15 \cdot 18,73$$

$$= 6410529,8 + 1411492,8 = 7822022,6 \ N \approx 7822 \ kN$$

d) Umformarbeit

Es wird unterstellt, daß das gesamte Rohlingsvolumen umgeformt wird.

$$W = \frac{V_0 \cdot k_f \cdot \varphi}{\eta_F} = \frac{200^2 \cdot \pi \cdot 800 \cdot 4,36 \cdot 18,73}{4 \cdot 0,4} = 5128409000 \ Nmm \approx 5128,4 \ kNm$$

Lösung zu Beispiel 2

a) Preßkraft

Tatsächlicher Umformgrad

$$\varphi = \ln \frac{A_0}{A_1} = \ln \frac{80^2 \cdot \pi \cdot 4}{4 \cdot \pi \ (20^2 - 18^2)} = \ln \frac{6400}{400 - 324} = 4,43$$

$\varphi_{tat} < \varphi_{zul}$

4,43 < 5,5, d.h. Umformung ist möglich!

Preßkraft

$$F = \frac{A_0 \cdot k_f \cdot \varphi}{\eta_F}$$

$$k_f = k_{f1} \cdot vo^m$$

$$w_0 \approx \frac{6 \cdot V_{St} \cdot \varphi}{D_0}$$

$$w_0 \approx \frac{6 \cdot 8 \cdot 4,43}{80} = 2,7 \ s^{-1}$$

aus 3.8.3 Tabelle 6:

$\Rightarrow k_{f1} = 44 \; N / mm^2, \; m = 0{,}201$ bei Temperatur 750 °C

$$k_f = 44 \cdot 2{,}7^{0{,}201} = 53{,}7 \; N / mm^2$$

$$F = \frac{80^2 \cdot \pi}{4} \cdot 53{,}7 \cdot \frac{4{,}43}{0{,}4} = 2987911 \; N \approx \underline{\underline{2988 \; kN}}$$

b) Umformarbeit

$$W = \frac{V_0 \cdot k_f \cdot \varphi}{\eta_F}$$

$$W = \frac{80^2 \cdot \pi}{4} \cdot 4{,}43 \cdot \frac{53{,}7}{0{,}4} = 2987911 \; Nmm \approx \underline{\underline{2{,}99 \; kNm}}$$

2.5 Fließpressen und Stauchen

2.5.1 Verwendete Formelzeichen

d_o	$[mm]$	Durchmesser der Matrize (Rohlingsdurchmesser)
d_1	$[mm]$	Durchmesser nach der Umformung
A_1	$[mm^2]$	Fläche nach der Umformung
A_o	$[mm^2]$	Fläche vor der Umformung
k_{f1}	$[N/mm^2]$	Fließspannung am Ende des Stauchvorganges
k_{f0}	$[N/mm^2]$	Fließspannung vor der Umformung
φ_1	$[\%]$	Formänderungsverhältnis (bei axialer Stauchung)
φ_2	$[\%]$	Formänderungsverhältnis (bei radialer Stauchung)
η_F	$[\%]$	Formänderungswirkungsgrad
φ_h	$[\%]$	Hauptformänderung (Stauchungsgrad)
h_1	$[mm]$	Hohlkörperlänge
F_{id}	$[N]$	Ideelle Umformkraft
d	$[mm]$	Innendurchmesser der Vorform
k_{fm}	$[N/mm^2]$	mittlere Formänderungsfestigkeit
F_m	$[N]$	mittlere Stauchkraft
α	$[°]$	Neigungswinkel der Matrize
F_{R1}	$[N]$	Reibkraft am Stempel und Matrize
F_{R2}	$[N]$	Reibkraft an der Wandung
l	$[mm]$	Reiblänge an der Matrizenwand
μ		Reibwert
h_o	$[mm]$	Rohlingslänge
D_o	$[mm]$	Rondendurchmesser
F_{Sch}	$[N]$	Schubkraft
a	$[Nmm/mm^3]$	spezifische Formänderungsarbeit
F	$[N]$	Stauchkraft
s		Stauchverhältnis
V_o	$[mm^3]$	tatsächlich umgeformtes Volumen
W	$[Nmm]$	Umformarbeit (Formänderungsarbeit)
p_1	$[N/mm^2]$	Umformdruck in axialer Richtung
p_2	$[N/mm^2]$	Umformdruck in radialer Richtung
F_1	$[N]$	Umformkraft (bei axialer Stauchung)
F_2	$[N]$	Umformkraft (bei radialer Stauchung)
s	$[mm]$	Wanddicke

2.5.2 Auswahl verwendeter Formeln

Fließpressen

Formänderungsverhältnis

$$\varphi_h = \ln\frac{A_0}{A_1}$$

Mittlere Formänderungsfestigkeit

$$k_{fm} = \frac{a}{\varphi} = \frac{k_{f0} + k_{f1}}{2}$$

Gesamtumformkraft

$$F_{ges} = F_{id} + F_{R1} + F_{R2} + F_{Sch}$$

Ideele Umformkraft

$$F_{id} = A_0 \cdot k_{fm} \cdot \varphi$$

Kraft zur Überwindung der Reibung an der Matrizenöffnung (am Stempel und Matrize)

$$F_{R1} = F_{id} \cdot \frac{\mu}{\cos\alpha \cdot \sin\alpha}$$

Kraft zur Überwindung der Reibung am zylindrischen Teil der Matrize (an der Wandung)

$$F_{R2} = d_0 \cdot \pi \cdot l \cdot \mu \cdot k_{f0}$$

Kräfte beim Fließpressen

Schubkräfte in der Umformzone

a) Vollkörper

$$F_{Sch} = \frac{2}{3} \cdot \frac{\hat{\alpha}}{\varphi_h} \cdot F_{id}$$

$$\hat{\alpha} = 0{,}0145 \cdot \alpha^\circ$$

b) Hohlkörper

$$F_{Sch} = \frac{1}{2} \cdot \frac{\hat{\alpha}}{\varphi_h} \cdot F_{id}$$

Formänderungswirkungsgrad (beim Vorwärtsfließpressen)

a) Vollkörper

$$\eta_F = \frac{1}{1 + \dfrac{2}{3} \cdot \dfrac{\hat{\alpha}}{\varphi_h} + \dfrac{\mu}{\cos\alpha \cdot \sin\alpha} + \dfrac{4 \cdot l \cdot \mu \cdot k_{f0}}{d \cdot \mu \cdot k_{fm}}}$$

b) Hohlkörper

$$\eta_F = \frac{1}{1 + \dfrac{1}{2} \cdot \dfrac{\hat{\alpha}}{\varphi_h} + \dfrac{\mu}{\cos\alpha \cdot \sin\alpha} + \dfrac{4 \cdot l \cdot \mu \cdot k_{f0}}{d \cdot \mu \cdot k_{fm}}}$$

Formänderungsarbeit

$$W = \frac{V_1 \cdot k_{fm} \cdot \varphi_h}{\eta_F}$$

oder

$$W = V_1 \cdot \frac{a}{\eta_F}$$

vorhandene Druckspannung (Festigkeit) der Fließpreßung

$$p_{vorh} = \frac{F}{A}$$

Rückwärtsfließpressen (Gegenfließpressen)

Formänderungsverhältnis beim Rückwärtsfließpressen

a) axiale Richtung

$$\varphi_1 = \ln\frac{h_0}{h_1}$$

b) radiale Richtung

$$\varphi_2 = \ln\frac{h_0}{h_1}\cdot\left(1+\frac{d_1}{8\cdot s}\right)$$

axialer Stauchdruck

$$p_1 = k_{f1}\cdot\left(1+\frac{1}{3}\cdot\mu\cdot\frac{d}{h_0}\right)$$

radialer Stauchdruck

$$p_2 = k_{f2}\cdot\left(1+\frac{h_0}{s}\right)\cdot\left(0,25+\frac{\mu}{2}\right)$$

Umformarbeit

$$W = V\cdot(p_1+p_2)$$

oder

$$W = F\cdot(h_0-h_1)$$

Gesamtumformkraft
(Rückwärtsfließpressen)

$$F_{ges} = F_1 + F_2$$

Stauchkraft in axialer Richtung

$$F_1 = A\cdot k_{f1}\cdot\left(1+\frac{1}{3}\cdot\mu\cdot\frac{d}{h_0}\right)$$

Stauchkraft in radialer Richtung

$$F_2 = A\cdot k_{f2}\cdot\left(1+\frac{h_0}{s}\right)\cdot\left(0,25+\frac{\mu}{2}\right)$$

Stauchen

Stauchungsgrad

$$\varphi_n = \ln\left(\frac{h_0}{h_1}\right)\cdot 100$$

Stauchverhältnis

$$s = \frac{h_0}{d_0}$$

zulässiges Stauchverhältnis

$$s \le 2,6 \Rightarrow \text{ eine Operation}$$
$$s \le 4,5 \Rightarrow \text{ zwei Operationen}$$

Rohlingsdurchmesser

$$d_0 = \sqrt[3]{\frac{4\cdot V_K}{\pi\cdot s}}$$

Rohlingslänge

$$L = \frac{V_{ges}}{A_0}$$

Rohlingslänge für den Kopfteil

$$h_0 = \frac{V_{Kopf}}{A_0}$$

mittlere Stauchkraft
(zylindrische Teile)

$$F_m = A_1\cdot k_{f1}\cdot\left(1+\frac{1}{3}\cdot\mu\cdot\frac{d_1}{h_1}\right)$$

2.5.3 Berechnungsbeispiele

1. Durch Vorwärtsfließpressen ist ein Rohling mit dem Durchmesser $\varnothing$ 30 *mm* und der Höhe 26 *mm* in das skizzierte Formteil umzuformen.
   Werkstoff AlMgSi, Neigungswinkel der Matrizenöffnung 40°, Reibwert $\mu = 0{,}1$.

   Berechnen Sie:

   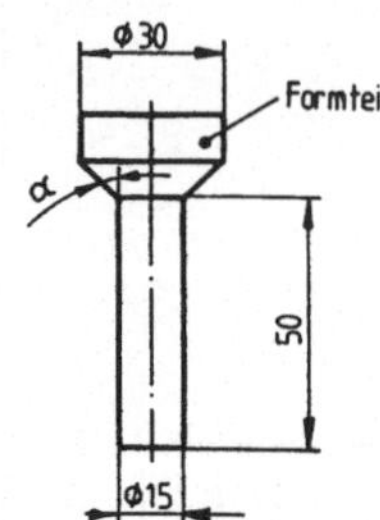

   a) das Formänderungsverhältnis
   b) die spezifische Formänderungsarbeit
   c) die mittlere Formänderungsfestigkeit
   d) die Gesamtumformkraft
   e) den Formänderungswirkungsgrad
   f) die Formänderungsarbeit.

2. Das Formteil – Aufgabe 1 – soll bei gleichen Rohlingsabmessungen – aus C10E (Ck10) durch Vorwärtsfließpressen gefertigt werden.

   Ermitteln Sie mit Hilfe des Diagramms 2.5.1 die zum Umformen erforderliche maximale Stempelkraft.

3. Ein Rohling aus AlMgSi mit den Maßen $\varnothing$ 15 *mm* x 40 *mm* soll durch Vorwärtsfließpressen in einen Stift von 10 *mm* Durchmesser umgeformt werden. Es wird davon ausgegangen, daß der ganze Rohling durchgepreßt wird. Die Reiblänge soll 8 *mm* betragen, Matrizenwinkel 30°, Reibwert $\mu = 0{,}2$.

   Ermitteln Sie:

   a) die Umformkraft
   b) die Umformarbeit.

4. Der skizzierte Napfrohling aus C10E (Ck10) ist zu einem Hohlkörper durch Vorwärtsfließpressen umzuformen. Abmaße siehe Skizzen, Neigungswinkel an der Matrize 60°, Reibwert $\mu = 0{,}1$.

   Ermitteln Sie:

   a) die erforderliche Umformkraft
   b) die Umformarbeit.

   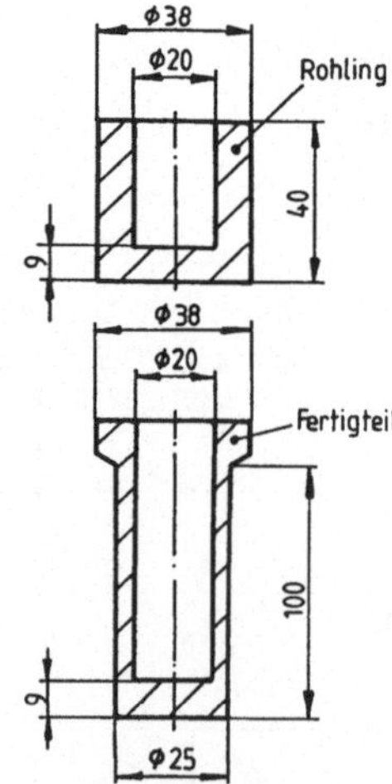

5. Durch Vorwärtsfließen soll Stangenmaterial aus E 360 (St 70-2) umgeformt werden.
   Technische Daten: $d_0 = 60$ *mm*, $d_1 = 35$ *mm*, $h_0 = 125$ *mm*, Matrizenöffnungswinkel 50°.

   Ermitteln Sie:

   a) die erforderliche Umformkraft
   b) überprüfen Sie die Haltbarkeit des Fließpreßdorns, wenn $p_{max} = 2100$ N/mm^2 nicht überschritten werden darf.
      Reibwert $\mu = 0{,}1$, es wird eine Reiblänge von 60 *mm* angenommen.

6. Aus C10E (Ck10) soll ein Stangenabschnitt durch Rückwärtsfließpressen zu einem Napf umgeformt werden. Maße des Stangenabschnitts: Durchmesser $\varnothing$ 40 *mm*, Höhe 22,7 *mm*.

   Maße des Napfs: Napfaußendurchmesser $\varnothing$ 40 *mm*, Napfinnendurchmesser $\varnothing$ 26 *mm*, Wandungs- und Bodenhöhe 7 *mm*, Napfhöhe 18,5 *mm*, Reibwert $\mu = 0,1$.

   Ermitteln Sie:

   a) die Umformkraft

   b) den Umformdruck

   c) die Umformarbeit.

7. Durch Rückwärtsfließpressen sind Hülsen aus CuZn 40 (Messing 63) herzustellen – s. Skizze – Der Rohlingsdurchmesser beträgt 20 *mm*, Reibwert $\mu = 0,1$.

   Ermitteln Sie:

   a) die Rohlingshöhe

   b) die erforderliche Kraft für das Stauchen auf den notwendigen Ausgangsdurchmesser

   c) die Umformkraft

   d) die Umformarbeit beim Fließpressen.

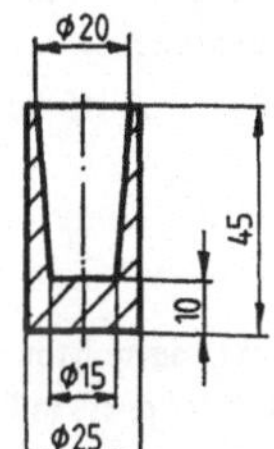

8. Ermitteln Sie mit Hilfe des Diagramms 2.5 den Umformdruck und die Umformkraft für ein Vorwärtsfließpreßteil, Rohling ist ein Hülsenabschnitt aus C35.

   Gegeben sind:

Ausgangsdurchmesser	d_0	$= 95\,mm$
Fertigungsteildurchmesser	d_1	$= 86\,mm$
Ausgangsdurchmesser	d_2	$= 78\,mm$
Rohlingshöhe	h_0	$= 55\,mm$
Matrizenwinkel	α	$= 60°$

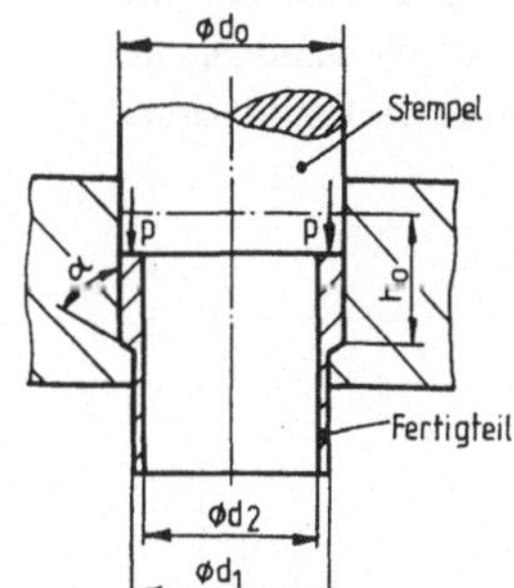

9. Führungsbolzen aus C15E (Ck15) sind gemäß der Skizze durch Umformen herzustellen. Der Rohlingsdurchmesser soll so bestimmt werden, daß zunächst ein Stauchungsverhältnis von 1,5 gewählt wird. Der Rohlingsdurchmesser und die Rohlingslänge sind auf volle Millimeter zu runden.

   Ermitteln Sie:

   a) die Rohlingsabmessungen

   b) die für das Vorwärtsfließpressen erforderliche Umformkraft und Umformarbeit, Neigungswinkel $\alpha = 50°$, Reibwert $\mu = 0,2$

   c) die für den Stauchvorgang erforderliche Stauchkraft und Voucharbeit bei $\varphi_{zul} = 150\ \%$, Reibwert $\mu_2 = 0,15$ und einem Stauchungsgrad von 70 %.

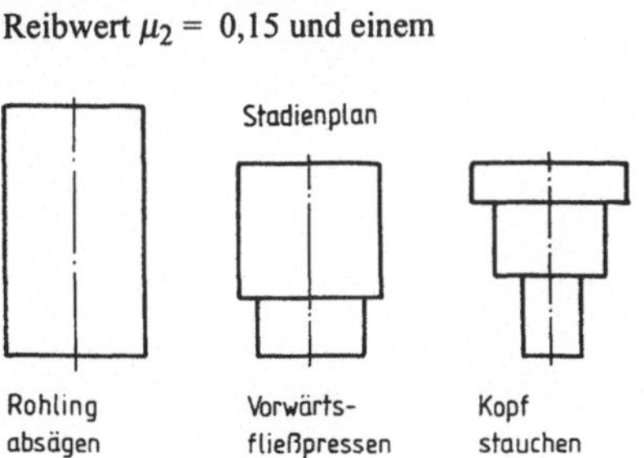

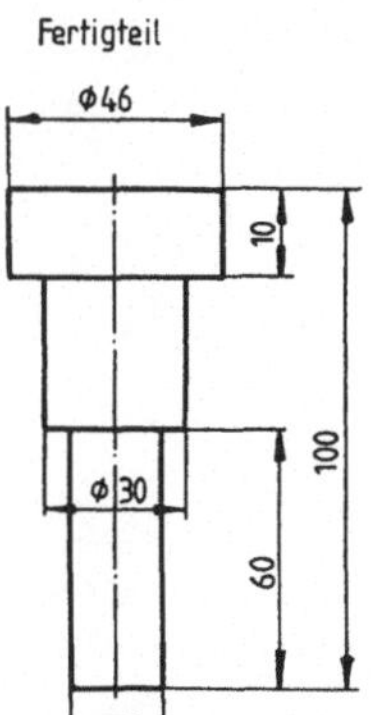

10. Der skizzierte Kugelaufsteckgriff soll durch Umformen gefertigt werden.

    Der Rohlingsdurchmesser beträgt 20 *mm;* Werkstoff C35, Reibwert $\mu = 0{,}15$, maximales Stauchverhältnis 2,4, Formänderungswirkungsgrad 60 %.

    a) Entwerfen Sie den Stadienplan
    b) Ermitteln Sie die Rohlingslänge
    c) Ermitteln Sie die erforderliche Umformkraft beim Fließpressen
    d) Wie groß ist die Umformarbeit für das Fließpressen?
    e) Wie groß ist die Umformarbeit für das Stauchen?

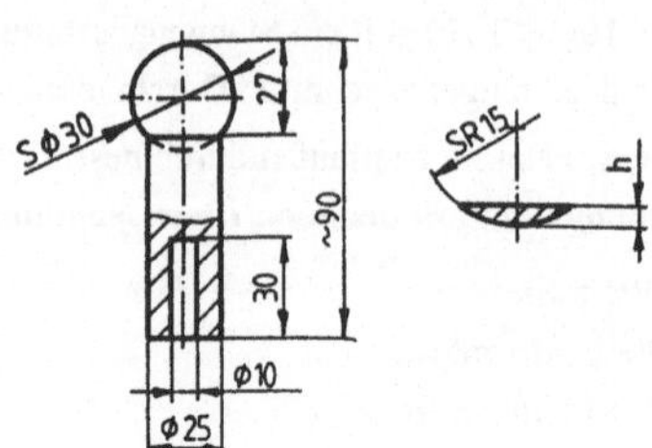

11. Die skizzierte Montagehilfe aus E 360 (St 70-2) ist duch Fließpressen herzustellen. Der Rohlingsdurchmesser wird mit Ø 40 *mm* gewählt.
    Matrizenwinkel 70°, Reibwert 0,1, Formänderungswirkungsgrad 42 %.

    Ermitteln Sie:
    a) die Rohlingshöhe
    b) die Umformkräfte
    c) die Umformarbeit.

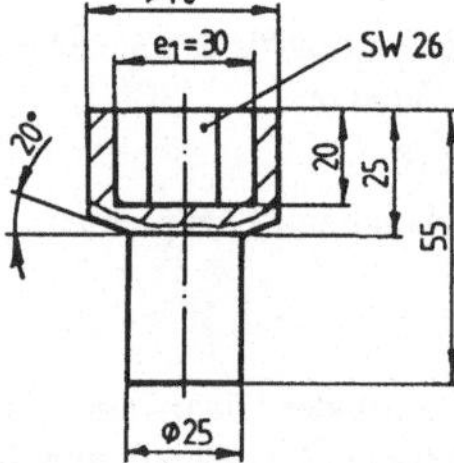

2.5.4 Lösungen

Lösung zu Beispiel 1

a) Formänderungsverhältnis

$$\varphi_h = \ln\frac{A_0}{A_1} = \ln\frac{30^2 \cdot \pi \cdot 4}{4 \cdot 15^2 \cdot \pi} = 1,386 \triangleq \underline{\underline{139\,\%}}$$

b) Spezifische Formänderungsarbeit

bei $\varphi_h = 139\,\%$ $\Rightarrow$ $a = \underline{\underline{280\ Nmm\,/\,mm^3}}$

aus Diagr. AlMgSi:
$\Rightarrow a = 280\ Nmm\,/\,mm^3$

c) Mittlere Formänderungsfestigkeit

$$k_{fm} = \frac{a}{\varphi_h} = \frac{280}{1,39} = \underline{\underline{201\ N\,/\,mm^2}}$$

d) Gesamtumformkraft

$$F_{ges} = F_{id} + F_{R1} + F_{R2} + F_{Sch}$$

Ideelle Umformkraft

$$F_{id} = A_0 \cdot k_{fm} \cdot \varphi_h = \frac{30^2 \cdot \pi}{4} \cdot 201 \cdot 1,39 = \underline{\underline{197389\ N}}$$

Kraft zur Überwindung der Reibung an der Matrizenöffnung

$$F_{R1} = F_{id} \cdot \frac{\mu}{\cos\alpha \cdot \sin\alpha} = 197389 \cdot \frac{0,1}{\cos 40° \cdot \sin 40°} = \underline{\underline{40076\ N}}$$

Kraft zur Überwindung der Reibung am zylindrischen Teil der Matrize

Ermittlung der Reiblänge:
Das umgeformte Volumen errechnet sich aus einem Zylinder und einem Kegelstumpf.

Volumen des Rohlings

$$V_R = \frac{D^2 \cdot \pi}{4} \cdot h = \frac{30^2 \cdot \pi}{4} \cdot 26 = 18378\ mm^3$$

Umzuformendes Volumen

$$h = \frac{D_0 - d_1}{2 \cdot \tan \alpha} = \frac{30 - 15}{2 \cdot \tan 40°} = 8,94 \; mm$$

$$V_{Umf} = V_{Zyl} + V_{Kegelst}$$

$$V_{Zyl} = \frac{d_1^2 \cdot \pi}{4} \cdot h_1 = \frac{15^2 \cdot \pi}{4} \cdot 50 = 176,72 \; mm^3$$

$$V_{Kegelst} = \frac{\pi \cdot h}{12}(D_0^2 + d_1^2 + D_0 \cdot d_1) = \frac{\pi \cdot 8,94}{12}(30^2 + 15^2 + 30 \cdot 15) = 12345,28 \; mm^3$$

$$V_{Umf} = 176,72 + 12345,28 = 12522 \; mm^3$$

Querschnittsfläche des Rohlings

$$A_0 = \frac{30^2 \cdot \pi}{4} = 706,88 \; mm^2$$

Reiblänge an der Matrizenwand

$$V_1 = V_R - V_{Umf} = 18378 - 12522 = 5856 \; mm^3$$

$$l_1 = \frac{V_1}{A_0} = \frac{5856}{706,88} = 8,28 \; mm$$

Reibkraft am Stempel und Matrize

aus Diagr. AlMgSi:
$$\varphi_h = 139 \% \Rightarrow k_{f0} = 130 \; N / mm^2$$

$$F_{R2} = D_0 \cdot \pi \cdot l_1 \cdot \mu \cdot k_{f0} = 30 \cdot \pi \cdot 8,28 \cdot 0,1 \cdot 130 = \underline{10146 \; N}$$

Schubkräfte in der Umformzone

$$\widehat{\alpha} = 0,01745 \cdot \alpha°$$
$$= 0,01745 \cdot 40° = 0,698$$

$$F_{Sch} = \frac{2}{3} \cdot \frac{\widehat{\alpha}}{\varphi_h} \cdot F_{id} = \frac{2}{3} \cdot \frac{0,698}{1,39} \cdot 197389 = \underline{66080 \; N}$$

Gesamtumformkraft

$$F_{ges} = F_{id} + F_{R1} + F_{R2} + F_{Sch} = 197389 + 40076 + 10146 + 66080 = 313691 \; N \approx \underline{\underline{313,7 \; kN}}$$

e) Formänderungswirkungsgrad

$$\eta_F = \cfrac{1}{1 + \cfrac{2}{3} \cdot \cfrac{\hat{\alpha}}{\varphi_h} + \cfrac{\mu}{\cos\alpha \cdot \sin\alpha} + \cfrac{4 \cdot l \cdot \mu \cdot k_{f0}}{d \cdot \mu \cdot k_{fm}}}$$

$$= \cfrac{1}{1 + \cfrac{2}{3} \cdot \cfrac{0,698}{1,39} + \cfrac{0,1}{\cos 40° \cdot \sin 40°} + \cfrac{4 \cdot 8,28 \cdot 0,1 \cdot 130}{30 \cdot 1,39 \cdot 201}} = 0,63 \mathrel{\hat=} \underline{\underline{63\%}}$$

f) Formänderungsarbeit

$$W = \frac{V_1 \cdot k_{fm} \cdot \varphi_h}{\eta_F}$$

aus Beispiel 1:
$V_1 = 12515,7 \ mm^3$

$$W = V_1 \cdot \frac{a}{\eta_F} = 12515,7 \cdot \frac{280}{0,63} = 5562533 \ Nmm \approx \underline{\underline{5,56 \ kNm}}$$

Lösung zu Beispiel 2 (grafische Lösung)

aus 3.8.5 Diagramm 1

Feld 1
bei Stempel $\varnothing$ 30 mm und Fertigteil- $\varnothing$ 15 mm ergibt sich eine Querschnittsänderung $\Rightarrow \varepsilon = 75\ \%$

Feld 2
bei C10E (Ck10) ergibt sich ein Stempeldruck (eine bezogene Stempelkraft) von $\Rightarrow F = 1300 \ N/mm^2$

Feld 3
bei einem Verhältnis $\dfrac{h_0}{d_0} = \dfrac{26}{30} = 0,87$ und einem Öffnungswinkel $2\alpha = 2 \cdot 40° = 80°$ ergibt sich

ein maximaler Stempeldruck (eine max. bezogene Stempelkraft) von $\Rightarrow F = 1500 \ N/mm^2$

Feld 4
bei $F = 1500 \ N/mm^2$ und einem Stempel $\varnothing$ 30 mm erhält man $\Rightarrow F_{max} = \underline{\underline{1000 \ kN}}$

Lösung zu Beispiel 3

a) Gesamtumformkraft

aus Diagr. AlMgSi:
$\varphi_h = 81\,\% \Rightarrow a = 140\ Nmm\,/\,mm^3$

$$\varphi_h = \ln\frac{A_0}{A_1} = \ln\frac{15^2}{10^2} = 0{,}81 \,\hat{=}\, 81\%$$

$$k_{fm} = \frac{a}{\varphi} = \frac{140}{0{,}81} = 173\ N\,/\,mm^2$$

$$F_{ges} = F_{id} + F_{R1} + F_{R2} + F_{Sch}$$

ideelle Umformkraft

$$F_{id} = A_0 \cdot k_{fm} \cdot \varphi_h = \frac{15^2 \cdot \pi}{4} \cdot 173 \cdot 0{,}81 = 24750\ N$$

Reibkraft am Stempel und Matrize

$$F_{R1} = F_{id} \cdot \frac{\mu}{\cos\alpha \cdot \sin\alpha} = 24750 \cdot \frac{0{,}2}{\cos 30° \cdot \sin 30°} = 11432\ N$$

Reibkraft an der Wandung

$$F_{R2} = \pi \cdot d_0 \cdot l \cdot \mu \cdot k_{f0} = \pi \cdot 15 \cdot 8 \cdot 0{,}2 \cdot 130 = 9797\ N \qquad\qquad \hat{\alpha} = 0{,}01745 \cdot 30° = 0{,}524$$

Schubkraft

$$F_{Sch} = \frac{2}{3} \cdot \frac{\hat{\alpha}}{\varphi_h} \cdot F_{id} = \frac{2}{3} \cdot \frac{0{,}524}{0{,}81} \cdot 24750 = 10664\ N$$

$$F_{ges} = 24750 + 11432 + 9797 + 10664 = \underline{\underline{56643\ N}}$$

b) Umformarbeit

$$W = V_1 \cdot \frac{a}{\eta_F}$$

Formänderungswirkungsgrad

$$\eta_F = \cfrac{1}{1 + \dfrac{2}{3}\cdot\dfrac{\bar{\alpha}}{\varphi_h} + \dfrac{\mu}{\cos\alpha\cdot\sin\alpha} + \dfrac{4\cdot l\cdot\mu\cdot k_{f0}}{d\cdot\mu\cdot k_{fm}}}$$

$$= \cfrac{1}{1 + \dfrac{2}{3}\cdot\dfrac{0{,}524}{0{,}81} + \dfrac{0{,}2}{\cos 30°\cdot\sin 30°} + \dfrac{4\cdot 8\cdot 0{,}2\cdot 130}{15\cdot 0{,}81\cdot 173}} = 0{,}43 \,\hat{=}\, \underline{\underline{43\%}}$$

$$W = \frac{15^2\cdot\pi}{4}\cdot 40\cdot\frac{140}{0{,}43} = 2300233\ Nmm \approx \underline{\underline{2{,}3\ kNm}}$$

Lösung zu Beispiel 4

a) Gesamtumformarbeit

$$F_{ges} = F_{id} + F_{R1} + F_{R2} + F_{Sch}$$

Umformverhältnis

$$\varphi_h = \ln\frac{A_0}{A_1} = \ln\frac{D_0^{\ 2} - d_0^{\ 2}}{D_1^{\ 2} - d_1^{\ 2}} = \ln\frac{38^2 - 20^2}{25^2 - 20^2} = \ln 4{,}64 = 1{,}53 \,\hat{=}\, \underline{\underline{153\%}}$$

spezifische Formänderungsarbeit aus Fließkurve C10E (Ck10)

bei $\varphi_h = 153\,\% \Rightarrow a = 900\ Nmm\,/\,mm^3$

$$k_{fm} = \frac{a}{\varphi_h} = \frac{900}{1{,}53} = 588\ N\,/\,mm^2$$

ideelle Umformkraft

$$F_{id} = A_0\cdot k_{fm}\cdot\varphi_h = \frac{\pi}{4}\cdot(D_0^{\ 2} - d_0^{\ 2})\cdot k_{fm}\cdot\varphi_h = \frac{\pi}{4}\cdot(38^2 - 20^2)\cdot 588\cdot 1{,}53 = 737291\ N$$

Reibkraft am Stempel und Matrize

$$F_{R1} = F_{id}\cdot\frac{\mu}{\cos\alpha\cdot\sin\alpha} = 737291\cdot\frac{0{,}1}{\cos 60°\cdot\sin 60°} = 170270\ N$$

aus Diagr. C10E (Ck10):
$$\Rightarrow k_{f0} = 280\ N\,/\,mm^2$$

Reibkraft an der Wandung

$$F_{R2} = \pi\cdot D_0\cdot l\cdot k_{f0}\cdot\mu = \pi\cdot 38\cdot 18{,}2\cdot 280\cdot 0{,}1 = 60805\ N$$

Berechnung der Reiblänge von l_1 (entsprechend Aufgabe 1)

$$V = V_{Rohl} - V_{Zyl} - V_{Kegelst} = 32782 - 16073 - 1785 = 14924 \ mm^3$$

Reiblänge

$$L = \frac{V}{\dfrac{(D^2 - d^2) \cdot \pi}{4}} = \frac{14924}{820} = 18{,}2 \ mm$$

Schubkraft

$$\hat{\alpha} = 0{,}01745 \cdot 60° = 1{,}05$$

$$F_{Sch} = \frac{1}{2} \cdot \frac{\hat{\alpha}}{\varphi_h} \cdot F_{id} = \frac{1}{2} \cdot \frac{1{,}05}{1{,}53} \cdot 737291 = 252269 \ N$$

Gesamtumformkraft

$$F_{ges} = 737291 + 170270 + 60805 + 252269 = 1220635 \ N \approx 1220 \ kN$$

b) Umformarbeit

$$W = \frac{V_1 \cdot k_{fm} \cdot \varphi_h}{\eta_F} = V_1 \cdot \frac{a}{\eta_F}$$

$$V_1 = \frac{(D^2 - d^2) \cdot \pi}{4} \cdot h = \frac{(38^2 - 20^2) \cdot \pi}{4} \cdot 40 = 35607 \ mm^3$$

Formänderungswirkungsgrad

$$\eta_F = \frac{1}{1 + \dfrac{1}{2} \cdot \dfrac{\hat{\alpha}}{\varphi_h} + \dfrac{\mu}{\cos\alpha \cdot \sin\alpha} + \dfrac{4 \cdot l \cdot \mu \cdot k_{f0}}{d \cdot \mu \cdot k_{fm}}}$$

$$= \frac{1}{1 + \dfrac{1}{2} \cdot \dfrac{1{,}05}{1{,}53} + \dfrac{0{,}1}{\cos 60° \cdot \sin 60°} + \dfrac{4 \cdot 18{,}2 \cdot 0{,}1 \cdot 280}{38 \cdot 1{,}53 \cdot 588}} = 0{,}612 \ \hat{=} \ 61{,}2\%$$

Gesamtumformarbeit

$$W = \frac{V_1 \cdot k_{fm} \cdot \varphi_h}{\eta_F} = \frac{35607 \cdot 588 \cdot 1{,}53}{0{,}612} = 52342290 \ Nmm \approx 52 \ kNm$$

oder

$$W = V_1 \cdot \frac{a}{\eta_F} = 35607 \cdot \frac{900}{0{,}612} = 52363235 \ Nmm \approx 52 \ kNm \qquad a = 900 \ Nmm \ / \ mm^3$$

Lösung zu Beispiel 5

a) Umformkraft

$$F_{ges} = F_{id} + F_{R1} + F_{R2} + F_{Sch}$$

$$F_{id} = A_0 \cdot k_{fm} \cdot \varphi$$

$$\varphi = \ln \frac{A_0}{A_1} = \ln \frac{60^2}{35^2} = 1{,}08 \mathrel{\hat{=}} \underline{\underline{108\%}}$$

spezifische Formänderungsarbeit aus Fließkurve E 360 (St 70-2):

$$\Rightarrow a = 790 \ Nmm / mm^3 \Rightarrow k_{f0} = 510 \ N / mm^2$$

$$k_{fm} = \frac{a}{\varphi_h} = \frac{790}{1{,}08} = 731 \ N / mm^2$$

$$F_{id} = \frac{60^2 \cdot \pi}{4} \cdot 731 \cdot 1{,}08 = 2231070 \ N$$

$$F_{R1} = F_{id} \cdot \frac{\mu}{\cos\alpha \cdot \sin\alpha} = 2231070 \cdot \frac{0{,}1}{\cos 50° \cdot \sin 50°} = 453124 \ N$$

$$F_{R2} = \pi \cdot d_0 \cdot l \cdot \mu \cdot k_{f0} = \pi \cdot 60 \cdot 60 \cdot 0{,}1 \cdot 510 = 576504 \ N$$

$$F_{Sch} = \frac{2}{3} \cdot \frac{\hat{\alpha}}{\varphi_h} \cdot F_{id} = \frac{2}{3} \cdot \frac{0{,}873}{1{,}08} \cdot 2231070 = 1202299 \ N \qquad \hat{\alpha} = 0{,}01745 \cdot 50° = 0{,}873$$

$$F_{ges} = 2231070 + 453124 + 576504 + 1202299 = 4462997 \ N \approx \underline{\underline{4463 \ kN}}$$

b) Druckspannung (Festigkeit) des Fließpreßteils

$$p_{vorh} = \frac{F}{A} = \frac{4462997 \cdot 4}{60^2 \cdot \pi} = \underline{\underline{1579 \ N / mm^2}}$$

$$p_{max} > p_{vorh}$$

$2100 \ N / mm^2 > 1579 \ N / mm^2$, d.h. das Stangenmaterial kann umgeformt werden!

Lösung zu Beispiel 6

a) Gesamtumformkraft

$$F_{ges} = F_1 + F_2$$

Stauchkraft in axialer Richtung

$$F_1 = A \cdot k_{f1} \cdot \left(1 + \frac{1}{3} \cdot \mu \cdot \frac{d}{h_0}\right)$$

Stauchkraft in radialer Richtung

$$F_2 = A \cdot k_{f2} \cdot \left(1 + \frac{h_0}{s}\right) \cdot \left(0{,}25 + \frac{\mu}{2}\right)$$

Formänderungsverhältnis bei axialer Stauchung

$$\varphi_1 = \ln \frac{h_0}{h_1} = \ln \frac{22{,}7}{7} = 1{,}18 \,\hat{=}\, 118\%$$

Formänderungsverhältnis bei radialer Stauchung

$$\varphi_2 = \ln \frac{h_0}{h_1} \cdot \left(1 + \frac{d_1}{8 \cdot s}\right) = \ln \frac{22{,}7}{7} \cdot \left(1 + \frac{26}{8 \cdot 7}\right) = 1{,}56 \,\hat{=}\, 156\%$$

Formänderungsfestigkeit aus Fließkurve C10E (Ck10):
$$\Rightarrow k_{f1} = 650 \; N/mm^2$$
$$\Rightarrow k_{f2} = 720 \; N/mm^2$$

somit:

$$F_1 = \frac{26^2 \cdot \pi}{4} \cdot 650 \cdot \left(1 + \frac{1}{3} \cdot 0{,}1 \cdot \frac{26}{22{,}7}\right) = 358098 \; N$$

$$F_2 = \frac{26^2 \cdot \pi}{4} \cdot 720 \cdot \left(1 + \frac{22{,}7}{7}\right) \cdot \left(0{,}25 + \frac{0{,}1}{2}\right) = 486327 \; N$$

$$F_{ges} = F_1 + F_2 = 844{,}4 \; kN$$

b) Umformdruck für axiale Stauchung

$$p_1 = k_{f1} \cdot \left(1 + \frac{1}{3} \cdot \mu \cdot \frac{d}{h_0}\right) = 650 \cdot \left(1 + \frac{1}{3} \cdot 0{,}1 \cdot \frac{26}{22{,}7}\right) = 675 \; N/mm^2$$

c) Umformdruck für radiale Stauchung

$$p_2 = k_{f2} \cdot \left(1 + \frac{h_0}{s}\right) \cdot \left(0{,}25 + \frac{\mu}{2}\right) = 720 \cdot \left(1 + \frac{22{,}7}{7}\right) \cdot \left(0{,}25 + \frac{0{,}1}{2}\right) = 916{,}5 \; N/mm^2$$

d) Umformarbeit

$$W = V \cdot (p_1 + p_2)$$

oder

$$W = F \cdot (h_0 - h_1)$$

$$V = A \cdot (h_0 - h_1) = \frac{26^2 \cdot \pi}{4} \cdot (22,7 - 7) = 8331,362 \ mm^3$$

$$W = 8331,4 \cdot (675 + 916,5) = 13259423 \ Nmm \approx \underline{\underline{13,26 \ kNm}}$$

oder

$$W = 844,4 \cdot (22,7 - 7) = \underline{\underline{13,25 \ kNm}}$$

Lösung zu Beispiel 7

a) Rohlingshöhe

$$V_{Zyl} = \frac{D^2 \cdot \pi}{4} \cdot h = \frac{25^2 \cdot \pi}{4} \cdot 45 = 22078 \ mm^3$$

$$V_{Keg} = \frac{\pi \cdot h}{12} (D^2 + d^2 + D \cdot d)$$

$$h_0 = \frac{V \cdot 4}{d^2 \cdot \pi} = \frac{13606 \cdot 4}{20^2 \cdot \pi} = \underline{\underline{43,33 \ mm}}$$

$$= \frac{\pi \cdot 35}{12} (20^2 + 15^2 + 20 \cdot 15) = 8471,5 \ mm^2$$

$$V = V_{Zyl} - V_{Keg} = 22078 - 8472 = 13606 \ mm^3$$

b) Stauchkraft

$$F = A_1 \cdot k_{f1} \cdot \left(1 + \frac{1}{3} \cdot \mu \cdot \frac{d_1}{h_1} \right)$$

Rohlingslänge

$$h_1 = \frac{V \cdot 4}{d^2 \cdot \pi} = \frac{13606 \cdot 4}{25^2 \cdot \pi} = \underline{\underline{27,7 \ mm}}$$

aus Diagramm CuZn40:

$$\Rightarrow k_{f1} = 210 \ N/mm^2 \ \Rightarrow k_{f2} = 530 \ N/mm^2$$

$$\varphi = \ln \frac{h_0}{h_1} = \ln \frac{27,7}{43,3} = 0,446 \ \hat{=} \ 45\%$$

$$F = \frac{25^2 \cdot \pi}{4} \cdot 530 \cdot \left(1 + \frac{1}{3} \cdot 0,1 \cdot \frac{25}{27,7} \right) = 260811 \ N \approx 260,8 \ kN$$

c) Umformkraft

Formänderungsverhältnis bei axialer und radialer Stauchung

$$\varphi_1 = \ln \frac{h_0}{h_1} = \ln \frac{27,7}{10} = 1,02 \, \hat{=} \, \underline{\underline{102\%}}$$

$$d_1 = d_m = \frac{D_1 + d}{2} = \frac{20 + 15}{2} = 17,5 \; mm$$

$$\varphi_2 = \ln \frac{h_0}{h_1} \cdot \left(1 + \frac{d_1}{8 \cdot s}\right) = \ln \frac{27,7}{10} \cdot \left(1 + \frac{17,5}{8 \cdot 3,75}\right) = 1,48 \, \hat{=} \, \underline{\underline{148\%}}$$

$$s_m = \frac{D_2 - d_m}{2} = \frac{25 - 17,5}{2} = 3,75 \; mm$$

Umformdruck für axiale Stauchung

aus Diagramm CuZn40:
$$\Rightarrow k_{f1} = 710 \; N \, / \, mm^2$$
$$\Rightarrow k_{f2} = 800 \; N \, / \, mm^2$$

$$p_1 = k_{f1} \cdot \left(1 + \frac{1}{3} \cdot \mu \cdot \frac{d_1}{h_0}\right) = 710 \cdot \left(1 + \frac{1}{3} \cdot 0,1 \cdot \frac{17,5}{27,7}\right) = \underline{\underline{725 \; N \, / \, mm^2}}$$

Umformdruck für radiale Stauchung

$$p_2 = k_{f2} \cdot \left(1 + \frac{h_0}{s}\right) \cdot \left(0,25 + \frac{\mu}{2}\right) = 800 \cdot \left(1 + \frac{22,7}{3,75}\right) \cdot \left(0,25 + \frac{0,1}{2}\right) = 1692 \; N \, / \, mm^2$$

Umformkraft

$$F = A \cdot (p_1 + p_2) = \frac{17,5^2 \cdot \pi}{4} \cdot (725 + 1692) = 581357 \; N \approx \underline{\underline{581,4 \; kN}}$$

d) Umformarbeit

$$W = V \cdot (p_1 + p_2)$$

$$V = A_1 \cdot (h_0 - h_1) = \frac{25^2 \cdot \pi}{4} \cdot (27,7 - 10) = 8684 \; mm^2$$

$$W = 8684 \cdot (725 + 1692) = 20989228 \; Nmm \approx 21 \; kNm$$

Lösung zu Beispiel 8

Diagramm 2
aus **Feld 1** bei:

$$A_0 = (d_0^2 - d_2^2) \cdot \frac{\pi}{4} = (95^2 - 78^2) \cdot \frac{\pi}{4} = 2308,69 \; mm^2$$

$$A_1 = (d_1^2 - d_2^2) \cdot \frac{\pi}{4} = (86^2 - 78^2) \cdot \frac{\pi}{4} = 1029,92 \; mm^2$$

$\Rightarrow$ aus **Feld 2** ergibt sich die bezogene Querschnittsänderung:

$\Rightarrow \varepsilon_A = 56\%$ mit einem bezogenen Stempeldruck (Stempelkraft) von $p = \underline{\underline{1000 \; N \, / \, mm^2}}$

aus **Feld 3** ergibt sich der Umformdruck:

$$\frac{h_0}{d_0} = \frac{55}{95} = 0,58$$

$$2 \cdot \alpha = 2 \cdot 60° = 120°$$

$$\Rightarrow p = \underline{\underline{1300 \; N \, / \, mm^2}} \quad .$$

aus **Feld 4** ergibt sich die Umformkraft:

$$\Rightarrow F \approx \underline{\underline{2600 \; kN}}$$

Lösung zu Beispiel 9

a) Rohlingsabmessungen

Gesamtvolumen des Fertigteils

$$V_{Kopf} = 46^2 \cdot \frac{\pi}{4} \cdot 18 = 29899 \; mm^3$$

$$V_{Schaft_{30}} = 30^2 \cdot \frac{\pi}{4} \cdot 30 = 21195 \; mm^3$$

$$V_{Zapfen_{20}} = 20^2 \cdot \frac{\pi}{4} \cdot 52 - 16328 \; mm^3$$

$$V_{ges} = \underline{\underline{67422 \; mm^3}}$$

Rohlingsdurchmesser (aus Stauchverhältnis ermittelt)

$$d_0 = \sqrt[3]{\frac{4 \cdot V_K}{\pi \cdot s}} = \sqrt[3]{\frac{4 \cdot 298998}{\pi \cdot 1,5}} = 29,39 \; mm \qquad \text{gewählt} \Rightarrow d_0 = \underline{\underline{30 \; mm}}$$

Rohlingslänge

$$L = \frac{V_{ges}}{A_0} = \frac{67422 \cdot 4}{30^2 \cdot \pi} = 95,43 \; mm \; \text{gewählt} \qquad \text{gewählt} \Rightarrow L = \underline{\underline{96 \; mm}}$$

Rohlingslänge für den Kopfteil

$$h_0 = \frac{V_{Kopf}}{A_0} = \frac{29899 \cdot 4}{30^2 \cdot \pi} = \underline{\underline{42,32 \; mm}}$$

b) Gesamtumformkraft beim Vorwärtsfließpressen

$$F_{ges} = F_{id} + F_{R1} + F_{R2} + F_{Sch}$$

$$\varphi = \ln \frac{A_0}{A_1} = \ln \frac{30^2}{20^2} = \ln 2{,}25 = 0{,}81 \,\hat{=}\, \underline{\underline{81\%}}$$

aus Diagramm C15E (Ck15):
bei $\varphi = 81\,\%$
$\Rightarrow a = 380 \; Nmm \, / \, mm^3$
$\Rightarrow k_{f0} = 200 \; N \, / \, mm^2$

$$k_{fm} = \frac{a}{\varphi_h} = \frac{380}{0{,}81} = 469 \; N \, / \, mm^2$$

$$F_{id} = A_0 \cdot k_{fm} \cdot \varphi_h = \frac{30^2 \cdot \pi}{4} \cdot 469 \cdot 0{,}81 = \underline{\underline{268392 \; N}}$$

$$F_{R1} = F_{id} \cdot \frac{\mu}{\cos\alpha \cdot \sin\alpha} = 268392 \cdot \frac{0{,}2}{\cos 50° \cdot \sin 50°} = \underline{\underline{109236 \; N}}$$

Reiblänge $l = L - l_1 = 96 - 52 = 44 \; mm$ $l_1 = 100 - (30{+}18) = 52 \; mm$

$$F_{R2} = \pi \cdot D_0 \cdot l \cdot \mu \cdot k_{f0} = \pi \cdot 30 \cdot 44 \cdot 0{,}2 \cdot 200 = 165792 \; N$$

$$F_{Sch} = \frac{2}{3} \cdot \frac{\hat{\alpha}}{\varphi_h} \cdot F_{id} = \frac{2}{3} \cdot \frac{0{,}87}{0{,}81} \cdot 268392 = 192182 \; N$$ $\hat{\alpha} = 0{,}01745 \cdot 50° = 0{,}873$

$$F_{ges} = 268392 + 109236 + 165792 + 192182 = \underline{\underline{735602 \; N}}$$

c) Umformarbeit

$$W = \frac{V_1 \cdot k_{fm} \cdot \varphi_h}{\eta_F}$$

Formänderungswirkungsgrad

$$\eta_F = \frac{1}{1 + \dfrac{2}{3} \cdot \dfrac{\hat{\alpha}}{\varphi_h} + \dfrac{\mu}{\cos\alpha \cdot \sin\alpha} + \dfrac{4 \cdot l \cdot \mu \cdot k_{f0}}{d \cdot \mu \cdot k_{fm}}}$$

$$= \frac{1}{1 + \dfrac{2}{3} \cdot \dfrac{50°}{0{,}81} + \dfrac{0{,}2}{\cos 50° \cdot \sin 50°} + \dfrac{4 \cdot 44 \cdot 0{,}2 \cdot 200}{30 \cdot 0{,}81 \cdot 469}} = 0{,}36 \,\hat{=}\, 36\%$$

$$W = \frac{20^2 \cdot \pi \cdot 52 \cdot 469 \cdot 0{,}81}{4 \cdot 0{,}36} = 17230122 \; Nmm \approx \underline{\underline{17{,}23 \; kNm}}$$

d) Stauchkraft

$$F = A_1 \cdot k_{f1} \cdot \left(1 + \frac{1}{3} \cdot \mu \cdot \frac{d_1}{h_1}\right)$$

$$\varphi_h = \ln\frac{h_0}{h_1} = \ln\frac{42,32}{18} = 0,85 \,\hat{=}\, 85\%$$

Kontrolle des Stauchverhältnisses

$$s_{vorh} = \frac{h_0}{d_0} = \frac{42,32}{30} = \underline{\underline{1,41}}$$

$$s_{vorh} < s_{zul}$$

$1,41 < 1,5$, d.h. Fertigung ist möglich!

aus Diagramm C15E (Ck15):
$\Rightarrow k_{f1} = 670 \; N \,/\, mm^2$
$\Rightarrow \; a = 410 \; Nmm \,/\, mm^3$

$$F = \frac{46^2 \cdot \pi}{4} \cdot 670 \cdot \left(1 + \frac{1}{3} \cdot 0,15 \cdot \frac{46}{18}\right) = \underline{\underline{125759 \; N}}$$

e) Staucharbeit

$$W = \frac{V_K \cdot k_{fm} \cdot \varphi_h}{\eta_F}$$

$$k_{fm} = \frac{a}{\varphi_h} = \frac{410}{0,81} = 506 \; N \,/\, mm^2$$

$$W = \frac{29899 \cdot 410}{0,7} = 17512271 \; Nmm \approx \underline{\underline{17,5 \; kNm}}$$

Lösung zu Beispiel 10

a) Stadienplan

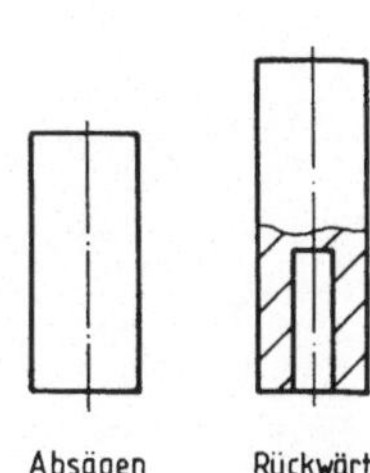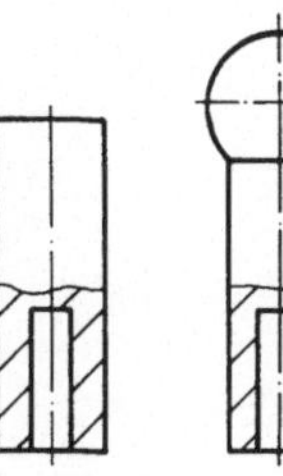
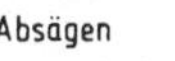

Stadienplan für Kugelaufsteckgriff

I. **Vorwärtsfließpressen** (Außensechskant)

b) Rohlingslänge

$$V_{Kopf} = \frac{4}{3} \cdot \pi \cdot r^3 - \pi \cdot h^2 \cdot \left(r - \frac{h}{3}\right) = \frac{4}{3} \cdot \pi \cdot 15^3 - \pi \cdot 3^2 \cdot \left(15 - \frac{3}{3}\right) = 13734 \, mm^3$$

$$V_{Schaft} = \frac{D^2 \cdot \pi}{4} \cdot h - \frac{d^2 \cdot \pi}{4} \cdot h = \frac{20^2 \cdot \pi}{4} \cdot 63 - \frac{10^2 \cdot \pi}{4} \cdot 30 = 17427 \, mm^3$$

$$V_{ges} = \underline{\underline{31161 \, mm^3}}$$

$$L = \frac{V_{ges} \cdot 4}{D^2 \cdot \pi} = \frac{31161 \cdot 4}{20^2 \cdot \pi} = 99{,}24 \, mm \quad \text{gewählt} \Rightarrow L = \underline{\underline{100 \, mm}}$$

Rohlingslänge des Kugelkopfes

$$h_{0K} = \frac{V_K}{A_0} = \frac{13734 \cdot 4}{20^2 \cdot \pi} = \underline{\underline{43{,}74 \, mm}}$$

Kontrolle des Stauchverhältnisses

$$s = \frac{h_0}{d_0} = \frac{43{,}74}{20} = \underline{\underline{2{,}19}}$$

zulässig $s = 2{,}4 > 2{,}2$

$s_{vorh} < s_{zul}$

$2{,}19 < 2{,}4$, d.h. <u>eine</u> Operation erforderlich!

c) Umformkraft beim **Rückwärtsfließpressen** (axiale Richtung):

$$F = A_1 \cdot k_{f1} \cdot \left(1 + \frac{1}{3} \cdot \mu \cdot \frac{d_1}{h_1}\right)$$

Formänderungsverhältnis (axiale Richtung):

$$\varphi_1 = \ln \frac{h_0}{h_1} = \ln \frac{100}{70} = 0{,}36 \,\hat{=}\, \underline{\underline{36\%}}$$

Umformkraft (axiale Richtung)

aus Diagr. C35:
$\Rightarrow k_{f0} = 480 \, N/mm^2$
$\Rightarrow k_{f1} = 760 \, N/mm^2$

$$F_1 = \frac{10^2 \cdot \pi}{4} \cdot 760 \cdot \left(1 + \frac{1}{3} \cdot 0{,}15 \cdot \frac{10}{100}\right) = 59958{,}3 \, N$$

Umformkraft beim Rückwärtsfließpressen (radiale Richtung):

$$F_2 = A_1 \cdot k_{f2} \cdot \left(1 + \frac{h_1}{s}\right) \cdot \left(0{,}25 + \frac{h}{2}\right)$$

Formänderungsverhältnis (radiale Richtung):

$$\varphi_2 = \ln\left[\frac{h_0}{h_1} \cdot \left(1 + \frac{d_1}{8 \cdot s}\right)\right] = \ln\left[\frac{100}{70} \cdot \left(1 + \frac{10}{8 \cdot 5}\right)\right] = 0{,}58 \,\hat{=}\, 58\%$$

aus Diagr. C 35:
$$\Rightarrow k_{f2} = 830 \; N/mm^2$$

$$F_2 = \frac{10^2 \cdot \pi}{4} \cdot 830 \cdot \left(1 + \frac{100}{5}\right) \cdot \left(0{,}25 + \frac{0{,}15}{2}\right) = 444683 \; N$$

Gesamtumformkraft

$$F_{ges} = F_1 + F_2 = 59958 + 444683 = 504641 \; N \approx 504{,}6 \; kN$$

d) Umformarbeit beim Fließpressen

$$W = V \cdot (p_1 + p_2)$$

axialer Stauchdruck

$$p_1 = k_{f1} \cdot \left(1 + \frac{1}{3} \cdot \mu \cdot \frac{d}{h_0}\right) = 760 \cdot \left(1 + \frac{1}{3} \cdot 0{,}15 \cdot \frac{10}{100}\right) = 763{,}8 \; N/mm^2 \approx 764 \; N/mm^2$$

radialer Stauchdruck

$$p_2 = k_{f2} \cdot \left(1 + \frac{h_0}{s}\right) \cdot \left(0{,}25 + \frac{\mu}{2}\right) = 830 \cdot \left(1 + \frac{100}{5}\right) \cdot \left(0{,}25 + \frac{0{,}15}{2}\right) = 5665 \; N/mm^2$$

$$W = (20^2 - 10^2) \cdot \frac{\pi}{4} \cdot 30 \cdot (764 + 5665) = 49402330 \; Nmm \approx 45{,}4 \; kNm$$

e) Stauchkraft

$$F = A_1 \cdot k_f \cdot \left(1 + \frac{1}{3} \cdot \mu \cdot \frac{d_1}{h_1}\right)$$

$$\varphi = \ln\frac{h_{0K}}{h_1} = \ln\frac{43{,}74}{27} = 0{,}48 \,\hat{=}\, 48\%$$

aus Diagramm C35:
$$\Rightarrow k_{f1} = 800 \; N/mm^2$$
$$\Rightarrow a = 350 \; Nmm/mm^3$$

$$F = \frac{30^2 \cdot \pi}{4} \cdot 800 \cdot \left(1 + \frac{1}{3} \cdot 0{,}15 \cdot \frac{30}{27}\right) = 599112 \; N$$

f) Staucharbeit

$$W = \frac{V_K \cdot a}{\eta_F} = \frac{13734 \cdot 350}{0,6} = 8011500 \; Nmm \approx \underline{\underline{8 \; kNm}}$$

Lösung zu Beispiel 11

a) Höhe des Rohlings

Volumen des Fertigteils = Volumen des Rohlings

$$V_0 = V_1 + V_2 + V_3$$

$$h' = \frac{40 - 25}{2} = 7,5 \; mm$$

$$h = \tan 20° \cdot 7,5 = 2,73 \; mm$$

$$V_1 = \frac{d^2 \cdot \pi}{4} \cdot h = \frac{25^2 \cdot \pi}{4} \cdot 30 = 14726 \; mm^3$$

$$V_2 = \frac{\pi \cdot h}{12}(D^2 + d^2 + D \cdot d) = \frac{\pi \cdot 2,73}{12}(40^2 + 25^2 + 40 \cdot 25) = 2305 \; mm^3$$

Sechskant

$$e = 1,155 \cdot SW = 1,155 \cdot 26 = 30 \; mm \; \hat{=} \; D$$

$$A = 0,649 \cdot D^2 = 0,649 \cdot 30^2 = 584 \; mm^2$$

$$V_3 = \frac{d^2 \cdot \pi}{4} \cdot h_1 - A \cdot h = \frac{40^2 \cdot \pi}{4} \cdot 22,71 - 584 \cdot 20 = 27985 - 11680 = 16305 \; mm$$

$$V_0 = 14726 + 2305 + 16305 = 33336 \; mm^3$$

$$h_0 = \frac{V_0 \cdot 4}{d^2 \cdot \pi} = \frac{33336 \cdot 4}{40^2 \cdot \pi} = \underline{\underline{26,5 \; mm}}$$

b) Umformkraft beim **Vorwärtsfließpressen**

$$F_{ges} = F_{id} + F_{R1} + F_{R2} + F_{Sch}$$

$$F_{id} = A_0 \cdot k_{fm} \cdot \varphi_h$$

$$\varphi_h = \ln \frac{A_0}{A_1} = \ln \frac{40^2 \cdot \pi \cdot 4}{4 \cdot 25^2 \cdot \pi} = 0,94 \; \hat{=} \; 94\%$$

$$k_{fm} = \frac{a}{\varphi_h} = \frac{740}{0,94} = 787 \; N / mm^2$$

aus Diagramm E 360 (St 70-2):

$$\Rightarrow \; a = 740 \; Nmm / mm^3$$

$$\Rightarrow \; k_{f0} = 520 \; N / mm^2$$

$$F_{id} = \frac{40^2 \cdot \pi}{4} \cdot 787 \cdot 0,94 = 929164 \; N \approx 929,2 \; kN$$

$$F_{R1} = F_{id} \cdot \frac{\mu}{\cos\alpha \cdot \sin\alpha} = 929{,}2 \cdot \frac{0{,}1}{\cos 70° \cdot \sin 70°} = 289{,}2 \ kN$$

$$F_{R2} = \pi \cdot D_0 \cdot l \cdot \mu \cdot k_{f0} = \pi \cdot 40 \cdot 25 \cdot 0{,}1 \cdot 520 = 163{,}3 \ kN \qquad\qquad l = 25 \ mm$$
$$\hat{\alpha} = 0{,}01745 \cdot 70° = 1{,}22$$

$$F_{Sch} = \frac{2}{3} \cdot \frac{\hat{\alpha}}{\varphi_h} \cdot F_{id} = \frac{2}{3} \cdot \frac{1{,}22}{0{,}94} \cdot 929{,}2 \ kN = 805{,}3 \ kN$$

$$F_{ges} = 929{,}2 + 289{,}2 + 163{,}3 + 805{,}3 \approx \underline{\underline{2187}} \ kN$$

Umformarbeit

$$V_{umf} = V_1 + V_2$$

$$V_1 = \frac{d^2 \cdot \pi}{4} \cdot h = \frac{25^2 \cdot \pi}{4} \cdot 30 = 14726 \ mm^3 \qquad\qquad d \,\hat{=}\, SW = 26 \ mm$$
$$e = 1{,}155 \cdot SW$$
$$V_2 = \frac{\pi \cdot h}{12}(D^2 + d^2 + D \cdot d) = \frac{\pi \cdot 2{,}73}{12}(40^2 + 25^2 + 40 \cdot 25) = 2305 \ mm^3 \qquad = 1{,}155 \cdot 26 = 30 \ mm$$

$$V_{umf} = 14726 + 2305 = 17031 \ mm^3 \qquad\qquad h' \,\hat{=}\, s = \frac{40-30}{2} = 5 \ mm$$

$$W = \frac{V_1 \cdot k_{fm} \cdot \varphi_h}{\eta_F} = V_1 \cdot \frac{a}{\eta_F}$$

$$W = \frac{17031 \cdot 787}{0{,}42} = 319121850 \ Nmm \approx \underline{\underline{31{,}9}} \ kNm$$

II. **Rückwärtsfließpressen** (Innensechskant)

c) Stauchkraft

Rohlingshöhe

$$h_0 = \frac{(V_0 - V_1) \cdot 4}{d_0^2 \cdot \pi} = \frac{(33336 - 17030) \cdot 4}{40^2 \cdot \pi} = 12{,}975 \approx \underline{\underline{13 \ mm}}$$

Formänderungsverhältnis (axialer Richtung)

$$\varphi_1 = \ln\frac{h_0}{h_1} = \ln\frac{13}{5} = 0{,}96 \,\hat{=}\, \underline{\underline{96\%}} \qquad\qquad d_1 = \frac{e + SW}{2} = \frac{30 + 26}{2} = 28 \ mm$$

Formänderungsverhältnis (radialer Richtung)

$$\varphi_2 = \ln\left[\frac{h_0}{h_1}\cdot\left(1+\frac{d_1}{8\cdot s}\right)\right] = \ln\left[\frac{13}{5}\cdot\left(1+\frac{28}{8\cdot 5}\right)\right] = 1{,}49 \triangleq \underline{\underline{149\%}}$$

Umformdruck (axial)

aus Diagramm E 360:
$\Rightarrow k_{f1} = 960\ N/mm^2$
$\Rightarrow k_{f2} = 1100\ N/mm^2$

$$p_1 = k_{f1}\cdot\left(1+\frac{1}{3}\cdot\mu\cdot\frac{d}{h_0}\right) = 960\cdot\left(1+\frac{1}{3}\cdot 0{,}1\cdot\frac{26}{13}\right) = \underline{\underline{1027\ N/mm^2}}$$

Umformdruck (radial)

$$p_2 = k_{f2}\cdot\left(1+\frac{h_0}{s}\right)\cdot\left(0{,}25+\frac{\mu}{2}\right) = 1100\cdot\left(1+\frac{13}{6}\right)\cdot\left(0{,}25+\frac{0{,}1}{2}\right) = 1045\ N/mm^2$$

Sechskant:
$A = 0{,}649\cdot D^2 = 0{,}649\cdot 30 = 584\ mm^2$

$$F = A_{St}\cdot(p_1+p_2) = 584\cdot(1027+1045) = 1210048\ N \approx 1210\ kN/mm^2$$

Umformarbeit

$$V = 0{,}649\cdot D^2\cdot h = 0{,}649\cdot 30\cdot 20 = 11682\ mm^3$$

$$W = V_2\cdot(p_1+p_2) = 11682\cdot(1027+1045) = 24205104\ Nmm \approx \underline{\underline{24{,}2\ kNm}}$$

2.6 Prägen

2.6.1 Verwendete Formelzeichen

k_w	$[N/mm^2]$	Formänderungswiderstand
W	$[Nm]$	Prägearbeit
F	$[N]$	Prägekraft
A_P	$[mm^2]$	Projektionsfläche des Prägeteils
h_0	$[mm]$	Rohlingsdicke
A_p	$[mm^2]$	Stempelfläche
h	$[mm]$	Stempelweg
h'	$[mm]$	Verbleibende Dicke nach dem Prägen
x		Verfahrensfaktor ($x = 0,5$)
V_G	$[mm^3]$	Volumen der Gravur
s	$[mm]$	Wandungsdicke, Gravurtiefe

2.6.2 Auswahl verwendeter Formeln

Prägekraft

$$F = k_w \cdot A$$

Stempelweg

$$h = \frac{V_G}{A_P}$$

Prägearbeit

$$W = F \cdot h \cdot x$$

Volumen der Gravur

$$V_G = \frac{\pi}{4} \cdot (D^2 - d^2) \cdot s \cdot 2$$

Projektionsfläche des Prägeteils

$$A_P = \frac{90^2 \cdot \pi}{4}$$

Rohlingsdicke

$$h_0 = h' + h$$

2.6.3 Berechnungsbeispiele

1. Eine Stahlscheibe aus DC03 (RRSt13) soll entsprechend der Skizze geprägt werden.

   Berechnen Sie:

   a) die Prägekraft

   b) die Prägearbeit

   c) die Rohlingsdicke.

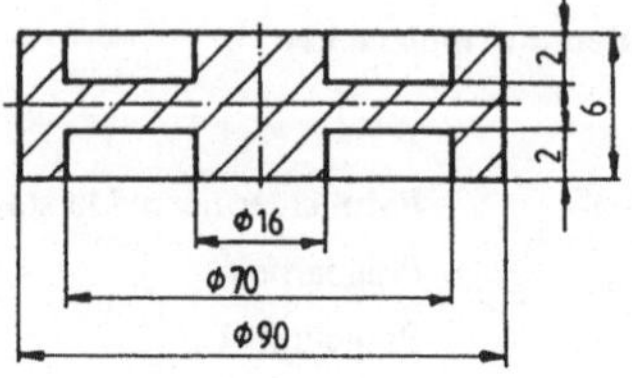

2. Eine Gravur soll massiv geprägt werden (s. Skizze). Als Werkstoff wird Al 99 gewählt, der Formänderungswiderstand beträgt $100 \, N/mm^2$.

   Berechnen Sie:

   a) die Prägekraft

   b) die Prägearbeit, wenn der Verfahrensfaktor $x = 0,5$ beträgt.

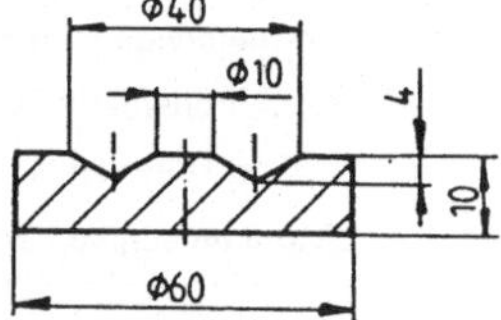

Profilstück

2.6.4 Lösungen

Lösung zu Beispiel 1

a) maximale Prägekraft

aus Tabelle 1:
DC03 (RRSt 13) $\Rightarrow k_w = 1200 \, N/mm^2$

$$F = k_w \cdot A = 1200 \cdot \frac{90^2 \cdot \pi}{4} = 7630200 \, N \approx \underline{\underline{7630 \, kN}}$$

b) Prägearbeit

$$W = F \cdot h \cdot x$$

$$V_G = \frac{\pi}{4} \cdot (D^2 - d^2) \cdot s \cdot 2 = \frac{\pi}{4} \cdot (70^2 - 16^2) \cdot 2 \cdot 2 = 14590 \, mm^3$$

$$A_P = \frac{90^2 \cdot \pi}{4} = 6358,5 \, mm^2$$

$$h = \frac{V_G}{A_P} = \frac{14590}{6358,5} = 2,3 \, mm$$

$$W = 7630 \cdot 2,3 \cdot 0,5 = 8775 \, kNmm \approx \underline{\underline{8,8 \, kNm}}$$

c) Rohlingsdicke

$$h_0 = h' + h$$

$$h' = 6 - 2 \cdot 2 = 2 \; mm$$

$$h_0 = 2 + 2{,}3 = \underline{\underline{4{,}3 \; mm}}$$

Lösung zu Beispiel 2

a) Prägekraft k_w aus Tabelle 1:

$$\Rightarrow k_w = 100 \; N / mm^2$$

$$F = k_w \cdot A = 100 \cdot \frac{60^2 \cdot \pi}{4} = 282600 \; N \approx \underline{\underline{282{,}6 \; kN}}$$

b) Prägearbeit

$$W = F \cdot h \cdot x$$

geprägtes (verdrängtes) Volumen

$$V_G = \frac{g \cdot h}{2} \cdot d_m \cdot \pi = \frac{15 \cdot 4}{2} \cdot 25 \cdot \pi = 2355 \; mm^3$$

Prägefläche

$$A_p = \frac{60^2 \cdot \pi}{4} = 2826 \; mm^2$$

$$h = \frac{V_G}{A_p} = \frac{2355}{2826} = 0{,}833 \; mm$$

$$W = 282{,}6 \cdot 0{,}0833 \cdot 0{,}5 = 11770 \; kNmm \approx \underline{\underline{11{,}77 \; Nm}}$$

2.7 Durchziehen

2.7.1 Verwendete Formelzeichen

P_a	$[kW]$	Antriebsleistung / Ziehleistung
z		Anzahl der Züge
s	$[mm]$	Blechdicke
A_1	$[mm^2]$	Drahtquerschnitt beim 1. Zug
A_n	$[mm^2]$	Drahtquerschnitt nach dem n-ten Zug
d_1	$[mm]$	Durchmesser nach dem 1. Zug
d_2	$[mm]$	Durchmesser nach dem 2. Zug
φ_{zug}	$[\%]$	Formänderungsgrad pro Zug
η_F	$[\%]$	Formänderungswirkungsgrad
Q	$[\%]$	Gesamtquerschnittsabnahme
φ_{grenz}	$[\%]$	Grenzumformgrad
α	$[°]$	Ziehwinkel
η_M	$[\%]$	Maschinenwirkungsgrad
k_{fm}	$[N/mm^2]$	mittlere Formänderungsfestigkeit
q	$[\%]$	prozentuale Querschnittsabnahme nach dem 1. und 2. Zug
μ		Reibwert
φ_n	$[\%]$	Umformgrad bei den Zügen 1 bis "n"
F_2	$[N]$	Umformkraft (radiale Stauchung)
v_o	$[m/s]$	Ziehgeschwindigkeit
v_1	$[m/s]$	Ziehgeschwindigkeit beim 1. Zug
v_n	$[m/s]$	Ziehgeschwindigkeit beim n-ten Zug
F_{Z1}	$[N]$	Ziehkraft beim 1. Zug

2.7.2 Auswahl verwendeter Formeln

Formänderungsverhältnis

$$\varphi = \ln \frac{A_0}{A_1}$$

Formänderungsgrad pro Zug

$$\varphi_{Zug} = \frac{\varphi}{z}$$

Durchmesser nach dem **1.Zug** und **2. Zug**

$$d_1 = \frac{d_0}{e^{0,5 \cdot \varphi_{Zug}}}$$

$$d_2 = \frac{d}{e^{0,5 \cdot \varphi_{Zug}}}$$

Ziehkraft

$$F_Z = A_1 \cdot k_{fm} \cdot \varphi_n \left(\frac{\mu}{\alpha} + \frac{2}{3} \cdot \frac{\hat{\alpha}}{\varphi_n} + 1 \right)$$

Formänderungsfestigkeit

$$k_{fm} \cdot \varphi = a$$

mittlere Antriebsleistung

$$P_a = \frac{F_Z \cdot v}{\eta_M}$$

Ziehgeschwindigkeit beim 1. Zug

$$v_1 = \frac{v_n \cdot A_n}{A_1}$$

Gesamtquerschnittsabnahme

$$Q = \frac{A_0 - A_n}{A_0} \cdot 100$$

Anzahl der Züge

$$z = \frac{\varphi}{\varphi_{Zug}}$$

Ziehleistung

$$P_{a1} = \frac{A_1 \cdot a \cdot v_1}{\eta_F \cdot \eta_M}$$

optimaler Ziehwinkel

$$\hat{\alpha} = \sqrt{\frac{2}{3} \cdot \mu \cdot \varphi}$$

Grenzumformgrad

$$\varphi_{Grenz} = \left(\sqrt{\frac{2}{3} \cdot \mu + 1} - \sqrt{\frac{2}{3} \cdot \mu} \right)$$

oder

$$\varphi_{Grenz} = \frac{1 - \frac{2 \cdot \hat{\alpha}}{3}}{1 + \frac{\mu}{\hat{\alpha}}}$$

2.7.3 Berechnungsbeispiele

1. Stangenmaterial aus AlMgSi mit dem Ausgangsdurchmesser von 20 *mm* soll in einem Mehrfachzug auf
   einen Fertigdurchmesser von 9 *mm* gezogen werden. Durch Naßzug wird ein Reibwert $\mu = 0{,}03$ erreicht.
   Es steht eine Ziehmaschine mit 10 Stufen zur Verfügung. Der Ziehring hat einen Einlaufwinkel von $\alpha = 16°$,
   Zugabstufung zwischen 2 Zügen $\varphi_{Zug} = 20\ \% - 25\ \%$, Gesamtformänderung (Mehrfachzug) $\varphi_{ges.} = 200\ \%$,
   Maschinenwirkungsgrad 80 %, Ziehgeschwindigkeit 25 *m / s*.

   Ermitteln Sie:
   a) den Gesamtformänderungsgrad
   b) die Formänderung pro Zug bei 10 Stufen
   c) die Zwischendurchmesser vom 1. - 10. Zug
   d) die Ziehkraft für die Züge 1 - 10
   e) die jeweils erforderliche Antriebsleistung, wenn
       keine Festigkeitsveränderung des Werkstoffs
       durch das Ziehen unterstellt wird.

2. Stahldraht aus C35E (Ck35) soll von 2,15 *mm* Einlaufdurchmesser auf 1,2 *mm* Durchmesser fertiggezogen
   werden. Die Einzelquerschnittsabnahme soll je Zug 22 % betragen.
   Ziehgeschwindigkeit 20 *m / s*,
   Maschinenwirkungsgrad 75 %,
   Formänderungswirkungsgrad 0,6.

   Ermitteln Sie:
   a) die Gesamtquerschnittsabnahme
   b) den Gesamtformänderungsgrad
   c) die Anzahl der Züge bei einem φ_{Zug} von 25 %
   d) den Durchmesser pro Zug
   e) die Querschnitte nach jedem Zug
   f) die additive Querschnittsabnahme je Zugfolge in %
   g) die Ziehgeschwindigkeit für jeden Zug
   h) die Ziehleistung.

3. Ein kreisförmig profilierter Vollstrang von 7,54 *mm* Durchmesser wird durch Ziehen auf 6,18 *mm* verändert.

   Ermitteln Sie den günstigsten Ziehwinkel der Düse, wenn der Reibwert $\mu = 0{,}03$ beträgt.

4. Berechnen Sie den Grenzumformgrad für den Reibwert $\mu = 0{,}15$. Die Ziehdüse besteht aus Stahl, der Reib-
   werkstoff aus Al, der Ziehwinkel beträgt 12°.

2.7.4 Lösungen

Lösung zu Beispiel 1

a) Gesamtformänderungsgrad

$$\varphi = \ln \frac{A_0}{A_E} = \ln \frac{20^2}{9^2} = 1{,}597 \triangleq \underline{\underline{160\ \%}}$$

Formänderungsgrad pro Zug

$$\varphi_{Zug} = \frac{\varphi}{Z} = \frac{1{,}6}{10} = 0{,}16 \triangleq \underline{\underline{16\ \%}}$$

Formänderung bei 10 Stufen:

$$\varphi_{10} = \varphi_1 + \varphi_2 + \varphi_3 + \dots$$

Zwischendurchmesser:
Durchmesser nach dem 1. Zug

$$d_1 = \frac{d_0}{e^{0{,}5 \cdot \varphi_{Zug}}} = \frac{20}{2{,}718^{0{,}5 \cdot 0{,}16}} = \underline{\underline{18{,}46\,mm}}$$

Durchmesser nach dem 2. Zug

natürlicher Logarithmus:
$e = 2{,}718$

$$d_2 = \frac{d_1}{e^{0{,}5 \cdot \varphi_{Zug}}} = \frac{18{,}46}{2{,}718^{0{,}5 \cdot 0{,}16}} = \underline{\underline{17{,}04\,mm}} \quad \text{usw.}$$

b) Ziehkraft für den 1. Zug $\qquad\qquad \hat{\alpha} = 0{,}01745 \cdot 8° = 0{,}1396$

$$F_Z = A_1 \cdot k_{fm} \cdot \varphi_n \cdot \left(\frac{\mu}{\hat{\alpha}} + \frac{2}{3} \cdot \frac{\hat{\alpha}}{\varphi_n} + 1 \right) = \frac{18{,}46^2 \cdot \pi}{4} \cdot 25 \cdot \left(\frac{0{,}03}{8°} + \frac{2}{3} \cdot \frac{0{,}1396}{0{,}16} + 1 \right)$$

$$= 267{,}5 \cdot 25 \cdot \left(\frac{0{,}03}{0{,}1396} + \frac{2}{3} \cdot \frac{0{,}1396}{0{,}16} + 1 \right) = 267{,}5 \cdot 25 \cdot 1{,}797 = 12017\,N \approx \underline{\underline{12{,}02\,kN}}$$

$$k_{fm} \cdot \varphi = a$$

aus Diagramm für AlMgSi

$\Rightarrow$ bei $\varphi_1 = 16\,\% \Rightarrow a = 25\,Nmm/mm^3$

$\Rightarrow$ bei $\varphi_2 = 32\,\% \Rightarrow a = 40\,Nmm/mm^3$

$\Rightarrow$ bei $\varphi_3 = 48\,\% \Rightarrow a = 70\,Nmm/mm^3 \quad \text{usw.}$

c) Antriebsleistung

$$P_a = \frac{F_Z \cdot v}{\eta_M}$$

$$v_1 \cdot A_1 = v_n \cdot A_n$$

Ziehgeschwindigkeit beim 1. Zug

$$v_1 = 25 \cdot \frac{9^2 \cdot \pi}{4} \cdot \frac{4}{18{,}46^2} = 5{,}94 \; m/s$$

Ziehgeschwindigkeit beim 2. Zug

$$v_2 = 25 \cdot \frac{9^2}{17{,}04} = 6{,}97 \; m/s \quad \text{usw.}$$

Antriebsleistung beim 1. Zug

$$P_a = \frac{12000 \cdot 5{,}94}{0{,}8} = 89{,}1 \; kW$$

Hinweis: Die weiteren Lösungen siehe 3.8.7, Tabelle 1
Die theoretischen Maschinenantriebsleistungen sind in der Praxis nicht realisierbar!

Folge: Um die Umformarbeiten ausführen zu können, muß der Werkstoff nach jeder Ziehstufe
zwischengeglüht werden!

Lösung zu Beispiel 2

a) Gesamtquerschnittsabnahme

$$Q = \frac{A_0 - A_n}{A_0} \cdot 100 = \frac{2{,}15^2 - 1{,}2^2}{2{,}15^2} \cdot 100 = 68{,}8\,\%$$

b) Gesamtformänderungsgrad

$$\varphi = \ln \frac{A_0}{A_1} = \ln \frac{2{,}15^2}{1{,}2^2} = 1{,}17 \mathrel{\hat{=}} 117\,\%$$

c) Anzahl der Züge

$$z = \frac{\varphi}{\varphi_{Zug}} = \frac{1{,}17}{0{,}25} = 4{,}68 \, Z\ddot{u}ge \Rightarrow 5 \, Z\ddot{u}ge \quad \Rightarrow \varphi_{pro\,Zug} = 0{,}234 \mathrel{\hat{=}} 23{,}4\,\%$$

d) Durchmesser und Querschnitte nach jedem Zug

$$d_1 = \frac{d_0}{e^{0,5 \cdot \varphi_{Zug}}} = \frac{2,15}{2,718^{0,5 \cdot 0,234}} = 1,91\,mm \quad \Rightarrow \quad A_1 = 2,87\,mm^2 \quad \Rightarrow \quad q_1 = 21,0\,\%$$

$$d_2 = \frac{d_1}{e^{0,5 \cdot \varphi_{Zug}}} = \frac{1,91}{2,718^{0,5 \cdot 0,234}} = 1,7\,mm \quad \Rightarrow \quad A_2 = 2,27\,mm^2 \quad \Rightarrow \quad q_2 = 37,5\,\%$$

$$d_3 = \frac{d_1}{e^{0,5 \cdot \varphi_{Zug}}} = \frac{1,7}{2,718^{0,5 \cdot 0,234}} = 1,51\,mm \quad \Rightarrow \quad A_3 = 1,79\,mm^2 \quad \Rightarrow \quad q_3 = 50,77\,\%$$

$$d_4 = \frac{d_1}{e^{0,5 \cdot \varphi_{Zug}}} = \frac{1,51}{2,718^{0,5 \cdot 0,234}} = 1,34\,mm \quad \Rightarrow \quad A_4 = 1,42\,mm^2 \quad \Rightarrow \quad q_4 = 61,1\,\%$$

$$d_5 = \frac{d_1}{e^{0,5 \cdot \varphi_{Zug}}} = \frac{1,34}{2,718^{0,5 \cdot 0,234}} = 1,2\,mm \quad \Rightarrow \quad A_5 = 1,12\,mm^2 \quad \Rightarrow \quad q_5 = 68,8\,\%$$

e) Additive Querschnittsabnahme je Zug

$$q_1 = \frac{A_0 - A_1}{A_0} = \frac{2,15^2 - 1,91^2}{2,15^2} \cdot 100 = \underline{\underline{21\%}}$$

f) Ziehgeschwindigkeit beim 1. - 5. Zug

$$v_1 = \frac{v_n \cdot A_n}{A_1} = \frac{20 \cdot 1,12}{2,87} = \underline{\underline{7,8\,m/s}}$$

$$
\begin{aligned}
v_1 &= 7,8 \ m/s \\
v_2 &= 9,9 \ m/s \\
v_3 &= 12,5 \ m/s \\
v_4 &= 15,8 \ m/s \\
v_5 &= 20,0 \ m/s
\end{aligned}
$$

g) Ziehleistung beim 1. - 5. Zug

$$P_{a1} = \frac{A_1 \cdot a \cdot v_1}{\eta_F \cdot \eta_M} = \frac{2,87 \cdot 160 \cdot 7,8}{0,8 \cdot 0,75} = \underline{\underline{7,96\,kW}}$$

aus Diagramm C35:

$$\varphi_1 = 23,4\,\% \Rightarrow a = 160\,Nmm/mm^3 \quad \Rightarrow \quad P_{a1} = 7,96\,kW \qquad \text{beim 1. Zug}$$

$$\varphi_2 = 46,8\,\% \Rightarrow a = 350\,Nmm/mm^3 \quad \Rightarrow \quad P_{a2} = 17,48\,kW \qquad \text{beim 2. Zug}$$

$$\varphi_3 = 70,2\,\% \Rightarrow a = 540\,Nmm/mm^3 \quad \Rightarrow \quad P_{a3} = 26,35\,kW \qquad \text{beim 3. Zug}$$

$$\varphi_4 = 93,6\,\% \Rightarrow a = 720\,Nmm/mm^3 \quad \Rightarrow \quad P_{a4} = 33,90\,kW \qquad \text{beim 4. Zug}$$

$$\varphi_5 = 117\,\% \Rightarrow a = 910\,Nmm/mm^3 \quad \Rightarrow \quad P_{a5} = 44,80\,kW \qquad \text{beim 5. Zug}$$

Lösung zu Beispiel 3

Ziehwinkel

$$\hat{\alpha} = \sqrt{\frac{2}{3} \cdot \mu \cdot \varphi}$$

$$\varphi = \ln \frac{A_0}{A_1} = \ln \frac{7,54^2}{6,18^2} = 0,398 \,\hat{=}\, 39,8\,\%$$

$$\hat{\alpha} = \sqrt{\frac{2}{3} \cdot 0,03 \cdot 0,398} = 0,0892 \qquad\qquad\qquad \hat{\alpha} = 0,01745 \cdot a^\circ$$

$$a^\circ = \frac{0,0892}{0,01745} = 5,1^\circ \Rightarrow \text{Ziehwinkel } \ \alpha \approx \underline{\underline{10^\circ}}$$

Lösung zu Beispiel 4

Grenzumformgrad

$$\varphi_{Grenz} = \left(\sqrt{\frac{2}{3} \cdot \mu + 1} - \sqrt{\frac{2}{3} \cdot \mu}\right)^2 = \left(\sqrt{\frac{2}{3} \cdot 0,15 + 1} - \sqrt{\frac{2}{3} \cdot 0,15}\right)^2 = 0,537 \ \hat{=}\, \underline{\underline{54\,\%}}$$

oder

$$\varphi_{Grenz} = \frac{1 - \dfrac{2 \cdot \hat{\alpha}}{3}}{1 + \dfrac{\mu}{\hat{\alpha}}} = \frac{1 - \dfrac{2 \cdot 12 \cdot 0,01745}{3}}{1 + \dfrac{0,15}{12 \cdot 0,01745}} = 0,50 \,\hat{=}\, \underline{\underline{50\,\%}}$$

2.8 Abstreckziehen

2.8.1 Verwendete Formelzeichen

n		Anzahl der erforderlichen Züge
A_0	$[mm^2]$	Ausgangsquerschnitt
k_{fo}	$[N/mm^2]$	Formänderungsfestigkeit vor dem Stauchen
k_{f1}	$[N/mm^2]$	Formänderungsfestigkeit am Ende des Stauchens
φ	$[\%]$	Formänderungsverhältnis
η_F	$[\%]$	Formänderungswirkungsgrad
F	$[N]$	Gesamtumformkraft
k_{fm}	$[N/mm^2]$	mittlere Formänderungsfestigkeit
h_x	$[mm]$	Stößelweg
W	$[Nm]$	Umformarbeit
A_1	$[mm^2]$	umgeformter Querschnitt
s	$[mm]$	Wanddicke
x		Verfahrensfaktor

2.8.2 Auswahl verwendeter Formeln

Formänderungsverhältnis

$$\varphi = \ln\frac{A_0}{A_1} = \ln\frac{D_0^2 - d_0^2}{D_1^2 - d_1^2} = \ln\frac{s_0}{s_1}$$

Anzahl der Züge

$$n = \frac{\varphi}{\varphi_{zul}}$$

Gesamtumformkraft

$$F = \frac{A_1 \cdot k_{fm} \cdot \varphi}{\eta_F}$$

mittlere Formänderungsfestigkeit

$$k_{fm} = \frac{a}{\varphi} \quad \text{oder} \quad k_{fm} = \frac{k_{f0} + k_{f1}}{2}$$

kleinstmöglicher Durchmesser

$$D_1 = \sqrt{\frac{D_0^2 - d_0^2}{e^\varphi} + d_0^2}$$

Arbeit für den 1. Zug

$$W = F \cdot h_x \cdot x$$

Wanddicke nach jedem Zug

$$e^{\varphi_w} = \ln\frac{s_0}{s_1}$$

Abstreckkraft

$$F_1 = \frac{A_1 \cdot a_1}{\eta_F}$$

$$F_2 = \frac{A_2 \cdot a_2}{\eta_F}$$

$$F_3 = \frac{A_3 \cdot a_3}{\eta_F}$$

Formänderungswirkungsgrad

$$\eta_F = \frac{1}{1 + \dfrac{\mu_R}{\alpha} + \varphi_{zul} \cdot \dfrac{\mu_{St}}{2\alpha} + \dfrac{\hat{\alpha}}{2\varphi_{zul}}}$$

2.8.3 Berechnungsbeispiele

1. Durch Abstreckziehen soll die Wanddicke eines Napfes von 2,5 *mm* auf 1,6 *mm* reduziert werden. Der Napfinnendurchmesser beträgt 100 *mm*. Werkstoff Cq 35, Formänderungswirkungsgrad 0,6.

   Berechnen Sie:

   a) das Formänderungsverhältnis

   b) die Anzahl der erforderlichen Züge

   c) die prozentuale Wanddickenveränderung

   d) die Gesamtumformkraft.

2. Ein vorgeformter Napf aus CuZn37 (Ms63), mit den nachfolgend genannten Maßen, soll durch Abstreckziehen in eine Hülse umgeformt werden. Abmessungen des Napfes: Außendurchmesser 50 *mm*, Innendurchmesser 30 *mm*, Höhe 70 *mm*, Bodendicke 10 *mm*. Formänderungswirkungsgrad 70 %.

   Berechnen Sie:

   a) die Werkstückhöhe

   b) das Formänderungsverhältnis

   c) die Anzahl der Züge

   d) den kleinstmöglichen Außendurchmesser beim 1. Zug, Verfahrensfaktor 0,9

   e) die erforderliche Ziehkraft

   f) die Umformarbeit für den 1. Zug.

3. Ein Napfrohling aus C15E (Ck15) mit dem Innendurchmesser 70 *mm* und der Wanddicke 0,4 *mm* soll durch Abstreckziehen auf eine Wanddicke von 0,16 *mm* reduziert werden. Der Rohling wurde nach der Formung zurückgeglüht, Öffnungswinkel des Abstreckrings 16°.

   Zusätzliche Daten: Reibwert an der Abstreckmatrize $\mu = 0,1$

   Reibwert am Stempel $\mu_{St} = 0,07$ (dünnwandig)

   $\mu_{St} = 0,15$ (dickwandig)

   Ermitteln Sie:

   a) die Anzahl der erforderlichen Züge

   b) das wirkliche Formänderungsverhältnis

   c) die Wanddicken nach jedem Zug

   d) die jeweils erforderlichen Abstreckkräfte

   e) den entsprechenden Formänderungswirkungsgrad.

2.8.4 Lösungen

Lösung zu Beispiel 1

a) Formänderungsverhältnis

$$D_o = d + 2 \cdot s_1 \quad = 100 + 2 \cdot 2,5 = 105 \; mm$$
$$D_1 = d + 2 \cdot s_2 \quad = 100 + 2 \cdot 1,6 = 103,2 \; mm$$

Tabelle 1: $\varphi_{zul} = 0,45$ bei Cq 35

$$\varphi = \ln \frac{A_0}{A_1} = \ln \frac{D_0^2 - d_0^2}{D_1^2 - d_1^2} = \ln \frac{105^2 - 100^2}{103,2^2 - 100^2} = 0,455 \mathrel{\hat=} \underline{\underline{46\,\%}}$$

b) Anzahl der Züge

$$n = \frac{\varphi}{\varphi_{zul}} = \frac{0,455}{0,45} \mathrel{\hat=} 1,01 \Rightarrow \underline{\underline{1 \; Zug}}$$

c) prozentuale Wanddickenveränderung

$$x = \frac{s_0 - s_1}{s_0} \cdot 100 = \frac{2,5 - 1,6}{2,5} \cdot 100 = \underline{\underline{36\,\%}}$$

aus Diagr. Cq 35:

$$\Rightarrow k_{f0} \quad = 410 \; N/mm^2$$
$$\Rightarrow k_{f1} \quad = 740 \; N/mm^2$$

$$k_{fm} = \frac{k_{f0} + k_{f1}}{2}$$
$$= \frac{410 + 740}{2}$$
$$= 575 \; N/mm^2$$

d) Gesamtumformkraft

$$F = \frac{A_1 \cdot k_{fm} \cdot \varphi}{\eta_F}$$

$$F = (103,2^2 - 100^2) \cdot \frac{\pi}{4} = \frac{575 \cdot 0,455}{0,6} = 222572 \; N \approx \underline{\underline{222,6 \; kN}}$$

Lösung zu Beispiel 2

a) Werkstückhöhe h

$$V_R = V_F$$

$$V_R = \frac{(D^2 - d^2)\cdot\pi}{4}\cdot h_1 + \frac{d^2\cdot\pi}{4}\cdot h_2 = \frac{(50^2 - 30^2)\cdot\pi}{4}\cdot 70 + \frac{30^2\cdot\pi}{4}\cdot 10 = 94985\ mm^3$$

$$V_{Boden} = \frac{D^2\cdot\pi}{4}\cdot h = \frac{40^2\cdot\pi}{4}\cdot 10 = 12560\ mm^3$$

$$h = \frac{(V_R - V_{FBoden})\cdot 4}{(D_1^2 - d_1^2)\cdot\pi} + 10 = \frac{(94985 - 12560)\cdot 4}{(40^2 - 28,7^2)\cdot\pi} + 10 = \underline{\underline{145,25\ mm}}$$

b) Formänderungsverhältnis

$$\varphi = \ln\frac{A_0}{A_1} = \ln\frac{D_0^2 - d_0^2}{D_1^2 - d_1^2} = \ln\frac{50^2 - 30^2}{40^2 - 28,7^2} = \ln\frac{1600}{776,31} = 0,72 \mathrel{\hat=} \underline{\underline{72\ \%}}$$

c) Anzahl der Züge
                     aus Tabelle 1:
                     $\Rightarrow$ CuZn37 $\Rightarrow \varphi_{zul} = 0,45$

$$n = \frac{\varphi}{\varphi_{zul}} = \frac{0,72}{0,45} = 1,6 \quad n = \underline{\underline{2\ Züge}}$$

Nach jedem Zug ist ein Weichglühen erforderlich !

d) kleinstmöglicher Durchmesser

$$D_1 = \sqrt{\frac{D_0^2 - d_0^2}{e^\varphi} + d_0^2} = \sqrt{\frac{50^2 - 30^2}{2,718^{0,45}} + 30^2} = \sqrt{\frac{1600}{1,568} + 900} = 43,82\ mm \Rightarrow D_1 = \underline{\underline{43\ mm}}$$

e) Umformkraft für den 1. Zug
                     aus Diagr. CuZn 37:
                     $\Rightarrow a = 170\ Nmm\ /\ mm^3$

$$F = \frac{A_1\cdot k_{fm}\cdot\varphi}{\eta_F}$$

$$k_{fm} = \frac{a}{\varphi} = \frac{170}{0,72} = 236\ Nmm\ /\ mm^3$$

$$F = \frac{A_1\cdot k_{fm}\cdot\varphi}{\eta_F} = (43^2 - 28,7^2)\cdot\frac{\pi}{4}\cdot\frac{170}{0,72} = 195409\ N \approx \underline{\underline{195,4\ kN}}$$

f) Umformarbeit für den 1. Zug

$$h \mathrel{\hat=} h_x = 145,25\ mm$$

$$W = F\cdot h_x\cdot x = 195,4\cdot 145,25\cdot 0,9 = 25544 \approx \underline{\underline{25,5\ kNm}}$$

Lösung zu Beispiel 3

a) Anzahl der erforderlichen Züge

$$n = \frac{\varphi}{\varphi_{zul}}$$

$D_o = d + 2 \cdot s = 70 + 2 \cdot 0{,}4 = 70{,}8 \; mm$

$D_1 = d + 2 \cdot s = 70 + 2 \cdot 0{,}6 = 70{,}32 \; mm$

$$\varphi = \ln \frac{D_0{}^2 - d_0{}^2}{D_1{}^2 - d_1{}^2} = \ln \frac{70{,}8^2 - 70^2}{70{,}32^2 - 70^2} = 0{,}92 \; \hat{=} \; \underline{\underline{92\,\%}}$$

oder

$$\varphi = \ln \frac{s_0}{s_1} = \ln \frac{0{,}4}{0{,}16} = 0{,}92$$

$$n = \frac{\varphi}{\varphi_{zul}} = \frac{0{,}92}{0{,}45} = 2{,}04 \quad \Rightarrow \quad n = 3 \; \text{Züge} \quad \Rightarrow \quad \text{somit: 3 Abstreckhälften !}$$

aus Tabelle 1:

C15E (Ck15) $\Rightarrow \varphi_{zul} = 0{,}45$

b) tatsächliches Formänderungsverhältnis

$$\frac{\varphi_W}{n} = \frac{0{,}92}{3} = 0{,}31 \; \hat{=} \; \underline{\underline{31\,\%}}$$

c) Wanddicke nach jedem Zug

$$e^{\varphi_w} = \ln \frac{s_0}{s_1} = \ln \frac{s_0}{s_1} = \ln \frac{s_1}{s_2} = \ln \frac{s_n - 1}{s_n}$$

$$s_1 = \frac{s_0}{e^{\varphi_w}}$$

$$s_1 = \frac{0{,}4}{e^{0{,}31}} = 0{,}293 \, mm \; \Rightarrow \; 1. \; \text{Zug}$$

$$s_2 = \frac{0{,}293}{e^{0{,}31}} = 0{,}215 \, mm \; \Rightarrow \; 2. \; \text{Zug}$$

$$s_3 = \frac{0{,}215}{e^{0{,}31}} = 0{,}158 \, mm \approx \underline{\underline{0{,}16 \, mm}} \; \Rightarrow \; 3. \; \text{Zug}$$

d) erforderliche Abstreckkräfte

Mit jedem Zug verändert sich das Formänderungsverhältnis, somit:

aus Diagramm:

1. Zug: $\varphi = 0{,}31$ $\varphi_1 = 31\,\% \; \Rightarrow \; a_1 = 120 \, Nmm \, / \, mm^3$

2. Zug: $\varphi = 0{,}31 + 0{,}31 = 0{,}62$ $\varphi_2 = 62\,\% \; \Rightarrow \; a_2 = 280 \, Nmm \, / \, mm^3$

3. Zug: $\varphi = 0{,}61 + 0{,}31 = 0{,}93 \; \hat{=} \; \varphi = 92\,\%$ $\varphi_3 = 93\,\% \; \Rightarrow \; a_3 = 450 \, Nmm \, / \, mm^3$

$$F_1 = \frac{A_1 \cdot a_1}{\eta_F} = \frac{(70{,}586^2 - 70^2) \cdot \pi}{4} \cdot \frac{120}{0{,}5} = \underline{\underline{15521\,N}} \qquad\qquad d_1 = d + 2 \cdot s_1 = 70 + 2 \cdot 0{,}293 = 70{,}586\ mm$$

$$F_2 = \frac{A_2 \cdot a_2}{\eta_F} = \frac{(70{,}43^2 - 70^2) \cdot \pi}{4} \cdot \frac{280}{0{,}50} = \underline{\underline{26545\,N}} \qquad\qquad d_2 = d + 2 \cdot s_1 = 70 + 2 \cdot 0{,}215 = 70{,}43\ mm$$

$$F_3 = \frac{A_3 \cdot a_3}{\eta_F} = \frac{(70{,}32^2 - 70^2) \cdot \pi}{4} \cdot \frac{450}{0{,}50} = \underline{\underline{31723\,N}} \qquad\qquad d_3 = d + 2 \cdot s_1 = 70 + 2 \cdot 0{,}16 = 70{,}32\ mm$$

e) Formänderungswirkungsgrad beim 1. - 3. Zug

$$\eta_{F1} = \frac{1}{1 + \dfrac{\mu_R}{\alpha} + \varphi_{zul} \cdot \dfrac{\mu_{St}}{2\alpha} + \dfrac{\alpha}{2\varphi_{zul}}} = \frac{1}{1 + \dfrac{0{,}1}{8°} + 0{,}31 \cdot \dfrac{0{,}07}{2 \cdot 8°} + \dfrac{8°}{2 \cdot 0{,}31}} = \frac{1}{1 + 0{,}716 + 0{,}078 + 0{,}225} = \underline{\underline{0{,}495}}$$

$$\eta_{F2} = \frac{1}{1 + \dfrac{\mu_R}{\alpha} + \varphi_{zul} \cdot \dfrac{\mu_{St}}{2\alpha} + \dfrac{\alpha}{2\varphi_{zul}}} = \frac{1}{1 + \dfrac{0{,}1}{8°} + 0{,}62 \cdot \dfrac{0{,}07}{2 \cdot 8°} + \dfrac{8°}{2 \cdot 0{,}62}} = \frac{1}{1 + 0{,}716 + 0{,}155 + 0{,}113} = \underline{\underline{0{,}504}}$$

$$\eta_{F3} = \frac{1}{1 + \dfrac{\mu_R}{\alpha} + \varphi_{zul} \cdot \dfrac{\mu_{St}}{2\alpha} + \dfrac{\alpha}{2\varphi_{zul}}} = \frac{1}{1 + \dfrac{0{,}1}{8°} + 0{,}93 \cdot \dfrac{0{,}07}{2 \cdot 8°} + \dfrac{8°}{2 \cdot 0{,}93}} = \frac{1}{1 + 0{,}716 + 0{,}233 + 0{,}075} = \underline{\underline{0{,}494}}$$

Hinweis: Die Rechnung zeigt, daß der Formänderungswirkungsgrad für alle Züge nahezu gleich groß ist !

2.9 Tiefziehen

2.9.1 Verwendete Formelzeichen

H_b	$[mm]$	Abwicklungslänge
H_a	$[mm]$	Abwicklungslänge
D_o	$[mm]$	Außendurchmesser des Flansches bei Erreichen des Ziehkraft-Maximums
s	$[mm]$	Blechdicke
R_b	$[mm]$	Bodenradius
F_{BR}	$[N]$	Bodenreißkraft
b	$[mm]$	Breite des Napfes ohne Bodenradius
d_2	$[mm]$	Durchmesser des Napfes
R_e	$[mm]$	Eckenradius
η_F	$[\%]$	Formänderungswirkungsgrad
β_{tat}		Größtes Ziehverhältnis
h	$[mm]$	Höhe des Napfes = Ziehweg
F_{id}	$[N]$	ideelle Umformkraft (ohne Reibungsverluste)
d_1	$[mm]$	Innendurchmesser des Napfes
R_1	$[mm]$	korrigierter Konstruktionsradius
R	$[mm]$	Konstruktionsradius
n		Korrekturfaktor
q		Korrekturfaktor
a	$[mm]$	Länge des Napfes ohne Bodenradius
l	$[mm]$	Länge des Teilsegments
r_s	$[mm]$	Schwerpunktradius des Teilsegments zur Rotationsachse
d_m	$[mm]$	mittlerer Durchmesser
k_{fm}	$[N/mm^2]$	mittlere Formänderungsfestigkeit
h_1	$[mm]$	Napfhöhe nach 1. Zug
p	$[N/mm^2]$	Niederhalterdruck
A_N	$[mm^2]$	Niederhalterfläche
F_N	$[N]$	Niederhalterkraft
n	$[min^{-1}]$	Pressendrehzahl
P	$[kW]$	Pressenleistung
F_{RR}	$[N]$	Reibkraft an der Ziehringrundung
F_{RN}	$[N]$	Reibkraft zwischen Ziehring und Blechhalter
μ		Reibwert
D	$[mm]$	Rondendurchmesser
F_B	$[N]$	Rückbiegekraft in der Ziehringrundung
r_s	$[mm]$	Schwerpunktradius des Teilsegments zur Rotationsachse
d	$[mm]$	Stempeldurchmesser
r_{St}	$[mm]$	Stempelradius
x		Verfahrensfaktor
k		Werkstoffaktor
q		Werkstoffaktor
W	$[Nmm]$	Zieharbeit
v	$[mm/min]$	Ziehgeschwindigkeit
r_M	$[mm]$	Ziehkantenrundung
F_z	$[N]$	Ziehkraft
F_{zw}	$[N]$	Ziehkraft im Weitenschlag
w	$[mm]$	Ziehspalt
β		Ziehverhältnis
R_m	$[N/mm^2]$	Zugfestigkeit
β_{0zul}		zulässiges größtes Ziehverhältnis

2.9.2 Auswahl verwendeter Formeln

zulässiges Grenzziehverhältnis

a) gut ziehbare Werkstoffe,   b) weniger gut ziehbare
    z.B. St 1403   Werkstoffe, z.B. St 1203

Ziehverhältnis

$$\beta_{tat} = \frac{D}{d}$$ $$\beta_{ges} = \beta_{tat1} \cdot \beta_{tat2}$$ $$\beta_{zul} = 2{,}15 - \frac{d}{1000 \cdot s}$$ $$\beta_{zul} = 2 - \frac{1{,}1 \cdot d}{1000 \cdot s}$$

Napfhöhe nach dem 1. Zug   Ziehkraft für den 1. Zug   Ziehkraft für den 2. Zug
                                (ohne Reibung) nach **Schuler**   nach **Schuler**

$$h = \frac{D^2 - d_1^{\,2}}{4 \cdot d_1}$$ $$F_{z1} = d_1 \cdot \pi \cdot s \cdot R_m \cdot n$$ $$F_{z2} = \frac{F_{z1}}{2} + d_1 \cdot \pi \cdot s \cdot R_m \cdot n$$

Ziehkraft (mit Reibung) nach **Siebel**

$$F_{z\,max} = \pi \cdot d_m \cdot s \cdot \left[1{,}1 \cdot \frac{k_{fm}}{\eta_F} \cdot \left(\ln \frac{D}{d_1} - 0{,}25 \right) \right]$$ $$k_{fm} = 1{,}3 \cdot R_m$$ $$d_m = d_1 + s$$

Bodenreißkraft   Zieharbeit   Niederhalterkraft
                                doppeltwirkende Presse

$$F_{BR} = \pi \left(d_1 + s \right) \cdot s \cdot R_m$$ $$W = F_z \cdot x \cdot h$$ $$F_N = p \cdot A_N$$

Niederhalterdruck   Niederhalterfläche

$$p = \left[(\beta_{tat} - 1)^2 + \frac{d}{200 \cdot s} \right] \cdot \frac{R_m}{400}$$ $$A_N = (D^2 - d_w^{\,2}) \frac{\pi}{4}$$

Konstruktionsdaten für das Ziehwerkzeug

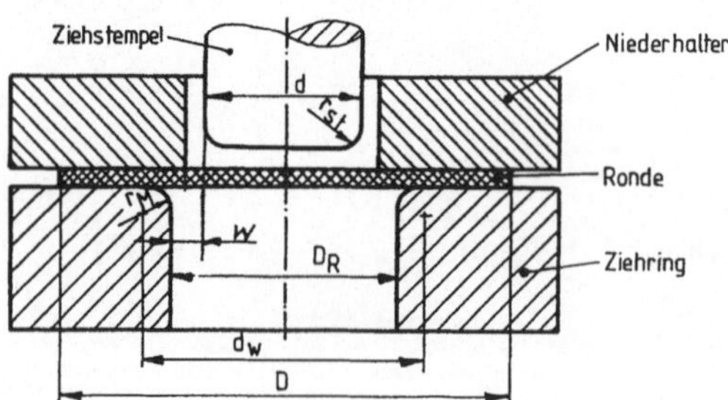

Ziehspalt

$$w = s + k \cdot \sqrt{s}$$

Stempelradius für
zylindrische Teile

$$r_{st} = (4 \text{ bis } 5) \cdot s$$

Ziehkantenrundung für
zylindrische Teile

$$r_M = 0{,}035 \cdot [50 + (D - d)] \cdot \sqrt{s}$$

wirksamer Durchmesser
des Niederhalters

$$d_w = d + 2 \cdot w + 2 \cdot r_M$$

Gesamtumformkraft
(nach **Schmoeckel**)

$$F_z = F_{id} + F_{RN} + F_{RR} + F_B$$

ideelle Umformkraft

$$F_{id} = \pi \cdot d_m \cdot s \cdot 1{,}1 \cdot k_{fm} \cdot \ln \frac{D_0}{d_1} \cdot l^{\mu \cdot \frac{\pi}{2}}$$

$$D_0 = 0{,}77 \cdot D$$

$$k_{fm} = 1{,}3 \cdot R_m$$

Reibkraft zwischen Ziehring
und Blechhalter

$$F_{RN} = \pi \cdot d_m \cdot 2\mu \cdot \frac{F_N}{\pi \cdot d_1} \cdot l^{\mu \cdot \frac{\pi}{2}}$$

Reibkraft an der
Ziehringrundung

$$F_{RR} = (F_{id} + F_{RN}) \cdot e^{\mu\, a}$$

Rückbiegekraft in der
Ziehringrundung

$$F_B = \pi \cdot d_m \cdot s^2 \cdot k_{fm} \cdot \frac{1}{2 \cdot r_m}$$

$$k_{fm1} \approx k_{fm2}$$

Ziehgeschwindigkeit

$$v = 3272{,}5 \cdot \frac{\beta_{0zul}}{\beta_{tat} \cdot \sqrt{R_m}}$$

Pressendrehzahl

$$n = 62500 \cdot \frac{\beta_{0zul}}{h \cdot \beta_{tat} \cdot \sqrt{R_m}}$$

Pressenleistung

$$P = W \cdot \frac{n}{60}$$

Ermittlung des Zuschnitts für rechtwinklige Teile

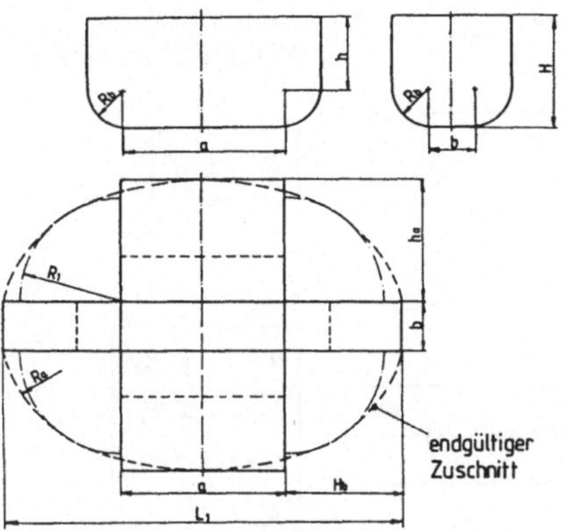

Zerlegung eines rechteckigen Hohlteils in flächengleiche Elemente

Zuschnittsermittlung für rechtwinkliger Teile nach dem Klappverfahren (AWF 5791)

Zur Berechnung der Platinengröße prismatischer Hohlkörper wird das Klappverfahren angewandt. Bei diesem Verfahren werden die gestreckten Längen L_1 und L_2 ($L_2 = h_a + b$) des Biegekreuzes nach den Verfahren der Biegezuschnittsberechnung (Abklappen der senkrechten Wände einschließlich der Kantenrundungen in die Ebene) berechnet. Die vier Eckenrundungen mit den Eckenradien R_e denkt man sich zu einem zylindrischen Hohlkörper zusammengesetzt. Der Rondendurchmesser D_0 für diesen Flächenanteil berechnet sich nach der Formel für zylindrische Ziehteile mit Halbkugelboden:

$$D_0 = \sqrt{2 \cdot d^2 + 4 \cdot d \cdot h} \quad \text{mit} \quad d = 2 \cdot R_e.$$

Der Eckenscheibenradius R_1 entspricht dem Rondenradius und errechnet sich aus: $R = D_0 / 2$. Der endgültige Zuschnitt ergibt sich nach dem Festlegen der Übergangsrundungen von den abgeklappten Wandhöhen h_a an die Eckenscheiben mit dem Radius R.

Zuschnittsermittlung rechteckiger Teile

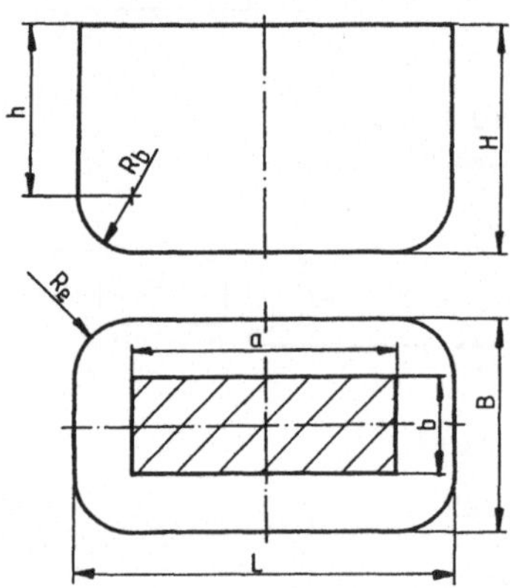

Fall 1: Eckenradius **gleich** Bodenradius

Eckenradius	Konstruktionsradius	Korrekturfaktor	Korrigierter Konstruktionsradius
$R_e = R_b = r$	$R = 1{,}42 \cdot \sqrt{r \cdot h + r^2}$	$x = 0{,}074 \cdot \left(\dfrac{R}{2 \cdot r} \right)^2 + 0{,}982$	$R_1 = x \cdot R$

Abwicklungslänge H_a

Abwicklungslänge H_b

$$H_a = 1{,}57 \cdot r + h - 0{,}785 \cdot (x^2 - 1) \cdot \frac{R^2}{a}$$

$$H_b = 1{,}57 \cdot r + h - 0{,}785 \cdot (x^2 - 1) \cdot \frac{R^2}{b}$$

$$
\begin{aligned}
a &= L - 2 \cdot R_e \\
b &= B - 2 \cdot R_e \\
h &= H - 2 \cdot R_b \\
R_e &= R_b
\end{aligned}
$$

Fall 2: Eckenradius **ungleich** Bodenradius

Eckenradius   Konstruktionsradius   Korrekturfaktor

$$R_e \neq R_b$$ $$R = \sqrt{1{,}012 \cdot R_e^{\,2} + 2 \cdot R_e \cdot (h + 0{,}506 \cdot R_b)}$$ $$x = 0{,}074 \cdot \left(\frac{R}{2 \cdot r}\right)^2 + 0{,}982$$

Korrigierter   Abwicklungslänge H_a
Konstruktionsradius

$$R_1 = x \cdot R$$ $$H_a = 0{,}57 \cdot R_b + h + R_e - 0{,}785 \cdot (x^2 - 1) \cdot \frac{R^2}{a}$$

Abwicklungslänge H_b Rondendurchmesser

$$H_b = 0{,}57 \cdot R_b + h + R_e - 0{,}785 \cdot (x^2 - 1) \cdot \frac{R^2}{b}$$ $$D = \sqrt{d_1^{\,2} + 4 \cdot d_1 \cdot h}$$ $$D = \sqrt{d_1^{\,2} + d_2^{\,2}}$$

Zuschnittsermittlung für ovale und verschieden gerundete zylindrische Ziehteile

Fall 3:
In der Regel geht man hier vom zylindrischen Zuschnitt aus, soweit das Verhältnis der Halbachsen der

Ellipse $\dfrac{a}{b} \leq 1{,}3$ ist !

Eckenradius   korrigierter
ungleich Bodenradius   Konstruktionsradius   Korrekturfaktor   Konstruktionsradius

$$\frac{a}{b} \leq 1{,}3$$ $$R = 1{,}42 \cdot \sqrt{R_b \cdot h + R_b^{\,2}}$$ $$x = 0{,}074 \cdot \left(\frac{R}{2 \cdot r}\right)^2 + 0{,}982$$ $$R_1 = R \cdot x$$

Abwicklungslänge H_a Abwicklungslänge H_b

$$H_a = 1{,}57 \cdot R_b + h + R_e - 0{,}785 \cdot (x^2 - 1) \cdot \frac{R^2}{a}$$ $$H_b = 1{,}57 \cdot R_b + h + R_e - 0{,}785 \cdot (x^2 - 1) \cdot \frac{R^2}{b}$$

Eckenrundung   Zugabstufung für **zylindrische** Teile

$$R_a \approx R \approx \frac{a}{4} \approx \frac{b}{4}$$ n-ter Zug: $$d_n = \frac{d_{n-1}}{\beta_1}$$

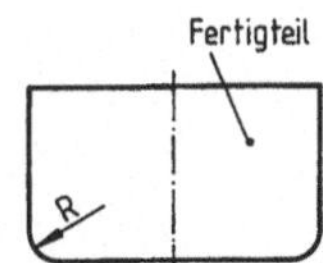

Zugabstufung für **rechteckige** Teile
DC01 bis DC04 (St 12 bis St 14)
1. Zug: $r_1 = 1{,}2 \cdot q \cdot R_1$
2. Zug: $r_2 = 0{,}6 \cdot R_1$
3. Zug: $r_3 = 0{,}6 \cdot R_2$
Korrekturfaktor $q = 0{,}3$
DC01 - DC04 (für St 12 - St 14)

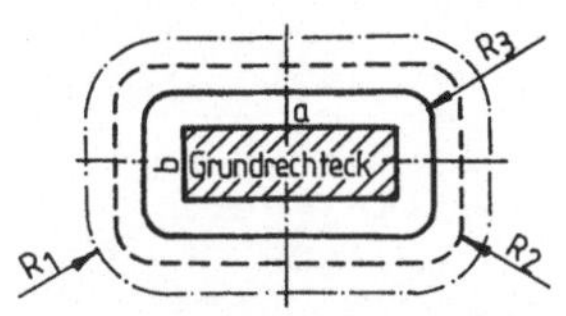

Zugabstufung bei einem
rechteckigen Teil

2.9.3 Berechnungsbeispiele

1. Der Zuschnittsdurchmesser der Ausgangsronde für
   das skizzierte Formteil ist zu ermitteln.
   Die Blechdicke soll vernachlässigt werden.

   Ermitteln Sie:

   a) durch Anwendung der entsprechenden Berech-
      nungsformel den Rondendurchmesser

   b) durch Anwendung der „Guldinschen Regel" den
      Rondendurchmesser.

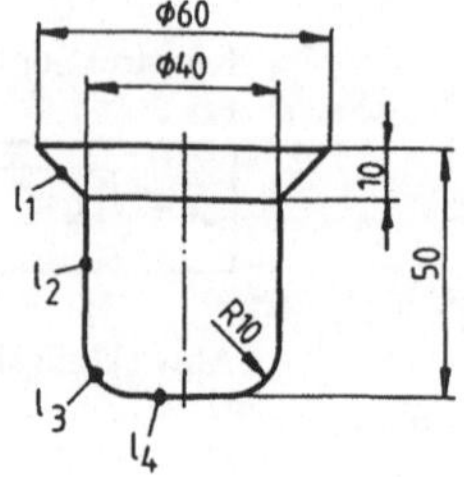

2. Es sind Blechgehäuse – siehe Skizze – aus St 1303
   durch Tiefziehen zu fertigen.

   Zu berechnen sind:

   a) der Rondendurchmesser

   b) das tatsächliche und das zulässige Ziehverhältnis

   c) die Zugabstufung

   d) die Napfhöhe nach dem ersten Zug.

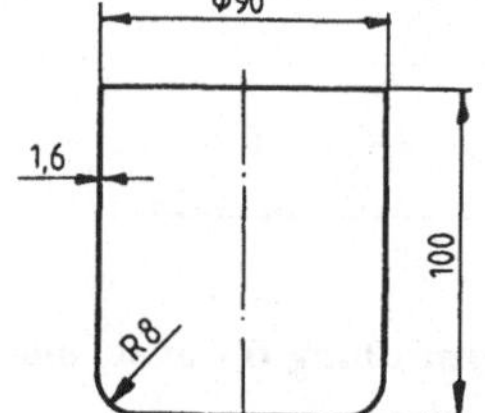

3. Berechnen Sie für die vorhergehende Aufgabe:

   a) den Ziehspalt

   b) die Ziehkantenrundung

   c) die Ziehkraft nach Schuler

   d) die Zieharbeit bei einem Verfahrensfaktor von 0,63

   e) die Niederhalterkraft

   f) die Bodenreißkraft.

4. Für das skizzierte rechteckige Ziehteil aus 1,2 *mm*
   dickem Blech, St 1303, ist die Zugabstufung und die
   notwendige Ziehkraft nach Schuler zu berechnen.
   Breite des Fertigteils: 100 mm

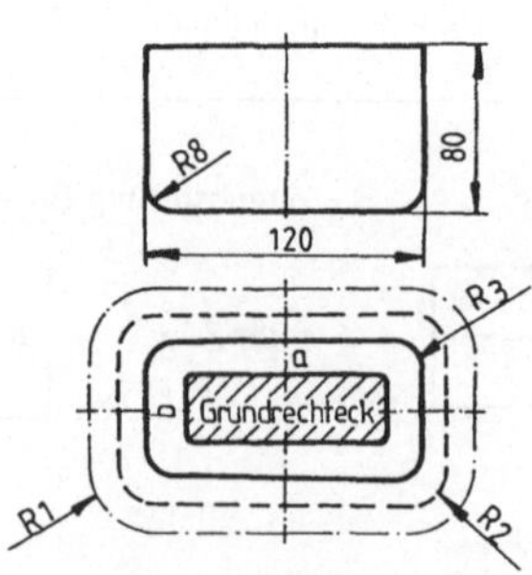

5. Auf einer doppeltwirkenden Presse soll ein Napf aus CuZn28 gezogen werden. Der Rondendurchmesser
    beträgt 246 *mm*, Blechdicke 1,5 *mm*, Stempeldurchmesser 130 *mm*, Formänderungswirkungsgrad 0,6.

    Zu berechnen sind:

    a) das Ziehverhältnis
    b) die Ziehkraft nach Siebel
    c) die Bodenreißkraft
    d) die Zieharbeit
    e) die maximale Ziehgeschwindigkeit des Stempels
    f) die erforderliche Pressenleistung
    g) die Niederhalterkraft.

6. Die skizzierte Abdeckhaube aus St 1404 soll durch Tiefziehen hergestellt werden. Die Blechdicke beträgt
    1,5 *mm*, Formänderungswirkungsgrad 40 %.

    Berechnen Sie:

    a) den Blechzuschnitt
    b) das Ziehverhältnis
    c) die Zugabstufung
    d) die Ziehkraft nach Schuler
    e) die Ziehkraft nach Siebel
    f) die Niederhalterkraft
    g) die Bodenreißkraft.

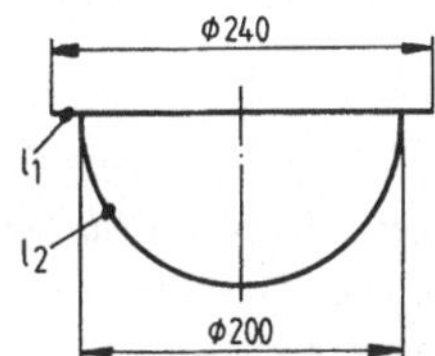

7. Unter Verwendung der Daten aus der Aufgabe 6 ist die Umformkraft nach Schmoekel zu berechnen.
    Reibwert $\mu = 0{,}3$, Zugfestigkeit 380 N/mm^2.

8. Der skizzierte Hohlkörper mit Flansch und
    Bodenrundung ist durch Tiefziehen herzustellen.
    Werkstoff USt 1303 - wärmebehandelt - Blechdicke
    0,9 *mm*, Reibwert $\mu = 0{,}15$.

    Zu berechnen sind:

    a) der Blechzuschnitt
        I) nach der „Zuschnittsformel"
        II) nach der „Guldinschen Regel"
    b) die Anzahl der Züge bei $\beta_{0zul} = 2{,}15$
    c) die Umformkraft nach Schmoekel
    d) die Umformkraft nach Siebel, wenn $\eta_F = 0{,}6$
    e) die Niederhalterkraft
    f) die Bodenreißkraft.

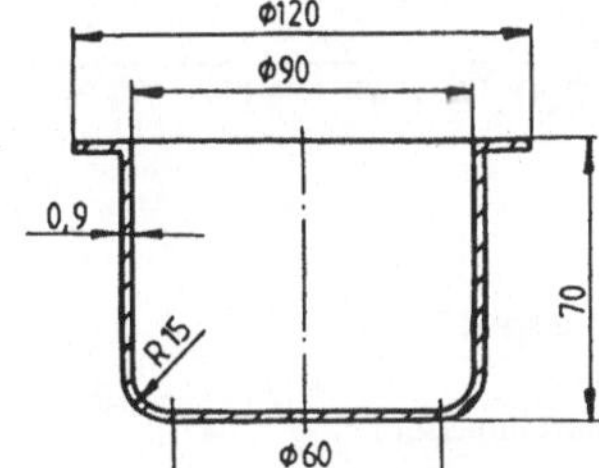

9. Unter Verwendung der Daten aus Aufgabe 8 soll berechnet werden:
    a) das tatsächliche Zugverhältnis
    b) die Ziehkraft nach Siebel
    c) die Bodenreißkraft bei der Fertigung des Ziehteils in zwei Zügen.

10. Die skizzierte Abdeckhaube aus Al 99,5, Blechdicke
    0,4 *mm*, Korrekturwert $q = 0{,}3$, ist durch Tiefziehen
    herzustellen.

    Berechnen Sie:

    a) die Zugabstufung
    b) die Ziehkraft nach Siebel
    c) die Niederhalterkraft
    d) die Bodenreißkraft.

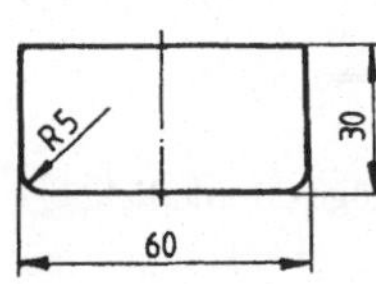
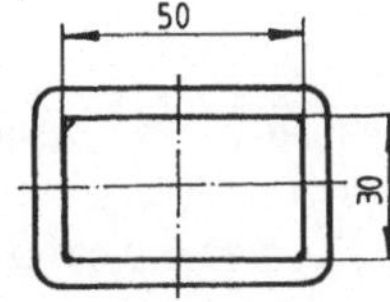

2.9.4 Lösungen

Lösung zu Beispiel 1

Die Oberfläche des rotationssymmetrischen Formteils muß der Rondenfläche entsprechen.

a) Rondendurchmesser (3.8.9 Tabelle 1) $a = \sqrt{10^2 + 10^2} = 14{,}142\ mm$

$$D = \sqrt{d_1^2 + 8r^2 + 2 \cdot \pi \cdot r \cdot d_1 + 4 \cdot d_2 \cdot h + 2 \cdot a \cdot (d_2 + d_3)}$$

$$= \sqrt{20^2 + 8 \cdot 10^2 + 2 \cdot \pi \cdot 10 \cdot 20 + 4 \cdot 40 \cdot 30 + 2 \cdot 14{,}142 \cdot (40 + 60)}$$

$$= \sqrt{400 + 800 + 1256 + 4800 + 2828{,}4} = \underline{\underline{100{,}4\ mm}}$$

b) Rondendurchmesser nach „Guldinscher Regel"

$$l_1 = \sqrt{10^2 + 10^2} = 14{,}142\ mm$$

$$l_2 = 30\ mm \qquad\qquad\qquad\qquad\qquad\qquad r_{s1} = 25\ mm$$

$$l_3 = \frac{d \cdot \pi}{4} = \frac{20 \cdot \pi}{4} = 15{,}7\ mm \qquad\qquad r_{s2} = 20\ mm$$

$$r_{s3} = 0{,}64 \cdot 10 + 10 = 16{,}4\ mm$$

$$l_4 = 10\ mm \qquad\qquad\qquad\qquad\qquad\qquad r_{s4} = 5\ mm$$

$$D = \sqrt{8 \cdot \Sigma\,(r_s \cdot l)} = \sqrt{8 \cdot (14{,}142 \cdot 25 + 30 \cdot 20 + 15{,}7 \cdot 16{,}4 + 10 \cdot 5)} = \underline{\underline{100{,}4\ mm}}$$

Lösung zu Beispiel 2

a) Rondendurchmesser

$$D = \sqrt{d^2 + 4 \cdot d \cdot h} = \sqrt{90^2 + 4 \cdot 90 \cdot 100} = \underline{\underline{210\ mm}}$$

b) tatsächliches und zulässiges Ziehverhältnis

$$\beta_{tat} = \frac{D}{d} = \frac{210}{90} = \underline{\underline{2{,}33}}$$

aus Tabelle 3, St 1303:

$$\text{bei}\ \ \frac{d}{s} = \frac{90}{1{,}6} = 56{,}23 \ \Rightarrow\ \beta_{0zul} = 2{,}05$$

<u>zulässiges Ziehverhältnis</u>

bei gut ziehbaren Werkstoffen:

$$\beta_{0zul} = 2{,}15 - \frac{d}{1000 \cdot s} = 2{,}15 - \frac{90}{1000 \cdot 1{,}6} = \underline{\underline{2{,}09}}$$

da $\beta_{tat} > \beta_{0zul} \Rightarrow 2{,}33 > 2{,}09 \Rightarrow$ sind **2** Züge erforderlich!

c) Zugabstufung (Napfdurchmesser)

1. Zug

$$d_1 = \frac{D}{\beta_{0zul}} = \frac{210}{2,05} = 102,43 \ mm \quad \Rightarrow \text{ gewählt } \underline{105 \ mm} \quad \Rightarrow \ \underline{d_1 = 105 \ mm}$$

2. Zug

$$d_2 = \frac{d_1}{\beta_{0zul}} = \frac{105}{1,3} = \underline{80,76 \ mm}$$

$$d_2 < d$$

$80,76 \ mm < 90 \ mm$, das Gehäuse ist also in **2** Zügen herstellbar!

Überprüfung des Ziehverhältnis

1. Zug (Ziehverhältnis)

$$\beta_{tats1} = \frac{D}{d_1} = \frac{210}{105} = \underline{2,0} \qquad\qquad\qquad \Rightarrow \beta_{tats1} < \beta_{tats} < \beta_{zul}$$

2. Zug

$$\beta_{tats2} = \frac{d_1}{d_2} = \frac{105}{90} = \underline{1,17} \qquad\qquad\qquad \Rightarrow \beta_{tats2} < \beta_{zul}$$

d) Napfhöhe nach dem 1. Zug

$$D = \sqrt{d_1^2 + 4 \cdot d_1 \cdot h}$$

$$h = \frac{D^2 - d_1^2}{4 \cdot d_1} = \frac{210^2 - 105^2}{4 \cdot 105} = \underline{78,75 \ mm}$$

Bei einer Zipfelbildung von $\approx 1,5 \ mm$ wird die Napfhöhe nach dem $\underline{1. \ Zug}$: $\quad h = 80,25 \ mm$.

Lösung zu Beispiel 3

a) Ziehspalt nach Oehler

aus Tabelle 6:
Stahl $\Rightarrow k = 0,07$

$$w = s + k \cdot \sqrt{s} = 1,6 + 0,07 \cdot \sqrt{1,6} = \underline{1,69 \ mm}$$

b) Ziehkantenrundung beim **1. Zug**

$$r_M = 0,035 \cdot [50 + (D - d)] \cdot \sqrt{s} = 0,035 \cdot [50 + (210 - 105)] \cdot \sqrt{1,6} = \underline{6,86 \ mm} \quad \text{gewählt} \Rightarrow \underline{r_M = 7 \ mm}$$

Ziehkantenrundung beim **2. Zug**

$$r_M = 0{,}035 \cdot [50 + (D - d)] \cdot \sqrt{s} = 0{,}035 \cdot [50 + (105 - 90)] \cdot \sqrt{1{,}6} = 2{,}87\,mm \quad \text{gewählt} \Rightarrow r_M = \underline{3\ mm}$$

c) Ziehkraft (nach Schuler) für den **1. Zug**

$$F_{z1} = d_1 \cdot \pi \cdot s \cdot R_m \cdot n$$

aus Tabelle 5, St1303:
$$\Rightarrow R_m = 400\ N/mm^2$$

Korrekturfaktor
$$n = 1{,}2 \cdot \frac{\beta_{tats} - 1}{\beta_{0zul} - 1} = 1{,}2 \cdot \frac{2 - 1}{2{,}05 - 1} = \underline{1{,}14}$$

$$F_{z1} = 105 \cdot \pi \cdot 1{,}6 \cdot 400 \cdot 1{,}14 = 240549\ N \approx \underline{240{,}5\,kN}$$

Ziehkraft (nach Schuler) für den **2. Zug**

$$n = 1{,}2 \cdot \frac{\beta_{tat} - 1}{\beta_{0zul} - 1} = 1{,}2 \cdot \frac{1{,}17 - 1}{1{,}3 - 1} = \underline{0{,}68}$$

$$F_{z2} = \frac{F_{z1}}{2} + d_1 \cdot \pi \cdot s \cdot R_m \cdot n = \frac{240549}{2} + 90 \cdot \pi \cdot 1{,}6 \cdot 400 \cdot 0{,}68 = 363537\ N \approx \underline{363{,}5\,kN}$$

d) Zieharbeit für den **1. Zug**

$$W = F_2 \cdot x \cdot h = 240{,}5 \cdot 0{,}63 \cdot 80{,}25 = 12159\ kNmm \approx \underline{12{,}2\ kNm}$$

Verfahrensfaktor:
$$x = 0{,}63 \quad \text{doppelwirkende Presse}$$

e) Niederhalterkraft

1. Zug

$$p_1 = \left[(\beta_{tat} - 1)^2 + \frac{d}{200 \cdot s} \right] \cdot \frac{R_m}{400} = \left[(2{,}0 - 1)^2 + \frac{105}{200 \cdot 1{,}6} \right] \cdot \frac{400}{400} = 1{,}33\ N/mm^2$$

2. Zug

$$p_2 = \left[(\beta_{tat} - 1)^2 + \frac{d}{200 \cdot s} \right] \cdot \frac{R_m}{400} = \left[(1{,}17 - 1)^2 + \frac{90}{200 \cdot 1{,}6} \right] \cdot \frac{400}{400} = 0{,}45\ N/mm^2$$

wirksamer Durchmesser des Niederhalters

$$d_w = d + 2 \cdot w + 2 \cdot r_M = 105 + 2 \cdot 1{,}69 + 2 \cdot 7 = 122{,}38\,mm$$

$$A_N = (D^2 - d_w^{\,2}) \cdot \frac{\pi}{4} = (210^2 - 122{,}38^2) \cdot \frac{\pi}{4} = 22861{,}6\,mm^2$$

$$F_N = p \cdot A_N = 1{,}33 \cdot 22861{,}6 = 30406\ N \approx \underline{30{,}4\ kN}$$

f) Bodenreißkraft

$$F_{BR} = \pi \cdot (d+s) \cdot s \cdot R_m = \pi \cdot (105+1,6) \cdot 1,6 \cdot 400 = 214223 \ N \approx \underline{\underline{214,2 \ kN}}$$

Hinweis: Die Berechnung von F_{BR} zeigt, daß bei einer Zugkraft $F_{z1} = 240,5 \ kN$ der Blechgehäuseboden
ausreißen würde!
Abhilfe: Fertigung in 3 Zügen oder Blech glühen!

Lösung zu Beispiel 4

Die Zuschnittsermittlung für rechteckige Ziehteile erfolgt nach der AWF 5791.
Die Abmaße des Grundrechtecks ergeben sich aus:

Länge $a = 120 - 2 \cdot 8 = 104 \ mm$
Breite $b = 100 - 2 \cdot 8 = 84 \ mm$

Weitere Daten sind aus der Zuschnittsermittlung „korrigierter Konstruktionsradius" $R_1 = x \cdot R$ zu entnehmen.
Gewählter Werkstoffaktor $q = 0,34$.
Die Anzahl der erforderlichen Züge ergibt sich aus den zulässigen Eckenradien.

a) Konstruktionsradius

$$R = 1,42 \cdot \sqrt{r \cdot h + r^2} = 1,42 \cdot \sqrt{8 \cdot 72 + 8^2} = 35,9 \ mm$$

Korrekturfaktor

$$x = 0,074 \cdot \left(\frac{R}{2r}\right)^2 + 0,982 = 0,074 \cdot \left(\frac{35,9}{2 \cdot 8}\right)^2 + 0,982 = 1,35$$

Korrigierter Konstruktionsradius

$$R_1 = x \cdot R = 1,35 \cdot 35,9 = 48,5 \, mm$$

Eckenradius nach dem **1. Zug**

$$r_1 = 1,2 \cdot q \cdot R_1 = 1,2 \cdot 0,34 \cdot 48,5 = 19,8 \, mm$$

Eckenradius nach dem **2. Zug**

$$r_2 = 0,6 \cdot r_1 = 0,6 \cdot 19,8 = 11,9 \ mm$$

Eckenradius nach dem **3. Zug**

$$r_3 = 0,6 \cdot r_2 = 0,6 \cdot 11,9 = 7,14 \ mm$$

Hinweis: Da der Eckenradius r_3 mit 7,14 mm < als der Fertigradius $r = 8 \ mm$ ist, kann das Fertigteil in
3 Zügen hergestellt werden!

b) Ziehkraft (nach Schuler)   aus Tabelle 5, St1303:
$$\Rightarrow R_m = 400 \; N/mm^2$$

$$F_z = \left(2 \cdot r \cdot \pi + \frac{4 \cdot (a+b)}{2}\right) \cdot R_m \cdot s \cdot n$$

tatsächliches Ziehverhältnis

$$\beta_{tat} = \sqrt{\frac{A_0}{A_{St}}}$$

Hinweis: Berechnung von A_0 und A_{st} erfolgt nach AWF 5791

Abwicklungslängen

$$H_a = 1,57 \cdot r + h - 0,785 \cdot (x^2 - 1) \cdot \frac{R^2}{a} = 1,57 \cdot 8 + 80 - 8 - 0,785 \cdot (1,35^2 - 1) \cdot \frac{35,9^2}{104} = 76,6 \, mm$$

$$H_b = 1,57 \cdot r + h - 0,785 \cdot (x^2 - 1) \cdot \frac{R^2}{b} = 1,57 \cdot 8 + 80 - 8 - 0,785 \cdot (1,35^2 - 1) \cdot \frac{35,9^2}{84} = 74,7 \, mm$$

Zuschnittsfläche

$$A_0 \approx 2 \cdot H_a \cdot a + 2 \cdot H_b \cdot b + a \cdot b = 2 \cdot 76,6 \cdot 104 + 2 \cdot 74,7 \cdot 84 + 104 \cdot 84 = 37218 \, mm^2 \approx 372,2 \; cm^2$$

$$A_{St} = a \cdot b + (2 \cdot a + 2 \cdot b) \cdot r + \pi \cdot r^2 = 104 \cdot 84 + 2(104 + 84) \cdot 8 + \pi \cdot 8^2 = 11945 \, mm^2 \approx 119,5 \, cm^2$$

aus Tabelle 4 u. 5, St1303:
$$\beta = 1,8 \;\Rightarrow\; n = 0,9 \;\Rightarrow R_m = 400 \; N/mm^2$$

$$\beta_{tats} = \sqrt{\frac{372,2}{119,5}} = 1,76 \approx 1,8$$

$$F_z = \left[2 \cdot r \cdot \pi + 2 \cdot (a+b)\right] \cdot R_m \cdot s \cdot n = \left[2 \cdot 8 \cdot \pi + 2 \cdot (104 + 84)\right] \cdot 400 \cdot 1,2 \cdot 0,9 = 184136 \, N \approx \underline{\underline{184,1 \, kN}}$$

Lösung zu Beispiel 5

a) Ziehverhältnis   gut ziehfähige Werkstoffe, z.B. CuZn28:

$$\beta_{tat} = \frac{D}{d} = \frac{246}{130} = \underline{\underline{1,9}} \qquad\qquad \beta_{zul} = 2,15 - \frac{d}{1000 \cdot s} = 2,15 - \frac{130}{1000 \cdot 1,5} = 2,06$$

$$\beta_{tat} < \beta_{zul}$$

$1,9 < 2,06$ d.h., die Napfherstellung ist in **einem Zug** möglich!

b) Ziehkraft nach Siebel

$d_m = d + s$

$k_{fm} = 1{,}3 \cdot R_m$

aus Tabelle 5, CuZn28:

$\Rightarrow R_m = 300 \; N/mm^2$

$$F_z = d_m \cdot \pi \cdot s \cdot \left[1{,}1 \cdot \frac{k_{fm}}{\eta_F} \cdot \left(\ln \frac{D_1}{d_1} - 0{,}25 \right) \right] = (130 + 1{,}5) \cdot \pi \cdot 1{,}5 \cdot \left[1{,}1 \cdot \frac{300 \cdot 1{,}3}{0{,}6} \cdot \left(\ln \frac{246}{130} - 0{,}25 \right) \right] = \underline{\underline{172 \; kN}}$$

c) Bodenreißkraft

$$F_{BR} = \pi \cdot (d + s) \cdot s \cdot R_m = \pi \cdot (130 + 1{,}5) \cdot 1{,}5 \cdot 300 = 185810 \; N \approx \underline{\underline{185{,}8 \; kN}}$$

d) Zieharbeit

Verfahrensfaktor

$x = 0{,}63$

$$h = \frac{D^2 - d^2}{4 \cdot d} = \frac{246^2 - 130^2}{4 \cdot 130} = 83{,}9 \; mm$$

$$W = F_2 \cdot x \cdot h = 172{,}7 \cdot 0{,}63 \cdot 83{,}9 = 9128{,}4 \; kNmm = \underline{\underline{9{,}1 \; kNm}}$$

e) Ziehgeschwindigkeit

$$v = 3272{,}5 \cdot \frac{\beta_{0zul}}{\beta_{tat} \cdot \sqrt{R_m}} = 3272{,}5 \cdot \frac{2}{1{,}9 \cdot \sqrt{300}} = \underline{\underline{199 \; mm/min}}$$

f) Leistung der Presse

$$n = 62500 \cdot \frac{\beta_{0zul}}{h \cdot \beta_{tat} \cdot \sqrt{R_m}} = 62500 \cdot \frac{2}{83{,}9 \cdot 1{,}9 \cdot \sqrt{300}} = 45 \; min^{-1}$$

$$P = W \cdot \frac{n}{60} = 9128 \cdot \frac{45}{60} = 6846 \; W \approx \underline{\underline{6{,}8 \; kW}}$$

g) Niederhalterkraft

$$F_N = p \cdot A_N$$

$$p = \left[(\beta_{tat} - 1)^2 + \frac{d}{200 \cdot s} \right] \cdot \frac{R_m}{400} = \left[(1{,}9 - 1)^2 + \frac{130}{200 \cdot 1{,}5} \right] \cdot \frac{300}{400} = 0{,}93 \; N/mm^2$$

aus Tabelle 6:
NE -Metall $\Rightarrow$ $k = 0,04$

$$w = s + k \cdot \sqrt{s} = 1,5 + 0,04 \cdot \sqrt{1,5} = 1,55 \ mm$$

$$r_M = 0,035 \cdot \left[50 + (D - d)\right] \cdot \sqrt{s} = 0,035 \cdot \left[50 + (246 - 130)\right] \cdot \sqrt{1,5} = 7,1 \ mm$$

$$d_w = d + 2 \cdot w + 2 \cdot r_M = 130 + 2 \cdot 1,55 + 7,1 = 140,2 \ mm$$

$$A_N = (D^2 - d_w{}^2) \cdot \frac{\pi}{4} = (246^2 - 140,2^2) \cdot \frac{\pi}{4} = 32075 \ mm^2$$

$$F_N = p \cdot A_N = 0,93 \cdot 32075 = 29830 \ N \approx 29,8 \ kN$$

Lösung zu Beispiel 6

a) Blechzuschnitt

nach Zuschnittsformel

$$D = \sqrt{d_1{}^2 + d_2{}^2} = \sqrt{200^2 + 240^2} = 312,4 \ mm \ \Rightarrow \ \text{gewählt} \Rightarrow D = 313 \ mm$$

$$l_1 = \frac{d - 2 \cdot r}{2} = \frac{240 - 2 \cdot 100}{2} = 20 \ mm$$

$$r_{s1} = \frac{d - l_1}{2} = \frac{240 - 20}{2} = 110 \ mm$$

$$l_2 = \frac{r \cdot \pi}{2} = \frac{100 \cdot \pi}{2} = 157 \ mm$$

$$r_{s2} = 0,64 \cdot r = 0,64 \cdot 100 = 64 \ mm$$

nach Guldinscher Regel

$$D = \sqrt{8 \cdot \Sigma(r_s \cdot l)}$$

$$D = \sqrt{8 \cdot (20 \cdot 110 + 157 \cdot 64)} = 313 \ mm$$

b) Ziehverhältnis

$$\beta_{tat} = \frac{D}{d} = \frac{313}{200} = 1,57$$

bei gut ziehbarem Werkstoff

$$\beta_{0zul} = 2,15 - \frac{d}{1000 \cdot s} = 2,15 - \frac{200}{1000 \cdot 1,5} = 2,0$$

c) Zugabstufung

$$\beta_{tat} < \beta_{0zul}$$

$1,57 < 2 \quad \Rightarrow \quad$ Fertigung in **einem Zug** möglich!

d) Ziehkraft nach Schuler

aus Tabelle 5:
St1404 $\Rightarrow R_m = 380 \; N / mm^2$

$$n = 1,2 \cdot \frac{\beta_{tats} - 1}{\beta_{0zul} - 1} = 1,2 \cdot \frac{1,57 - 1}{2 - 1} = 0,68$$

$$F_z = d \cdot \pi \cdot s \cdot R_m \cdot n = 200 \cdot \pi \cdot 1,5 \cdot 380 \cdot 0,68 = 243413 \; N \approx 243,4 \; kN$$

e) Ziehkraft nach Siebel

$$F_{zmax} = \pi \cdot d_m \cdot s \cdot \left[1,1 \cdot \frac{k_{fm}}{\eta_F} \cdot \left(\ln \frac{D}{d_1} - 0,25 \right) \right]$$

$$d_m = d_1 + s$$

$$k_{fm} = 1,3 \cdot R_m$$

$$F_{zmax} = \pi \cdot (200 + 1,5) \cdot 1,5 \cdot \left[1,1 \cdot \frac{1,3 \cdot 380}{0,4} \cdot \left(\ln \frac{313}{200} - 0,25 \right) \right] = 255,3 \; kN$$

f) Niederhalterkraft

$$p = \left[(\beta_{tat} - 1)^2 + \frac{d}{200 \cdot s} \right] \cdot \frac{R_m}{400} = \left[(1,57 - 1)^2 + \frac{200}{200 \cdot 1,5} \right] \cdot \frac{380}{400} = 0,94 \; N / mm^2$$

aus Tabelle 6:
Stahl $\Rightarrow k = 0,07$

$$w = s + k \cdot \sqrt{s} = 1,5 + 0,07 \cdot \sqrt{1,5} = 1,6 \, mm$$

$$r_M = 0,035 \cdot [50 + (D - d)] \cdot \sqrt{s} = 0,035 \cdot [50 + (313 - 200)] \cdot \sqrt{1,5} = 6,99 \quad \text{gewählt} \Rightarrow r_M = \underline{\underline{7 \, mm}}$$

$$d_w = d_w = d + 2 \cdot w + 2 \cdot r_M = 200 + 2 \cdot 1,6 + 2 \cdot 7 = 217,2 \, mm$$

$$A_N = (D^2 - d_w^2) \cdot \frac{\pi}{4} = (313^2 - 217,2^2) \cdot \frac{\pi}{4} = 39872,6 \, mm^2$$

$$F_N = p \cdot A_N = 0,94 \cdot 39872,6 = 37,48 \, kN$$

g) Bodenreißkraft

$$F_{BR} = \pi \cdot (d + s) \cdot s \cdot R_m = \pi \cdot (200 + 1{,}5) \cdot 1{,}5 \cdot 380 = 360645 \, N \approx \underline{\underline{360{,}6 \, kN}}$$

$$F_z < F_{BR}$$

$255{,}3 \, kN < 360{,}6 \, kN$, d.h. die Haube kann in **einem Zug** gefertigt werden!

Lösung zu Beispiel 7

Die gesamte Umformkraft errechnet sich nach Schmoekel:

$$e = 2{,}718 \, (Eulerzahl)$$
$$D_p = 0{,}77 \cdot D$$
$$F_{ges} = F_{id} + F_{RN} + F_{RR} + F_B \qquad\qquad d_m = d_1 + s$$
$$k_{fm} = 1{,}3 \cdot R_m$$
$$\text{St } 1404 \;\Rightarrow\; R_m = 380 \, N / mm^2$$

$$F_{id} = \pi \cdot d_m \cdot s \cdot 1{,}1 \cdot k_{fm} \cdot \ln \frac{D_p}{d_1} \cdot e^{\mu \cdot \frac{\pi}{2}} = \pi \cdot (200 + 1{,}5) \cdot 1{,}5 \cdot 1{,}1 \cdot 1{,}3 \cdot 380 \cdot \ln \frac{0{,}77 \cdot 313}{200} \cdot e^{0{,}3 \frac{\pi}{2}} = \underline{\underline{154 \, kN}}$$

Reibkraft zwischen Ziehring und Blechhalter
$$k_{fm1} = k_{fm2} = 1{,}3 \cdot R_m$$

$$F_{RN} = \pi \cdot d_m \cdot 2\mu \cdot \frac{F_N}{\pi \cdot d_1} \cdot e^{\mu \cdot \frac{\pi}{2}} = \pi \cdot (200 + 1{,}5) \cdot 2 \cdot 0{,}3 \cdot \frac{37480}{\pi \cdot 200} \cdot e^{0{,}3 \frac{\pi}{2}} = 36251 \, N \approx \underline{\underline{36{,}3 \, kN}}$$

$$F_B = \pi \cdot d_m \cdot s^2 \cdot k_{fm} \cdot \frac{1}{2 \cdot r_M} = \pi \cdot (200 + 1{,}5) \cdot 1{,}5^2 \cdot 1{,}3 \cdot 380 \cdot \frac{1}{2 \cdot 7} = 50241 \, N \approx \underline{\underline{50{,}2 \, kN}}$$

Hinweis: Die Reibkraft F_{RR} an der Ziehringrundung ist im Verhältnis zur Gesamtstempelkraft F_{ges} so gering, daß sie vernachlässigt werden kann ($F_{RR} \approx 0{,}4$ von F_{ges})!

F_{RR} wird vernachlässigt, somit:

$$F_{ges} = F_{id} + F_{RN} + F_B = 153908 + 36251 + 50241 = 240400{,}8 \, N \approx \underline{\underline{240{,}4 \, kN}}$$

Lösung zu Beispiel 8

a) Rondendurchmesser

I) nach **Zuschnittsformel**
$$f = \frac{120 - 90}{2} = 15 \, mm$$

$$D = \sqrt{d_1^2 + 6{,}28r \cdot d_1 + 8 \cdot r^2 + 4 \cdot d_2 \cdot h + 2 \cdot f \cdot (d_2 + d_3)}$$

$$= \sqrt{60^2 + 6{,}28 \cdot 15 \cdot 60 + 8 \cdot 15^2 + 4 \cdot 90 \cdot 55 + 2 \cdot 15 \cdot (90 + 120)}$$

$$= \sqrt{3600 + 5652 + 1800 + 19800 + 6300} = 192{,}7 \, mm \quad \text{gewählt} \Rightarrow D = \underline{\underline{193 \, mm}}$$

II) nach der **Guldinschen Regel**

$$l_1 = \frac{d - 2 \cdot r}{2} = \frac{120 - 90}{2} = 15 \; mm \qquad\qquad r_{s1} = \frac{d - 2 \cdot r}{4} = \frac{120 - 90}{4} + 45 = 52{,}5 \; mm$$

$$l_2 = h - r = 70 - 15 = 55 \; mm \qquad\qquad r_{s2} = \frac{d}{2} = \frac{90}{2} = 45 \; mm$$

$$l_3 = \frac{2r \cdot \pi}{4} = \frac{2 \cdot 15 \cdot \pi}{4} = 23{,}55 \; mm \qquad\qquad r_{s3} = 0{,}64 \cdot r + \frac{d_1}{2} = 0{,}64 \cdot 15 + \frac{60}{2} = 39{,}6 \; mm$$

$$l_4 = 30 \, mm \qquad\qquad\qquad\qquad\qquad\qquad r_{s4} = 15 \, mm$$

$$D = \sqrt{8 \cdot \Sigma \cdot (r_s \cdot l)} = \sqrt{8 \cdot (15 \cdot 52{,}2) + (55 \cdot 45) + (23{,}55 \cdot 39{,}6) + (30 \cdot 15)}$$

$$= \sqrt{8 \cdot (787{,}5 + 2475 + 932{,}58 + 450)} = 192{,}77 \, mm \quad \text{gewählt} \Rightarrow D = \underline{\underline{193 \; mm}}$$

b) Anzahl der Züge

$$\beta_{tat} = \frac{D}{d} = \frac{193}{90} = \underline{\underline{2{,}14}} \qquad\qquad\qquad \text{bei gut ziehbarem Werkstoff, z.B. St 1303:}$$

$$\beta_{zul} = 2{,}15 - \frac{d}{1000 \cdot s} = 2{,}15 - \frac{90}{1000 \cdot 0{,}9} = 2{,}05$$

oder aus Tabelle 3:

$$\beta_{tat} > \beta_{zul} \qquad\qquad\qquad\qquad \text{bei } \frac{d}{s} = \frac{90}{0{,}9} = 100 \Rightarrow \beta_{zul} = 2$$

$2{,}14 > 2{,}05 \Rightarrow$ es sind **2 Züge** erforderlich

c) Umformkraft nach Schmoeckel:

$$F_{ges} = F_{id} + F_{RN} + F_{RR} + F_B \qquad\qquad$$

F_{RR} wird vernachlässigt!
aus Diagr. 5:
St 1303 $\Rightarrow R_m = 400 \; N \, / \, mm^2$
$k_{fm} = 1{,}3 \cdot R_m = 1{,}3 \cdot 400 \; N \, / \, mm^2$

$$D_p = 0{,}77 \cdot D_0$$

ideelle Umformkraft

$$F_{id} = \pi \cdot d_m \cdot s \cdot 1{,}1 \cdot k_{fm} \cdot \ln \frac{D_p}{d_1} \cdot e^{\mu \cdot \frac{\pi}{2}}$$

$$= \pi \cdot (90 + 0{,}9) \cdot 0{,}9 \cdot 1{,}1 \cdot 1{,}3 \cdot 400 \cdot \ln \frac{0{,}77 \cdot 193}{90} \cdot e^{0{,}15 \cdot \frac{\pi}{2}} = 93305 \, N \approx \underline{\underline{93{,}3 \; kN}}$$

Reibkraft zwischen Ziehring und Blechhalter

$$F_{RN} = \pi \cdot d_m \cdot 2\mu \cdot \frac{F_N}{\pi \cdot d_1} \cdot e^{\mu \cdot \frac{\pi}{2}} = \pi \cdot (90 + 0,9) \cdot 2 \cdot 0,3 \cdot \frac{38102}{\pi \cdot 90} \cdot e^{0,15 \frac{\pi}{2}} = 9740,4 \ N \approx \underline{\underline{9,74 \ kN}}$$

Rückbiegekraft

$$F_B = \pi \cdot d_m \cdot s^2 \cdot k_{fm} \cdot \frac{1}{2 \cdot r_M} = \pi \cdot (90 + 0,9) \cdot 0,9^2 \cdot 1,3 \cdot 400 \cdot \frac{1}{2 \cdot 5,1} = \underline{\underline{11,79 \ kN}}$$

Gesamtumformkraft

$$F_{ges} = F_{id} + F_{RN} + F_B = 93,3 + 9,74 + 11,79 = \underline{\underline{114,83 \ kN}}$$

d) Umformkraft nach Siebel

$$F_z = \pi \cdot d_m \cdot s \cdot \left[1,1 \cdot \frac{k_{fm}}{\eta_F} \cdot \left(\ln \frac{D}{d_1} - 0,25 \right) \right] = \pi \cdot (90 + 0,9) \cdot 0,9 \cdot \left[1,1 \cdot \frac{1,3 \cdot 400}{0,6} \cdot \left(\ln \frac{193}{90} - 0,25 \right) \right]$$

$$= 124905 \ N \approx \underline{\underline{124,9 \ kN}}$$

e) Niederhalterkraft

$$F_N = p \cdot A_N$$

$$p = \left[(\beta_{tat} - 1)^2 + \frac{d}{200 \cdot s} \right] \cdot \frac{R_m}{400} = \left[(2,14 - 1)^2 + \frac{90}{200 \cdot 0,9} \right] \cdot \frac{400}{400} = 1,81 \ N/mm^2$$

$$w = s + k \cdot \sqrt{s} = 0,9 + 0,07 \cdot \sqrt{0,9} = 0,97 \ mm$$

$$r_M = 0,035 \cdot [50 + (D - d)] \cdot \sqrt{s} = 0,035 \cdot [50 + (193 - 90)] \cdot \sqrt{0,9} = 5,08 \qquad \text{gewählt} \Rightarrow r_M = \underline{\underline{5,1 \ mm}}$$

$$d_w = d + 2 \cdot w + 2 \cdot r_M = 90 + 2 \cdot 0,97 + 2 \cdot 5,1 = 102,14 \ mm$$

$$A_N = (D^2 - d_w^2) \cdot \frac{\pi}{4} = (193^2 - 102,14^2) \cdot \frac{\pi}{4} = 21051 \ mm^2$$

$$F_N = p \cdot A_N = 21051 \cdot 1,81 = 38102 \ N \approx \underline{\underline{38,1 \ kW}}$$

f) Bodenreißkraft

$$F_{BR} = \pi \cdot (d+s) \cdot s \cdot R_m = \pi \cdot (90+0,9) \cdot 0,9 \cdot 400 = 102753\ N \approx \underline{\underline{102,8\ kN}}$$

$$F_Z > F_{BR}$$

$$124,9\ kN > 102,8\ kN$$

Hinweis: $F_Z > F_{BR}$ Das Teil kann <u>nicht</u> in einem Zug hergestellt werden, da der Boden reißt, d.h. es ist eine erneute Berechnung unter Zugrundelegung von <u>zwei</u> Zügen durchzuführen!

Lösung zu Beispiel 9

a) Ziehverhältnis

für St 1303 gilt :

$$\beta_{tat} = \frac{D}{d} = \frac{193}{90} = 2,14 \qquad\qquad \beta_{zul} = 2,15 - \frac{d}{1000 \cdot s} = 2,15 - \frac{90}{1000 \cdot 0,9} = 2,05$$

$$\beta_{tat} > \beta_{zul}$$

$2,14 > 2,15 \Rightarrow$ das Werkstück muß in <u>2 Zügen</u> gefertigt werden!

Hinweis: Das zulässiges Ziehverhältnis für den 2. Zug (Weiterschlag) beträgt $\beta_{zul} = 1,6$ (wenn Zwischenglühen erfolgt).

bei $\beta_1 = \dfrac{d_1}{d_2} = 1,6$

somit:

$$d_1 = \beta_1 \cdot d_2 = 1,6 \cdot 90 = 144\ mm \quad \text{gewählt} \Rightarrow \underline{\underline{d_1 = 140\ mm}}$$

für den 1. Zug

$$\beta_{tat1} = \frac{D}{d_1} = \frac{193}{140} = 1,38$$

für den 2. Zug

$$\beta_{tat2} = \frac{d_1}{d_2} = \frac{140}{90} = 1,56 \qquad\qquad \Rightarrow \beta_{tats1} < \beta_{tats2} < \beta_{zul}$$

<u>**Gesamtziehverhältnis**</u>

$$\beta_{ges} = \beta_{tat1} \cdot \beta_{tat2} = 1,38 \cdot 1,56 = \underline{\underline{2,15}}$$

b) Ziehkraft nach Siebel

aus Diagramm St 1303:
$$\Rightarrow R_m = 400\ N/mm^2$$
$$k_{fm} = 1{,}3 \cdot R_m$$

für den 1. Zug

$$F_{z1} = \pi \cdot d_m \cdot s \cdot \left[1{,}1 \cdot \frac{k_{fm}}{\eta_F} \cdot \left(\ln \frac{D}{d_1} - 0{,}25\right)\right]$$

$$= \pi \cdot (140 + 0{,}9) \cdot 0{,}9 \cdot \left[1{,}1 \cdot \frac{1{,}3 \cdot 400}{0{,}6} \cdot \left(\ln \frac{193}{140} - 0{,}25\right)\right] = 29525\ N \approx \underline{\underline{29{,}5\ kN}}$$

für den 2. Zug

$$F_{z2} = \pi \cdot d_m \cdot s \cdot \left[1{,}1 \cdot \frac{k_{fm}}{\eta_F} \cdot \left(\ln \frac{D}{d_2} - 0{,}25\right)\right]$$

$$= \pi \cdot (90 + 0{,}9) \cdot 0{,}9 \cdot \left[1{,}1 \cdot \frac{1{,}3 \cdot 400}{0{,}6} \cdot \left(\ln \frac{140}{90} - 0{,}25\right)\right] = 51694\ N \approx \underline{\underline{51{,}7\ kN}}$$

c) Bodenreißkraft

für den 1. Zug

$$F_{BR1} = \pi \cdot (d_1 + s) \cdot s \cdot R_m = \pi \cdot (140 + 0{,}9) \cdot 0{,}9 \cdot 400 = 159273\ N \approx \underline{\underline{159{,}2\ kN}}$$

für den 2. Zug

$$F_{BR2} = \pi \cdot (90 + 0{,}9) \cdot 0{,}9 \cdot 400 = 102753\ N \approx \underline{\underline{102{,}7\ kN}}$$

<u>1. Zug:</u>   **<u>2. Zug:</u>**

$F_{BR1} > F_{Z1}$ $F_{BR2} > F_{Z2}$

$159{,}2\ kN > 29{,}5\ kN$ $02{,}7\ kN > 51{,}7\ kN$

Hinweis:
Das Werkstück kann also in **2 Zügen** gefertigt werden !

Lösung zu Beispiel 10

a) Zugabstufung

Die Anzahl der erforderlichen Züge ergibt sich aus den zulässigen Eckenradien.

1. Zug (Anschlag)	$r_1 = 1{,}2 \cdot q \cdot R_1$	$q \approx 0{,}3$
2. Zug	$r_2 = 0{,}6 \cdot r_1$	
3. Zug	$r_3 = 0{,}6 \cdot r_2$	
n.-Zug	$r_n = 0{,}6 \cdot r_{n-1}$	

Konstruktionsradius (bei Eckenradius = Bodenradius)

$$h = 25 \ mm$$
$$r = 5 \ mm$$

$$R = 1{,}42 \cdot \sqrt{r \cdot h + r^2} = 1{,}42 \cdot \sqrt{5 \cdot 25 + 5^2} = 17{,}39 \ mm$$

Korrigierter Konstruktionsradius

$$R_1 = x \cdot R$$

$$x = 0{,}074 \cdot \left(\frac{R}{2 \cdot r}\right)^2 + 0{,}982 = 0{,}074 \cdot \left(\frac{17{,}39}{2 \cdot 5}\right)^2 + 0{,}982 = 1{,}206 = 1{,}21$$

$$R_1 = 1{,}21 \cdot 17{,}39 = 21 \ mm$$

1. Zug

$$r_1 = 1{,}2 \cdot q \cdot R_1 = 1{,}2 \cdot 0{,}3 \cdot 21 = \underline{\underline{7{,}56 \ mm}}$$

2. Zug

$$r_2 = 0{,}6 \cdot r_1 = 0{,}6 \cdot 7{,}56 = \underline{\underline{4{,}54 \ mm}}$$

$$r_2 \ < \ r_{vorh}$$

$4{,}53 \ mm \ < \ 5 \ mm \ \Rightarrow$ die Abdeckhaube ist also in **2 Zügen** zu fertigen!

b) Ziehkraft nach Siebel

aus Tabelle 5:
$$\Rightarrow R_m = 100 \ N/mm^2$$

$$F_z = \left[2 \cdot r \cdot \pi + \frac{2(a+b)}{2}\right] \cdot R_m \ s \ n$$

Zuschnittsfläche

$$A = H_a \cdot H_b$$

Abwicklungslänge H_a

$$H_a = 1{,}57 \cdot r + h - 0{,}785 \cdot (x^2 - 1) \cdot \frac{R^2}{a} = 1{,}57 \cdot 5 + 25 - 0{,}785 \cdot (1{,}21^2 - 1) \cdot \frac{17{,}39^2}{50} = \underline{\underline{30{,}67 \ mm}}$$

Abwicklungslänge H_b

$$H_b = 1{,}57 \cdot r + h - 0{,}785 \cdot (x^2 - 1) \cdot \frac{R^2}{b} = 1{,}57 \cdot 5 + 25 - 0{,}785 \cdot (1{,}21^2 - 1) \cdot \frac{17{,}39^2}{30} = \underline{\underline{29{,}22 \ mm}}$$

Zuschnittsfläche (überschläglich)

$$A_0 = a \cdot b + a \cdot H_a \cdot 2 + b \cdot H_b \cdot 2 = 50 \cdot 80 + 50 \cdot 30{,}67 \cdot 2 + 29{,}22 \cdot 30 \cdot 2 = 6300 \ mm^2 = \underline{\underline{63 \ cm^2}}$$

Stempelfläche

$$A_{St} = a \cdot b + (2a + 2b) \cdot r + \pi \cdot r^2 = 50 \cdot 30 + (2 \cdot 50 + 2 \cdot 30) \cdot 5 + \pi \cdot 5^2 = 2378{,}5 \ mm^2 \approx \underline{\underline{23{,}78 \ cm^2}}$$

tatsächliches Ziehverhältnis

aus Tabelle 4:
bei $\beta_{tat} = 1{,}63 \Rightarrow n = 0{,}7$

$$\beta_{tat} = \sqrt{\frac{A_0}{A_{St}}} = \sqrt{\frac{63}{23{,}78}} = \underline{\underline{1{,}63}}$$

aus Tabelle 5:
Al 99,5 $\Rightarrow R_m = 100 \; N/mm^2$

$$F_z = \left[2 \cdot r \cdot \pi + \frac{2(a+b)}{2}\right] \cdot R_m \cdot s \cdot n = \left[2 \cdot 5 \cdot \pi + \frac{2(50+30)}{2}\right] \cdot 100 \cdot 0{,}4 \cdot 0{,}7 = 5359{,}2 \; N \approx \underline{\underline{5{,}36 \, kN}}$$

c) Niederhalterkraft

$$D_p = 1{,}13 \cdot \sqrt{A_{St}} = 1{,}13 \cdot \sqrt{2378{,}5} = 55{,}1 \; mm$$

$$D = 1{,}13 \cdot \sqrt{A_0} = 1{,}13 \cdot \sqrt{6300} = 89{,}9 \; mm$$

$$p = \left[(\beta_{tat} - 1)^2 + \frac{D_p}{200 \cdot s}\right] \cdot \frac{R_m}{400} = \left[(1{,}63 - 1)^2 + \frac{55{,}1}{200 \cdot 0{,}4}\right] \cdot \frac{100}{400} = 0{,}27 \; N/mm^2$$

aus Tabelle 6:
Al 99,5 $\Rightarrow k = 0{,}02$

$$w = s + k \cdot \sqrt{s} = 0{,}4 + 0{,}02 \cdot \sqrt{0{,}4} = 0{,}41 \, mm$$

$$r_M = 0{,}035 \cdot [50 + (D-d)] \cdot \sqrt{s} = 0{,}035 \cdot [50 + (89{,}9 - 55{,}1)] \cdot \sqrt{0{,}4} = 1{,}87 \, mm$$

$$d_w = D_p + 2 \cdot w + 2 \cdot r_M = 55{,}1 + 2 \cdot 0{,}41 + 2 \cdot 1{,}87 = 59{,}7 \, mm$$

$$A_N = (D^2 - d_w{}^2) \cdot \frac{\pi}{4} = (89{,}9^2 - 59{,}7^2) \cdot \frac{\pi}{4} = 3547 \, mm^2$$

$$F_N = p \cdot A_N = 0{,}27 \cdot 3547 = 957{,}7 \; N \approx \underline{\underline{958 \, N}}$$

d) Bodenreißkraft

$$F_{BR} = \pi \cdot (D_p + s) \cdot s \cdot R_m = \pi \cdot (55{,}1 + 0{,}4) \cdot 0{,}4 \cdot 100 = 6971 \; N \approx \underline{\underline{6{,}97 \, kN}}$$

$$F_Z < F_{BR}$$

$3{,}1 \, kN \; < \; 6{,}97 \, kN \Rightarrow$ Abdeckhaube kann in **einem Zug** gefertigt werden !

2.10 Biegen

2.10.1 Verwendete Formelzeichen

W	$[Nm]$	Biegearbeit
F_b	$[N]$	Biegekraft
α	$[°]$	Biegewinkel
s	$[mm]$	Blechdicke
b	$[mm]$	Breite des Biegefeldes
E	$[N/mm^2]$	Elastizitätsmodul
w	$[mm]$	Gesenkweite
L	$[mm]$	gestreckte Länge
r_{imax}	$[mm]$	größter Biegeradius
r_i	$[mm]$	innerer Biegeradius
r_{imin}	$[mm]$	kleinster Biegeradius
k		Korrekturfaktor
r_K	$[mm]$	korrigierter Biegeradius
R_e	$[N/mm^2]$	Streckgrenze
h	$[mm]$	Stempelweg
l_1, l_n	$[mm]$	Teillängen des Biegestücks
x		Verfahrensfaktor
v	$[mm]$	Vorschub
c		Werkstoffkoeffizient
A	$[mm]$	Werkstückfläche
R_m	$[N/mm^2]$	Zugfestigkeit
r_{min}	$[mm]$	zulässiger Biegeradius

2.10.2 Auswahl verwendeter Formeln

Gestreckte Länge

$$L = l_1 + l_2 + l_3 + \dots l_n$$

Kreisbogen

$$L_B = r_k \cdot \pi \cdot \alpha$$

korrigierter Biegeradius

$$r_K = r + \frac{s}{2} \cdot k$$

kleinster Biegeradius

$$r_{min} = s \cdot c$$

größter Biegeradius

$$r_{imax} = \frac{s \cdot E}{2 \cdot R_e}$$

Biegekraft

$$F_b = \frac{1,2 \cdot b \cdot s^2 \cdot R_m}{w}$$

Biegearbeit

$$W = x \cdot F \cdot h$$

$$h = \frac{w}{2}$$

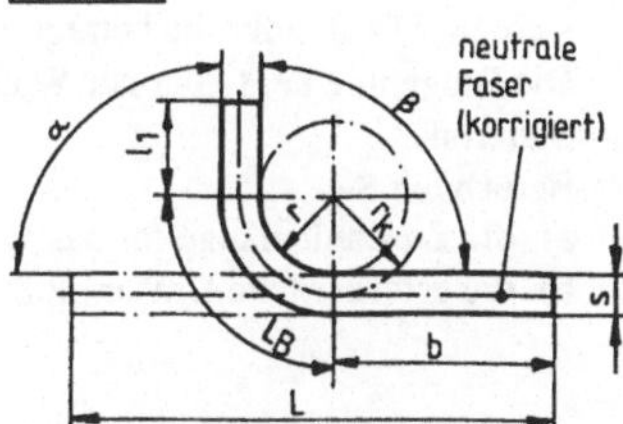

Abmessungen am Biegeteil

2.10.3 Berechnungsbeispiele

1. Ein Profilstück 10 *mm* x 8 *mm*, aus S245JR (St37-2),
    soll entsprechend der Skizze gebogen werden.

    Berechnen Sie die gestreckte Länge, wenn das
    Verhältnis: $r : s \leq 5$ ist.

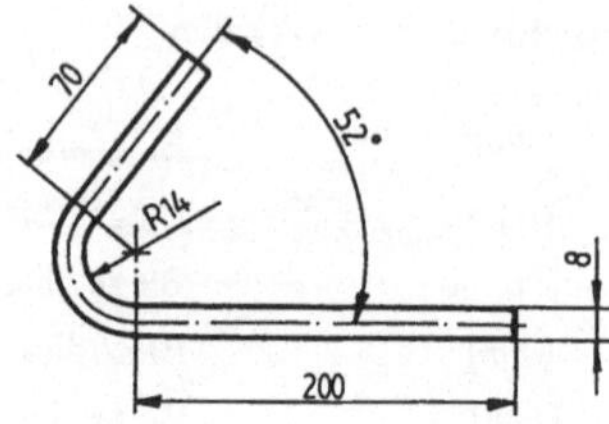

2. Für ein 4 *mm* dickes Blechteil aus CuZn30 ist die
    gestreckte Länge zu berechnen.

    Vergleichen Sie den Biegeradius mit dem zulässigen
    Wert.

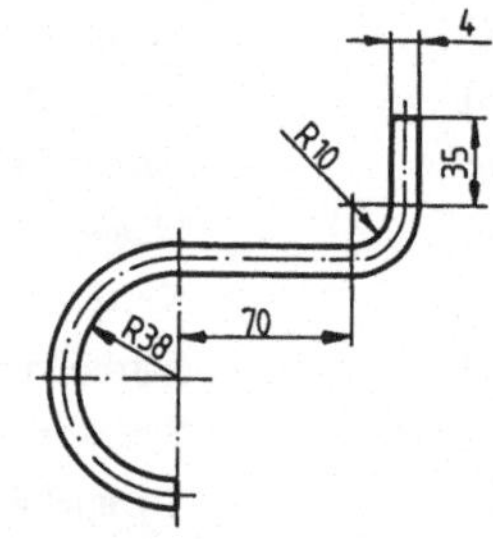

3. Bestimmen Sie den kleinsten und den größten Biegeradius für eine Lasche, wenn folgende Daten gegeben
    sind:
    Blechdicke 2,5 *mm*, Werkstoff E 275 JR (St 44-2),
    $R_e = 260 \; N / mm^2$, Elastizitätsmodul $E = 2,1 \cdot 10^5 \; N / mm^2$.

4. Ein Anschlagstück aus St 1303 soll entsprechend der
    Skizze hergestellt werden. Blechdicke 3,5 *mm*,
    Werkstückbreite 2,5 *mm*, Werkstoffkenndaten
    $R_e = 280 \; N / mm^2$, $R_m = 400 \; N / mm^2$, $c = 0,5$,
    Gesenkweite 80 *mm*.

    Berechnen Sie:

    a) die Zuschnittslänge
    b) den kleinsten zulässigen Biegeradius
    c) die Biegekraft
    d) die Biegearbeit, wenn der Korrekturfaktor 0,33
        gewählt wird.

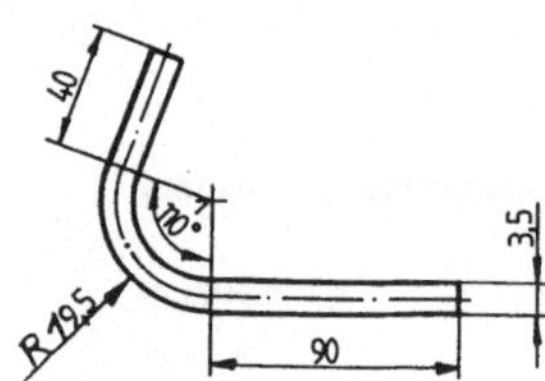

5. Aus 3 *mm* dickem kaltgewalztem Bandstahl,
    St 1303, $R_m = 420 \; N / mm^2$, sollen Schellen der
    skizzierten Form durch Rollbiegen hergestellt
    werden. Die Bandbreite beträgt 40 *mm*.
    Die Biegelinie liegt quer zur Walzrichtung des
    Materials.
    Berechnen Sie:
    a) die Zuschnittslänge für das Werkstück
    b) die erforderliche Umformkraft.

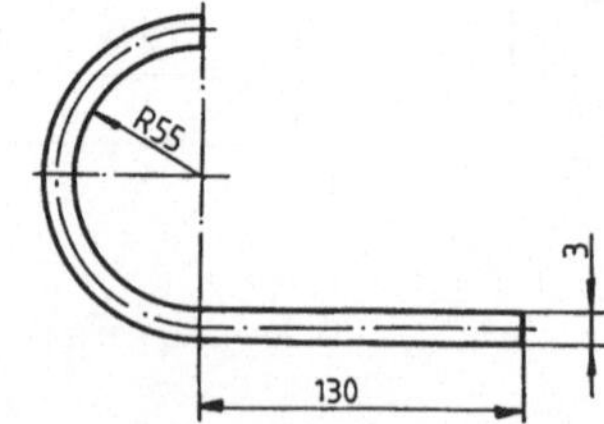

2.10.4 Lösungen

Lösung zu Beispiel 1

Gestreckte Länge

$$L = l_1 + l_2 + l_3 + \ldots l_n$$

$$l_1 = 70\,mm$$

3.8.10 aus Diagramm 1:

$$\text{bei } \frac{r}{s} = \frac{14}{8} = 1,75 \Rightarrow k = 0,77$$

$$l_2 = \frac{r_K \cdot \pi \cdot \alpha}{180°} = \frac{17,08 \cdot \pi \cdot (180°-52°)}{180°} = 38,14\ mm$$

$$r_K = r + \frac{s}{2} \cdot k = 14 + \frac{8}{2} \cdot 0,77 = 17,08\ mm$$

$$l_3 = 200\ mm$$

$$L = 70 + 38,14 + 200 = \underline{\underline{308,14\ mm}}$$

Lösung zu Beispiel 2

a) Gestreckte Länge

$$L = l_1 + l_2 + l_3 + \ldots l_n$$

aus Diagramm 1:

$$\text{bei } \frac{r}{s} = \frac{38}{4} = 9,5 \Rightarrow k = 1$$

$$l_1 = \frac{r_K \cdot \pi \cdot \alpha}{180°} = \frac{40 \cdot \pi \cdot 180°}{180°} = 125,6\ mm$$

$$r_K = r + \frac{s}{2} \cdot k = 38 + \frac{4}{2} \cdot 1 = 40\ mm$$

$$l_2 = 70\ mm$$

$$l_3 = \frac{r_K \cdot \pi \cdot \alpha}{180°} = \frac{11,7 \cdot \pi \cdot 90°}{180°} = 18,34\ mm$$

$$\text{bei } \frac{r}{s} = \frac{10}{4} = 2,5 \Rightarrow k = 0,85$$

$$r_K = r + \frac{s}{2} \cdot k = 10 + \frac{4}{2} \cdot 0,85 = 11,7\ mm$$

$$l_4 = 35\ mm$$

$$L = 125,6 + 70 + 18,34 + 35 = \underline{\underline{248,94\ mm}}$$

b) zulässiger Biegeradius

Mindest-Biegeradius   aus Tabelle 1:

$r_{min} = s \cdot c = 4 \cdot 0{,}25 = 1\ mm$ $Cu \Rightarrow c = 0{,}25$

Alle Biegeradien, die über 1 mm liegen, sind zulässig!

Lösung zu Beispiel 3

a) größter Biegeradius

$$r_{imax} = \frac{s \cdot E}{2 \cdot R_e} = \frac{2{,}5 \cdot 2{,}1 \cdot 10^5}{2 \cdot 260} \approx \underline{\underline{1010\ mm}}$$ Stahl: $E = 2{,}1 \cdot 10^5\ N/mm^2$

b) kleinster Biegeradius   aus Diagramm 1:
                                                         S275JR $\Rightarrow c = 0{,}5$

$r_{imin} = s \cdot c = 2{,}5 \cdot 0{,}5 = \underline{\underline{1{,}25\ mm}}$

Lösung zu Beispiel 4

a) Zuschnittslänge

$L = l_1 + l_2 + l_3$

$l_1 = 90\ mm$

$$l_2 = \frac{r_K \cdot \pi \cdot \alpha}{180°} = \frac{17{,}7 \cdot \pi \cdot 110°}{180°} = 33{,}96\ mm$$

. aus Diagramm 1:

$$r_K = r + \frac{s}{2} \cdot k = 16 + \frac{3{,}5}{2} \cdot 0{,}97 = 17{,}7\ mm$$ bei $\dfrac{r}{s} = \dfrac{10}{3{,}5} = 4{,}6 \Rightarrow k = 0{,}97$

$l_3 = 40\ mm$

$L = 90 + 33{,}96 + 40 = \underline{\underline{163{,}96\ mm}}$

b) kleinster Biegeradius   aus Tabelle 1:
                                                         St $\Rightarrow c = 0{,}5$

$r_{imin} = s \cdot c = 3{,}5 \cdot 0{,}5 = \underline{\underline{1{,}75\ mm}}$

$r_{itat} > r_{i\ min}$

1,75 mm > 1 mm $\Rightarrow$ das Anschlagstück kann hergestellt werden!

c) Biegekraft

$$F_b = \frac{1,2 \cdot b \cdot s^2 \cdot R_m}{w} = \frac{1,2 \cdot 25 \cdot 3,5^2 \cdot 400}{80} = 1837,5\ N$$

$$h = \frac{w}{2} = \frac{80}{2} = 40\ mm$$

d) Biegearbeit

$$W = x \cdot F \cdot h = 0,33 \cdot 1837,5 \cdot 40 = 24255\ Nmm \approx 24,255\ Nm$$

Lösung zu Beispiel 5

a) Zuschnittslänge

$$L = l_1 + l_2$$

$$l_1 = \frac{r_K \cdot \pi \cdot \alpha}{180°} = \frac{56,5 \cdot \pi \cdot 180°}{180°} = 177,41\ mm$$

aus Diagramm 1:

$$r_K = r + \frac{s}{2} \cdot k = 55 + \frac{3}{2} \cdot 1 = 56,5\ mm$$

bei $\dfrac{r}{s} = \dfrac{55}{3} = 18,3 \ \Rightarrow\ k = 1$

$$L = 177,41 + 130 = 307,41\ mm$$

b) Biegekraft

$$F_b = \frac{0,7 \cdot s^2 \cdot b \cdot R_m}{d_1} = \frac{0,7 \cdot 3^2 \cdot 40 \cdot 420}{2 \cdot 55 + 6} = 912,4\ N$$

2.11 Stanzen

2.11.1 Verwendete Formelzeichen

c_1	$[mm]$	Abstand Niederhalterkraft / Schnittkraft
n	$[Stck]$	Anzahl der Werkstücke
z_1		Anzahl der Werkstücke pro Bandlänge
J	$[mm^4]$	äquatoriales Trägheitsmoment
η	$[\%]$	Ausnutzungsgrad
A_1	$[mm^2]$	Fläche der Werkstücke
p	$[N / mm^2]$	Flächenpressung
E	$[N / mm^2]$	Elastizitätsmodul
α	$[°]$	Freiwinkel
β	$[°]$	Keilwinkel
M	$[Nm]$	Kippmoment
F_k	$[N]$	Knickkraft
l_k	$[mm]$	Knicklänge
F_w	$[N]$	Niederhalterkraft
a	$[mm]$	Randbreite
μ		Reibwert
τ_{aB}	$[N / mm^2]$	Scherfestigkeit
A	$[mm^2]$	Scherfläche (Schnittfläche)
τ_a	$[N / mm^2]$	Scherspannung
W	$[Nm]$	Schneidarbeit
F	$[N]$	Schneidkraft
u	$[mm]$	Schneidspalt
F_x	$[N]$	Schnittkomponente
F_y	$[N]$	Schnittkomponente
F_s	$[N]$	Schnittkraft
φ	$[°]$	Schrägschnittwinkel
F_{Schub}	$[N]$	Schubkraft
S		Sicherheitsfaktor
l	$[mm]$	Stanzlänge
e	$[mm]$	Stegbreite
a_1	$[mm]$	Stempelmaß
B	$[mm]$	Streifenbreite
v	$[mm]$	Streifenvorschub
U	$[mm]$	Umfang der Scherfläche
x		Verfahrensfaktor
c		Werkstoffkoeffizient
b	$[mm]$	Werkstückbreite
s	$[mm]$	Werkstückdicke
R_m	$[N / mm^2]$	Zugfestigkeit
l_{max}	$[mm]$	zulässige Knicklänge

2.11.2 Auswahl verwendeter Formeln

Schnittkraft für
das Ausschneiden

$$F_s = A \cdot \tau_a$$

Schneidplattendurchbruch

$$a = a_1 + 2 \cdot u$$

Stempelmaß

$$a_1 = a - 2 \cdot u$$

Scherfläche

$$A = U \cdot s$$

Scherfestigkeit

$$\tau_{aB} = 0{,}8 \cdot R_m$$

Schnittkraft beim
Schrägschnitt

$$F = 0{,}5 \cdot \frac{s^2}{\tan \varphi} \cdot \tau_{aB}$$

Abstand des Einspannzapfens
(Lage des Schwerpunktes in x - Richtung)

$$x = \frac{U_1 \cdot x_1 + U_2 \cdot x_2 + U_3 \cdot x_3 + \dots}{\Sigma U}$$

Abstand des Einspannzapfens
(Lage des Schwerpunktes in y - Richtung)

$$y = \frac{U_1 \cdot y_1 + U_2 \cdot y_2 + U_3 \cdot y_3 + \dots}{\Sigma U}$$

Ausnutzungsgrad

$$\eta = \frac{n \cdot A_1}{v \cdot B} \cdot 100\%$$

Anzahl der Werkstücke
pro Bandlänge

$$z_1 = \frac{L}{v} \cdot R$$

Schnittkraft beim
Parallelschnitt

$$F_s = U \cdot s \cdot \tau_a$$

Schneidarbeit

$$W = F \cdot s \cdot x$$

Flächen-
pressung

$$p = \frac{F_s}{A_s}$$

Knicklänge (mittels
Eulerscher Gleichung)

$$l_{max} = \sqrt{\frac{\pi^2 \cdot E \cdot J}{F \cdot S}}$$

Knickkraft

$$F_K = \frac{E \cdot J \cdot \pi^2}{l_K^2 \cdot S}$$

äquatoriales
Trägheitsmoment
(Vollkreis)

$$J = \frac{\pi \cdot d^4}{64}$$

Schnittkraft beim
Rollenschnitt

$$F_s = \frac{0{,}5 \cdot h_{St} \cdot s}{\tan \alpha} \cdot \tau_B$$

Schnittkraft bei zweiseitiger
Schneidkantenabschrägung

$$F = 2{,}1 \cdot d \cdot s \cdot \tau_B$$

Schneidspalt
(**bis 3mm** Blechdicke)

$$u = 0{,}007 \cdot s \cdot \sqrt{\tau_a}$$

Schneidspalt
(Blechdicke > **3mm**)

$$u = (0{,}007 \cdot s - 0{,}005) \cdot \sqrt{\tau_{aB}}$$

Schneidkraft-
komponenten

$$F_x = F \cdot \cos \beta$$
$$F_y = F \cdot \sin \beta$$

Kippmoment

$$M = F_y \cdot l$$

Niederhalterkraft

$$F_N = \frac{M}{c_1}$$

$$F_N = \frac{F_{Schub}}{\mu}$$

Schubkraft

$$F_{Schub} = F \cdot \sin \varphi$$

2.11.3 Berechnungsbeispiele

1. Das skizzierte Schnitteil soll aus 2,5 *mm* dickem
   Blech, S 245 JR(St 37-2), mit einer Zugfestigkeit
   von $R_m = 510 \, N/mm^2$ durch Stanzen hergestellt
   werden. Rohteilmaße 40 *mm* x 35 *mm*.

   Berechnen Sie:
   a) die erforderliche Schnittkraft bei geschlossenem
      Schneidvorgang mit geradem Messer für das
      Ausschneiden
   b) die Schnittkraft für das Lochen
   c) den Durchmesser des Schneidplattendurchbruchs
      für das Lochen
   d) die Stempelmaße für das Ausschneiden, wenn
      der Schneidspalt 0,06 *mm* betragen soll.

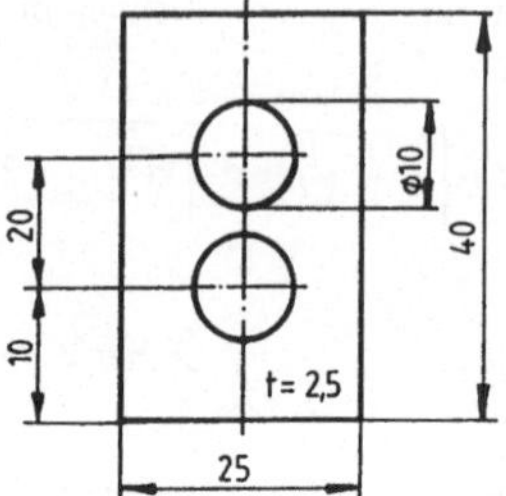

2. Das abgebildete Blechteil soll durch Scherschneiden
   hergestellt werden. Die Blechdicke beträgt 4,5 *mm*,
   Zugfestigkeit $R_m = 420 \, N/mm^2$, Neigungswinkel
   5°.

   Ermitteln Sie:
   a) die erforderliche Schnittkraft im Parallelschnitt
   b) die aufzuwendende Schnittkraft im Schräg-
      schnitt.

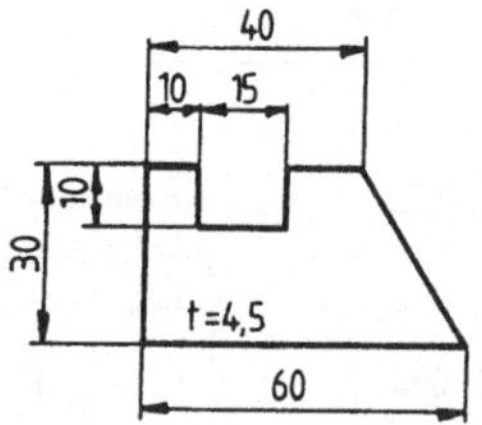

3. Berechnen Sie die Lage des Einspannzapfens (Lage
   des Kraftschwerpunktes) für das Folgeschneidwerk-
   zeug zur Herstellung der skizzierten Laschen.

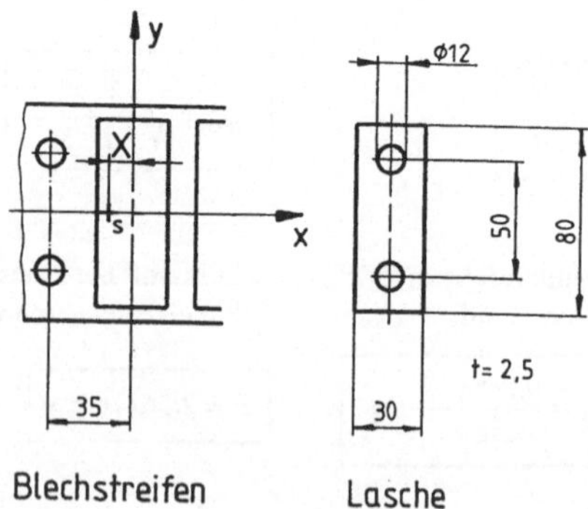

4. Ermitteln Sie für die vorgegebene Werkzeuganord-
   nung – s. Skizze – den Kraftschwerpunkt zur Auf-
   nahme des Einspannzapfens.

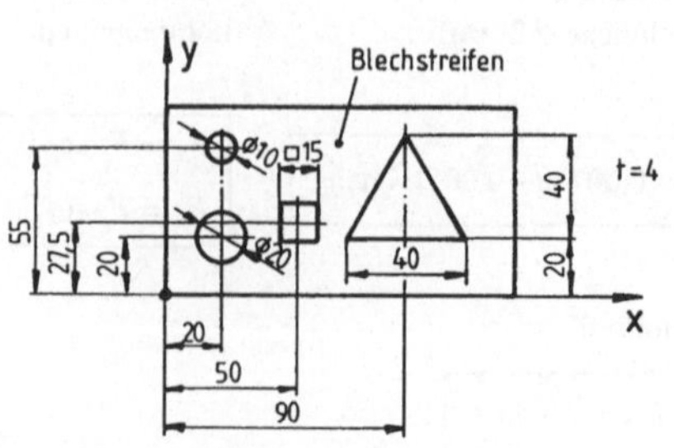

5. Es sollen gleichschenklige Winkel-
   stücke – siehe Skizze – aus 0,3 *mm*
   dicken Streifen geschnitten werden.

   Berechnen Sie den Ausnutzungsgrad
   für die Anordnung der Teile in
   Streifen nach Darstellung a) und nach
   Lage b).

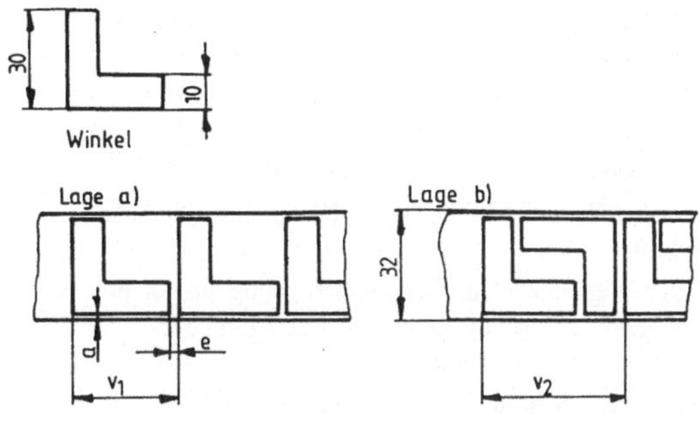

6. Mit einem ungeführten Lochstempel sollen in 1,25 *mm* dickes Stahlblech Bohrungen von 3,2 *mm* Durchmesser gestanzt werden. Die Scherfestigkeit des Stahlblechs beträgt 240 N/mm^2. Der Stempelkopf-
   durchmesser 8 *mm*, die zulässige Flächenpressung am Stempelkopf darf 20 kN/cm^2 nicht überschreiten, da
   sonst eine gehärtete Druckplatte eingelegt werden muß.

   Berechnen Sie:

   a) die auftretende Flächenpressung

   b) die maximale Länge des Lochstempels, ohne daß Knickgefahr besteht.

7. Aus Werkstoff C30 (Scherfestigkeit mit τ_a = 500 N/mm^2) sind 1,5 *mm* dicke Ronden mit einem
    Durchmesser von 35 *mm* auszustanzen.

    Berechnen Sie:

    a) die erforderliche Kraft

    b) die aufzuwendende Stanzarbeit bei einem Verfahrensfaktor von 0,6.

8. Auf einer hydraulischen Presse mit 300 *kN* Preßkraft sollen runde Werkstücke aus 8 *mm* dickem Blech,
    Werkstoff E360(St 70-2), mit einer Zugfestigkeit von 830 N/mm^2, gelocht werden.

    a) Wie groß darf der Durchmesser des Lochstempels höchstens sein, wenn der Sicherheitsfaktor 2,5
        betragen soll?

    b) Überprüfen Sie, ob die zulässige Knickkraft des Stempels bei einer ungeführten Stempellänge von 10 *mm*
        nicht überschritten wird, wenn der Lastfall I, (l_k = 2 · l), zugrunde gelegt wird. Gewählte Sicherheit 2.

9. Aus einem Blech 1000 *mm* x 1600 *mm*, Werkstoff
    E295 (St50-2), soll der skizzierte Deckel mit einer
    Rollenschere mit parallelen Rollenachsen geschnit-
    ten werden. Die Blechdicke beträgt 15 *mm*, Schneid-
    spalt = 0,2 x Blechdicke, Anschnittswinkel 13°,
    Scherfestigkeit τ_a = 400 N/mm^2, Verfahrensfaktor
    x = 0,6.

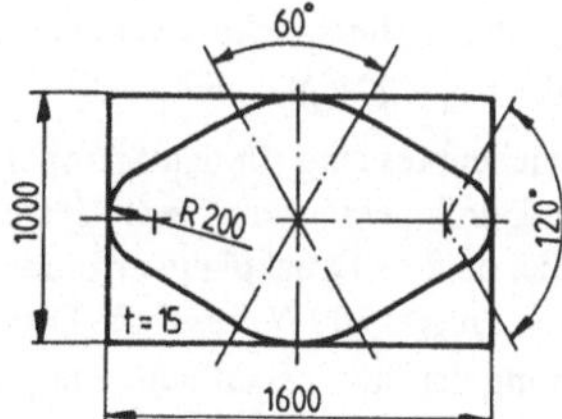

    Ermitteln Sie:

    a) den Umfang des Schnitteils

    b) die Schnittkraft bei 30% Verschleiß

    c) das Arbeitsvermögen der Maschine.

10. Ein Stempel – s. Skizze – kann eine zum Ausschneiden wirksame Länge von 36 mm und eine freie Knicklänge von 60 mm haben. Der zu schneidende Werkstoff ist 16MnCr5 mit einer Scherfestigkeit von $\tau_a = 600\ N/mm^2$. Die Blechdicke beträgt 4 mm, Elastizitätsmodul E = $2{,}1 \cdot 10^3\ N/mm^2$, Verfahrensfaktor $x = 0{,}6$.

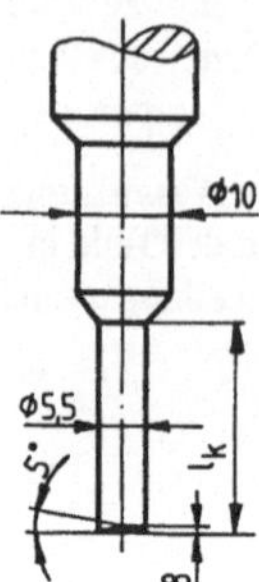

Zur festigkeitstechnischen Untersuchung des Stempels und der leistungsgerechten Auslegung der Presse sind zu berechnen:

a) welche Schnittart (parallel oder zweiseitig schräg) des Stempels ist vom Kraftaufwand am günstigsten?

b) die Knickkraft bei $l_k = 60\ mm$ (ungeführt)

c) die Knickkraft bei $l_k = 36\ mm$ (ungeführt)

d) die zu wählende Stempellänge

e) der erforderliche Schneidspalt

f) das aufzuwendende Arbeitsvermögen.

11. Aus einem Blechstreifen 200 mm x 3000 mm sollen Abstandsbleche – s. Skizze – geschnitten werden. Blechwerkstoff ist nichtrostender Stahl X12CrNi188 mit einer Abscherfestigkeit von 600 N/mm^2. Die Blechdicke beträgt 3 mm, gewählte Steg- u. Randbreite 2,3 mm (VDI-Blatt 3367). Als Schnittwerkzeug wird eine Schlagschere mit Schrägschnitt $\varphi = 5°$ und einem Keilwinkel von 80° verwendet.
Berechnen Sie:

a) die Anzahl der geschnittenen Bleche

b) den Ausnutzungsgrad

c) die Schnittkraft

d) die Schnittkraftkomponente F_x und F_y

e) das Kippmoment bei einem Wirkabstand von $2 \cdot a$, Abstand $a = 0{,}1 \cdot s$

f) die Niederhalterkraft bei $c = 45\ mm$ (Abstand Niederhalterkraft / Schnittktraft)

g) die Niederhalterkraft, wenn das Gleiten des Bleches aus den Scheren vermieden werden soll, Reibwert 0,1.

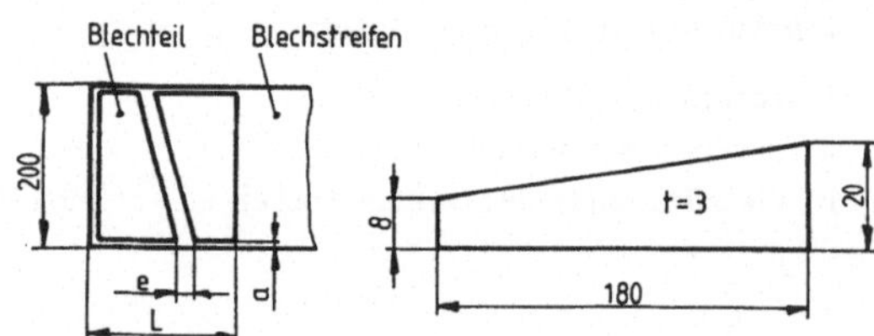

Anordnung der Blechteile   Abstandsblech

12. Das skizzierte Teil wird mit einem Folgewerkzeug aus Streifen geschnitten.
Zu berechnen sind:

a) die Gesamtschnittkraft (Ausschneiden und Lochen), Blechdicke 4 mm, Scherfestigkeit $\tau_a = 270\ N/mm^2$

b) die Flächenpressung für den Stempel mit einem Durchmesser von 7 mm. Entscheiden Sie, ob eine Druckplatte erforderlich ist, wenn $p_{zul} = 200\ N/mm^2$ die Druckbelastung der Stempelaufnahme begrenzt.

c) die Lage des Einspannzapfens für das Folgewerkzeug.

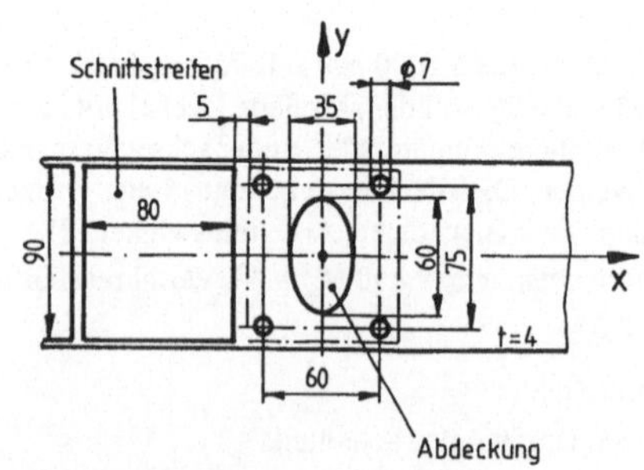

Darstellung der Schnittfolge

2.11.4 Lösungen

Lösung zu Beispiel 1

a) Schnittkraft für das Ausschneiden

$$F_s = A \cdot \tau_{aB}$$

$$U = 2 \cdot 30 + 2 \cdot 25 = 110 \ mm$$

$$A = U \cdot s = 110 \cdot 2,5 = 275 \ mm^2$$

$$\tau_{aB} \approx 0,8 \cdot R_m$$

$$F_s = 275 \cdot 0,8 \cdot 510 = 112200 \ N = \underline{\underline{112,2 \ kN}}$$

b) Schnittkraft für das Lochen

$$F_s = A \cdot \tau_{aB}$$

$$U = 2 \cdot d \cdot \pi = 2 \cdot 10 \cdot \pi = 62,8 \ mm$$

$$A = U \cdot s = 62,8 \cdot 2,5 = 157 \ mm^2$$

$$F_s = 157 \cdot 0,8 \cdot 510 = 64056 \ N = \underline{\underline{64,1 \ kN}}$$

c) Durchmesser des Schneidplattendurchbruchs (Lochen)

$$a = a_1 + 2 \cdot u = 10 + 2 \cdot 0,06 = \underline{\underline{10,12 \ mm}}$$

d) Stempelmaße für den Schneidplattendurchbruch (Ausschneiden)

$$a_1 = a - 2u = 25 - 2 \cdot 0,06 = \underline{\underline{24,88 \ mm}}$$

$$b_1 = 30 - 2 \cdot 0,06 = \underline{\underline{29,88 \ mm}}$$

Lösung zu Beispiel 2

a) Schnittkraft beim Parallelschnitt

$$F_s = l \cdot s \cdot \tau_{aB}$$

$$l = 30 + 60 + 10 + 10 + 15 + 10 + 15 + \sqrt{20^2 + 30^2} = 186,06 \ mm$$

$$\tau_{aB} \approx 0,8 \cdot R_m$$

$$F_s = 186,06 \cdot 4,5 \cdot 0,8 \cdot 420 = 281323 \ N = \underline{\underline{281,3 \ kN}}$$

b) Schrägschnitt

$$F_s = 0,5 \cdot \frac{s^2}{\tan \varphi} \cdot \tau_{aB} = 0,5 \cdot \frac{4,5^2}{\tan 5°} \cdot 0,8 \cdot 420 = 39103 \ N \approx \underline{\underline{39,1 \ kN}}$$

Lösung zu Beispiel 3

Hinweis:
Das Stanzteil ist symmetrisch, es hat keine Abweichung in y - Richtung in Bezug auf den Koordinatenursprung.

Abstände der Schwerpunkte der Umfänge vom Koordinatenursprung:

Lage des Schwerpunktes in x - Richtung

$$x = \frac{U_1 \cdot x_1 + U_2 \cdot x_2 + U_3 \cdot x_3}{\Sigma U}$$

Abstände
$$a_1 = 0 \quad a_2 = a_3 = 35 \; mm$$

$$U_1 = 2 \cdot (l+b) = 2 \cdot (30+80) = 220 \; mm$$

$$U_2 = U_3 = d \cdot \pi = 12 \cdot \pi = 37{,}68 \; mm$$

$$x = \frac{220 \cdot 0 + (37{,}68 \cdot 35) \cdot 2}{220 + 2 \cdot 37{,}68} = \frac{2637{,}6}{295{,}36} = 8{,}93 \; mm$$

Lösung zu Beispiel 4

Lage des Schwerpunktes in y - Richtung

$$y_0 = \frac{U_1 \cdot y_1 + U_2 \cdot y_2 + U_3 \cdot y_3 + U_4 \cdot y_4}{\Sigma U}$$

Schwerpunktabstand:

Umfang Δ	$U_1 = 40 + 2\sqrt{20^2 + 40^2} = 129{,}443 \; mm$	$y_1 = 33{,}32 \; mm$	$x_1 = 90 \; mm$
Umfang $\square$	$U_2 = 4 \cdot 15 = 60 \; mm$	$y_2 = 32{,}5 \; mm$	$x_2 = 50 \; mm$
Umfang O	$U_3 = 20 \cdot \pi = 62{,}8 \; mm$	$y_3 = 20 \; mm$	$x_3 = 20 \; mm$
Umfang O	$U_4 = 10 \cdot \pi = 31{,}4 \; mm$	$y_4 = 55 \; mm$	$x_4 = 20 \; mm$

$$y_0 = \frac{129{,}443 \cdot 33{,}32 + 60 \cdot 32{,}5 + 62{,}8 \cdot 20 + 31{,}4 \cdot 55}{129{,}443 + 60 + 62{,}8 + 31{,}4} = 32{,}58 \; mm$$

$$x_0 = \frac{129{,}443 \cdot 90 + 60 \cdot 50 + 62{,}8 \cdot 20 + 31{,}4 \cdot 20}{129{,}443 + 60 + 62{,}8 + 31{,}4} = 58{,}3 \; mm$$

Lösung zu Beispiel 5

Werkstück
Randbreite $= a = 1{,}0$ mm
Stegbreite $= e = 0{,}9$ mm

Streifenvorschub nach Anordnung "a"   Streifenvorschub nach Anordnung "b"

$$v_1 = 30 + e = 30{,}9 \ mm \qquad\qquad v_2 = 40 + 3 \cdot 0{,}9 = 42{,}7 \ mm$$

Ausnutzungsgrad

$$\eta = \frac{n \cdot A}{v \cdot B} \qquad\qquad A = 30 \cdot 10 + 20 \cdot 10 = 500 \ mm^2$$

$$B = 30 + 2 \cdot a = 30 + 2 \cdot 1 = 32 \ mm$$

nach Anordnung "a"

$$\eta = \frac{1 \cdot 500}{30{,}9 \cdot 32} \cdot 100\% = \underline{\underline{50{,}57\%}}$$

nach Anordnung „b"

$$\eta = \frac{2 \cdot 500}{42{,}7 \cdot 32} \cdot 100\% = \underline{\underline{73{,}19\%}}$$

Lösung zu Beispiel 6

a) Flächenpressung

$$p_{vorh} = \frac{F_s}{A_s}$$

$$F_s = U \cdot s \cdot \tau_{aB} = 3{,}2 \cdot \pi \cdot 1{,}25 \cdot 240 = 3014{,}4 \ N$$

$$A_s = \frac{8^2 \cdot \pi}{4} = 50{,}24 \ mm^2$$

$$p_{vorh} = \frac{3014{,}4}{50{,}24} = \underline{\underline{60 \ N / mm^2}}$$

$$p_{vorh} < p_{zul}$$

$60 \ N / mm^2 < 200 \ N / mm^2 \Rightarrow$ Druckplatte ist nicht erforderlich!

b) Berechnung der maximalen Knicklänge

$$J = \frac{\pi \cdot d^4}{64} = \frac{\pi \cdot 3{,}2^4}{64} = 5{,}1446 \ mm^4$$

$$l_{max} = \sqrt{\frac{\pi^2 \cdot E \cdot J}{F_s \cdot S}} = \sqrt{\frac{\pi^2 \cdot 2{,}1 \cdot 10^5 \cdot 5{,}1446}{3014{,}4 \cdot 4}} = \underline{\underline{29{,}72 \ mm}} \qquad \text{Sicherheitsfaktor: } S = 4$$

Lösung zu Beispiel 7

a) Stanzkraft

$$F_s = U \cdot s \cdot \tau_{aB} = 35 \cdot \pi \cdot 1{,}5 \cdot 500 = 82425 \ N \approx \underline{\underline{82{,}4 \ kN}}$$

b) Stanzarbeit

$$W = F_s \cdot s \cdot x = 82425 \cdot 1{,}5 \cdot 0{,}6 = 74182{,}5 \ Nmm \approx \underline{\underline{74{,}2 \ Nm}}$$

Verfahrensfaktor:

$x = 0{,}6$

Lösung zu Beispiel 8

a) maximaler Stempeldurchmesser

$F_{vorh} = 300 \ kN$

$$F_s = U \cdot s \cdot \tau_{aB} = d \cdot \pi \cdot s \cdot \tau_{aB}$$

$$d = \frac{F_s}{\pi \cdot s \cdot \tau_{aB} \cdot S} = \frac{300000}{\pi \cdot 8 \cdot 0{,}8 \cdot 830 \cdot 2{,}5} = \underline{\underline{7{,}2 \ mm}}$$

b) zulässige Knickkraft

$$F_K = \frac{E \cdot J \cdot \pi^2}{l_K^2 \cdot S} = \frac{E \cdot \pi \cdot d^4 \cdot \pi^2}{l_K^2 \cdot S \cdot 64} = \frac{2{,}1 \cdot 10^5 \cdot \pi \cdot 7{,}2^4 \cdot \pi^2}{2 \cdot 10^2 \cdot 2 \cdot 64} = 682493 \ N \approx \underline{\underline{682{,}5 \ kN}}$$

$$F_k > F_s$$

$$682{,}5 \ kN > 2{,}2 \ kN \quad \Rightarrow \quad \text{Stempel knickt nicht aus!}$$

Lösung zu Beispiel 9

a) Umfang

$$U = l_1 + l_2 + l_3 + \ldots\ldots$$

$$l_1 = \frac{r \cdot \pi \cdot \alpha}{180°} = \frac{200 \cdot \pi \cdot 120° \cdot 2}{180°} = 837{,}3 \ mm$$

$$l_2 = \frac{r \cdot \pi \cdot \alpha}{180°} = \frac{500 \cdot \pi \cdot 60° \cdot 2}{180°} = 1046{,}7 \ mm$$

$$l_3 = 4 \cdot 519{,}62 = 2078{,}49 \ mm$$

Hinweis:
Die Tangentenlänge kann grafisch oder analytisch ermittelt werden, sie beträgt $\approx 519{,}62 \ mm$.

$$U = \Sigma l = \underline{\underline{3962{,}48 \ mm}}$$

b) Schnittkraft

$$F_s = \frac{0,5 \cdot h_{St} \cdot s}{\tan \alpha} \cdot \tau_{aB} = \frac{0,5 \cdot 0,2 \cdot 15^2 \cdot 400}{\tan 13°} = 38961 \; N \approx 39 \; kN$$

Bei 30 % Verschleiß: $F_s = 39 \; kN \cdot 1,3 = 50,7 \; kN$

c) Stanzarbeit

$$W = F_s \cdot s \cdot x = 50,7 \cdot 15 \cdot 0,6 = 456,3 \; kNmm \approx 0,5 \; kNm$$

Verfahrensfaktor
$x = 0,6$

Lösung zu Beispiel 10

a) Schnittkraft bei Parallelschnitt

$$F_s = d \cdot \pi \cdot s \cdot \tau_{aB} = 5,5 \cdot \pi \cdot 4 \cdot 600 = 41448 \; N \approx 41,5 \; N$$

Schnittkraft bei <u>zweiseitiger</u> Schneidkantenabschrägung

$$F_s = 2,1 \cdot d \cdot s \cdot \tau_{aB} = 2,1 \cdot 5,5 \cdot 4 \cdot 600 = 27720 \; N \approx 27,7 \; N$$

b) Knickkraft nach Euler

$$F_K = \frac{E \cdot J \cdot \pi^2}{l_K^2 \cdot S}$$

$$J = \frac{\pi \cdot d^4}{64} = \frac{\pi \cdot 5,5^4}{64} = 44,92 \; mm^4$$

bei einer Stempellänge von 60 mm:

$$F_{K1} = \frac{2,1 \cdot 10^5 \cdot 44,895 \cdot \pi^2}{60^2 \cdot 1} = 25821 \; N \approx 25,8 \; kN$$

c) bei einer Stempellänge von 36 mm:

$$F_{K2} = \frac{2,1 \cdot 10^5 \cdot 44,895 \cdot \pi^2}{36^2 \cdot 1} = 71725 \; N \approx 71,7 \; kN$$

d) Die erforderliche Stanzkraft beim Parallelschnitt und beim Schrägschnitt ist größer als die Knickkraft des Stempels bei einer Stempellänge von $l = 60 \; mm$. Es kann also nur eine Stempellänge von 36 mm eingesetzt werden, am günstigsten ist die zweiseitige Schneidenkantenabschrägung!

Schneidenspalt (Blechdicke > 3 mm)

$$u = (0,007 \cdot s - 0,005) \cdot \sqrt{\tau_{aB}} = (0,007 \cdot 4 - 0,005) \cdot \sqrt{600} = 0,56 \; mm$$

e) Arbeitsvermögen bei <u>zweiseitiger</u> Schneidkantenabschrägung

$$W = F_s \cdot s \cdot x = 27720 \cdot 4 \cdot 0,6 = 66528 \; Nm \approx 66,5 \; kNm$$

Verfahrensfaktor
$x = 0,6$

Lösung zu Beispiel 11

a) Anzahl der Bleche

aus der Skizze:
Stegbreite e und Randbreite a nach VDI-Blatt 3367 $\Rightarrow$ $e = 2{,}3\ mm$

$l = 2 \cdot e + 20 + 8 = 4{,}6 + 20 + 8 = 32{,}6\ mm$ $\approx$ Schnittlänge für zwei Werkstücke

bei einer Streifenlänge von 3000 mm:

$$n = \frac{L_{ges}}{L} = \frac{3000}{32{,}6} = 92 \ \text{Werkstücke}$$

bei zweireihiger Anordnung $n = 184$ Werkstücke

b) Ausnutzungsgrad

$$\eta = \frac{z \cdot A}{L \cdot B} \qquad\qquad A = b \cdot h_1 + b \cdot \frac{h_2}{2} = 180 \cdot 8 + 180 \cdot \frac{20 - 8}{2} = 2520 \ mm^2$$

$$\eta = \frac{L \cdot R \cdot A}{v \cdot L \cdot B} = \frac{2 \cdot 2520}{32{,}6 \cdot 200} = 0{,}77 \,\hat{=}\, \underline{\underline{77\,\%}}$$

c) Schnittkraft

$$F_s = \frac{0{,}5 \cdot s^2 \cdot \tau_{aB}}{\tan\varphi} = \frac{0{,}5 \cdot 3^2 \cdot 600}{\tan 5^\circ} = 30857 \ N \approx \underline{\underline{30{,}9\ kN}} \qquad\qquad \tau_{aB} = 600\ N/mm^2$$

d) Schnittkraftkomponente F_x und F_y

$$F_x = F_s \cdot \cos\beta = 30857 \cdot \cos 80^\circ = \underline{\underline{5358\ kN}}$$

$$F_y = F_s \cdot \sin\beta = 30857 \cdot \sin 80^\circ = \underline{\underline{30388\ N}}$$

e) Kippmoment

$$l = 2a \qquad a = 0{,}1 \cdot s = 0{,}1 \cdot 3 = 0{,}3\ mm$$

$$M = F_y \cdot l = 30388 \cdot 2 \cdot 0{,}1 \cdot 3 = \underline{\underline{18233\ Nmm}}$$

f) Niederhalterkraft

$$F_N \cdot c = M$$

Hebelarmlänge
$c = 45\ mm$

$$F_N = \frac{M}{c} = \frac{18233}{45} = \underline{\underline{405{,}2\ N}}$$

g) Der Schrägschnitt bewirkt, daß das Blech aus den Schneidblättern geschoben wird.
Diese Schubkraft errechnet sich aus:

$$F_{Schub} = F_s \cdot \sin \varphi = 30857 \cdot \sin 5° = \underline{\underline{2689,4 \ N}}$$

Die Niederhalterkraft (Normalkraft) mit dem Reibwert μ muß dieser Kraft entgegenwirken!

$$F_N = \frac{F_{Schub}}{\mu} = \frac{2689,4}{0,1} = \underline{\underline{26894 \ N}}$$

Lösung zu Beispiel 12

a) Gesamtschnittkraft (Ausschneiden und Lochen)

Schnittfläche Bohrung
(Schermesser $\varnothing$ 7, 4 Bohrungen) $\Rightarrow A = U \cdot s = d \cdot \pi \cdot s \cdot n = 7 \cdot \pi \cdot 4 \cdot 4 = 351,68 \ mm^2$

$$U = \pi \sqrt{2 \left[\left(\frac{D}{2} \right)^2 + \left(\frac{d}{2} \right)^2 \right]} = \pi \sqrt{2 \left[\left(\frac{60}{2} \right)^2 + \left(\frac{35}{2} \right)^2 \right]} = 154,22 \ mm^2$$

Schnittfläche Ellipse $\hspace{2cm} \Rightarrow A = U \cdot s = 154,22 \cdot 4 = 616,88 \ mm^2$

Schnittfläche der
ausgeschnittenen Kontur $\hspace{2cm} \Rightarrow A = U \cdot s = 2 \ (80 + 90) \cdot 4 = 1360 \ mm^2$

$$A_{ges} = 351,68 + 616,88 + 1360 = 2328,56 \ mm^2$$

$$F_s = \Sigma A \cdot \tau_{ab} = 2328,56 \ mm^2 \cdot 270 = 628722 \ N \approx \underline{\underline{628,72 \ kN}}$$

b) Flächenpressung

$$F_s = A \cdot \tau_{aB} = d \cdot \pi \cdot s \cdot \tau_{aB} = 7 \cdot \pi \cdot 4 \cdot 270 = 23738 \ N$$

$$p_{vorh} = \frac{F_s}{A_{St}} = \frac{23738 \cdot 4}{7^2 \cdot \pi} = \underline{\underline{617,1 \ N \ / \ mm^2}}$$

$$p_{vorh} > p_{zul}$$

$617,1 \ N / mm^2 > 200 \ N / mm^2 \Rightarrow$ Druckplatte ist erforderlich !

c) Lage des Einspannzapfens

Lage auf der y - Achse $= 0 \ mm$, da symmetrisch zur x - Achse

Lage auf der x - Achse

$$x = \frac{U_1 \cdot a_1 + U_2 \cdot a_2 + ...}{\Sigma U} = \frac{2 \cdot 7 \cdot \pi \cdot 30 - (2 \cdot 7 \cdot \pi) \cdot 30 - 340 \cdot 85 \cdot 154,23 \cdot 0}{4 \cdot 7 \cdot \pi + 340 + 154,23} = \frac{-32300}{582,15} = \underline{\underline{-55,48 \ mm}}$$

3 Spanende Verfahren

3.1 Grundlegende Berechnungen beim Zerspanen

3.1.1 Verwendete Formelzeichen

l_a	$[mm]$	Anlaufweg
W_a	$[DM]$	Anschaffungspreis des Tragkörpers (für das Werkzeug)
n_P		Anzahl der Schneiden, die ein Tragkörper bis zum Unbrauchbarwerden aufnimmt
n_K		Anzahl der Schneiden je Schneidplatte
i		Anzahl der Schnitte
γ_0	$[°]$	Basiswinkel
n	$[min^{-1}]$	Drehzahl
d	$[mm]$	Durchmesser des Werkstücks bzw. Werkzeugs an der Innenform
χ	$[°]$	Einstellwinkel
t_e	$[min / Stck]$	Fertigungszeit je Werkstück
K_f	$[DM]$	Gesamtkosten je Einheit
L	$[mm]$	Gesamtweg des Werkzeugs
z		Spandickenexponent (Werkstoffkonstante)
f_{schm}		Korrekturfaktor für Kühlschmiermittel
f_{schn}		Korrekturfaktor für Schneidstoff
f_{vc}		Korrekturfaktor für Schnittgeschwindigkeit
f_{st}		Korrekturfaktoren für Spanstauchung
f_h		Korrekturfaktor für Spanungsdicke
f_γ		Korrekturfaktor für Spanwinkel
f_{ver}		Korrekturfaktor für Verschleiß
f_f		Korrekturfaktor für Werkstückform
T_o	$[min]$	kostengünstigste Standzeit
K_{WW}	$[DM]$	Kosten je Werkzeugwechsel
L	$[DM / h]$	Lohnkosten
K_{Lh}	$[DM]$	Lohnkosten je Einheit
L_{Ln}	$[DM]$	Lohnkosten für Nebenzeiten
K_M	$[DM / h]$	Maschinen-Stundensatz
P_a	$[kW]$	Maschinenantriebsleistung
η_M	$[\%]$	Maschinenwirkungsgrad
t_n	$[min]$	Nebennutzungszeit
W_P	$[DM]$	Preis je Schneidplatte
t_h	$[min]$	Prozeßzeit (Hauptnutzungszeit)
r	$[\%]$	Restfertigungsgemeinkosten
Φ	$[°]$	Scherwinkel
v_c	$[m / min]$	Schnittgeschwindigkeit
F_c	$[N]$	Schnittkraft (Zerspankraft)
P_c	$[kW]$	Schnittleistung (Zeitspanungsvolumen)

a_p	$[mm]$	Schnittiefe (Zustellung)
$h' \hat{=} h_1$	$[mm]$	Spandicke nach dem Spanungsvorgang
λ_h		Spandickenstauchung
b	$[mm]$	Spanungsbreite
h	$[mm]$	Spanungsdicke vor dem Spanungsvorgang
A	$[mm^2]$	Spanungsquerschnitt
V_z	$[mm^3]$	Spanungsvolumen
$k_{c1 \cdot 1}$	$[N/mm^2]$	spezifische Schnittkraft
T	$[min]$	Standzeit oder Auftragszeit
c_2		Steigung der Standzeitgeraden
n_T		Stückzahl je Standzeit
$l_{\ddot{u}}$	$[mm]$	Überlaufweg
γ_{vorh}	$[°]$	vorhandener Spanwinkel
f	$[mm]$	Vorschub
l	$[mm]$	Werkstücklänge
K_{WK}	$[DM]$	Werkzeugkosten für geklemmte Schneidplatten
K_W	$[DM/Stck]$	Werkzeugkosten je Einheit
W_T	$[DM]$	Werkzeugkosten je Standzeit
g_W	$[\%]$	Werkzeugkosten-Teilzeit
t_w	$[min]$	Werkzeugwechselzeit
W_u	$[DM]$	Restwert des unbrauchbaren Werkzeugs
T_{lo}	$[min]$	zeitgünstigste Standzeit
Q_p	$[mm^3/min]$	Zeitspanungsvolumen

3.1.2 Auswahl verwendeter Formeln

Scherwinkel

$$\tan\Phi = \frac{\cos\gamma}{\lambda_h - \sin\gamma}$$

Spandickenstauchung

$$\lambda_h = \frac{h_1}{h}$$

Zerspankraft

$$F_c = b \cdot h \cdot k_{cKorr}$$
$$F_c = A \cdot k_{cKorr}$$

Spanungsquerschnitt

$$A = b \cdot h = a_P \cdot f$$

Spanungsbreite

$$b = \frac{a_P}{\sin\chi}$$

Spanungsdicke

$$h = f \cdot \sin\chi$$

Maschinenantriebsleistung

$$P_a = \frac{F_c \cdot v_c}{60 \cdot 10^3 \cdot \eta_M}$$

Steigung der Standzeitgeraden

$$-c_2 = \frac{\ln T_1 - \ln T_2}{\ln v_{c2} - \ln v_{c1}}$$

Schnittgeschwindigkeit

$$v_c = \frac{d \cdot \pi \cdot n}{1000}$$

Zerspanungsvolumen

$$Q_p = \frac{V_Z}{t_h} \cdot \frac{1}{P_c} = \frac{A \cdot v_c}{P_c}$$

Prozeßzeit (Hauptnutzungszeit)

$$t_h = \frac{L \cdot i}{f \cdot n} = \frac{L \cdot i \cdot d \cdot \pi}{f \cdot v_c \cdot 1000}$$

Standzeit

$$T = t_h \cdot n_T$$

$$T_2 = T_1 \cdot \left(\frac{v_{c1}}{v_{c2}}\right)^{-c_2}$$

Stückzahl je Standzeit

$$n_T = \frac{T_2}{t_{n2}}$$

zeitgünstigste Standzeit

$$T_{to} = (-c_2 - 1) \cdot t_w$$

kostengünstigste Standzeit

$$T_0 = (-c_2 - 1) \cdot t_w + \frac{W_T}{L(1+r)}$$

zeitgünstigste Schnittgeschwindigkeit

$$v_{ct0} = \frac{v_{c1}}{{}^{-c_2}\sqrt{\dfrac{T_{t0}}{T_1}}}$$

Werkzeugkosten je Standzeit

$$W_T = \frac{(W_a - W_u) + n_s \cdot W_s}{n_s + 1}$$

Gesamtkosten je Einheit

$$K = K_M + K_W + K_{WW} + K_{Lh} + K_{Ln}$$

Werkzeugkosten-Teilsatz

$$g_w = \frac{K_W}{K_L} \cdot 100\%$$

Ermittlung der korrigierten spezifischen Schnittkraft

$$k_{cKorr} = k_{c1\cdot1} \cdot f_h \cdot f_\gamma \cdot f_{vc} \cdot f_f \cdot f_{st} \cdot f_{ver} \cdot f_{schn} \cdot f_{schm}$$

Korrekturfaktor für Spanungsdicke

$$f_h = \frac{1}{h^z}$$

Korrekturfaktor für Spanwinkel

$$f_\gamma = 1 - \frac{\gamma_{tat} - \gamma_0}{100}$$

$$\gamma_0 = +6° \text{ bei Stahl}$$
$$\gamma_0 = +2° \text{ bei Guß}$$

Korrekturfaktoren für Schnittgeschwindigkeit (f_{vc})

bei $v_c = 100\ m\,/\,min$ bei $v_c < 100\ m\,/\,min$ bei $v_c > 100\ m\,/\,min$ bei $v_c < 20\ m\,/\,min$

$$f_{vc} = 1 \qquad f_{vc} = \frac{2{,}023}{v_c^{\,0{,}153}} \qquad f_{vc} = \frac{1{,}380}{v_c^{\,0{,}07}} \qquad f_{vc} = \left(\frac{100}{v_c}\right)^{0{,}1}$$

Korrekturfaktoren für Werkstückform (f_f) und Spanstauchung (f_{st})

Bearbeitungsverfahren	Faktor	
	f_f	f_{St}
Außendrehen	1	1
Hobeln / Stoßen / Räumen	1,05	1,1
Innendrehen / Bohren / Reiben / Fräsen	$1{,}05 + \dfrac{1}{d}$	1,2
Einstechen / Abstechen	-------	1,3

Korrekturfaktor für Verschleiß (f_{ver})

arbeitsscharfes Werkzeug $f_{ver} = 1$

Korrekturfaktoren für Schneidstoff (f_{schn})

Schnellarbeitsstahl	f_{schn}	1,2
Hartmetall	f_{schn}	1,0
Schneidkeramik	f_{schn}	0,9

Korrekturfaktoren für Kühlschmieren (f_{schm})

trocken	f_{schm}	1
Kühlemulsion	f_{schm}	0,9
reines Öl	f_{schm}	0,85

3.1.3 Berechnungsbeispiele

1. Beim Hobeln einer Stahlplatte aus E295 (St 50-2) sind folgende Schnittdaten an der Maschine eingestellt: Schnittiefe 8 *mm*; Vorschub 1,6 *mm* je *DH*, Einstellwinkel 60°, Spanwinkel 10°. An dem entstehenden Span wird mittels einer Bügelmeßschraube eine Spandicke von 1,64 *mm* gemessen.

   Ermitteln Sie den Scherwinkel für diesen Zerspanungsvorgang.

2. Unter Verwendung der nachfolgenden Schnittdaten ist der Scherwinkel, bzw. die Lage der Scherebene zur senkrechten Ebene zu ermitteln. Eine Messung der Spandicke nach dem Stauchvorgang ergab eine Dicke von 0,62 *mm*, Vorschub 1 *mm*, Einstellwinkel 30 °.

3. Die Ermittlung der Zerspankräfte ist von einer Vielzahl von Faktoren abhängig. Die wesentlichen Korrekturgrößen sollen an einem Fertigungsbeispiel erklärt werden. Bei einem Zerspanungsprozeß wird der Werkstoff 16MnCr5 zerspant.

   Folgende Schnittdaten liegen vor:

Schnittiefe:	2 *mm*	Verfahren:	Drehen
Vorschub:	0,4 *mm*	Schneidstoff:	Hartmetall
Einstellwinkel:	35°	Schnittgeschwindigkeit:	160 *m / min*
Spanwinkel:	–10°	Werkzeugverschleiß:	20 %
Maschinenwirkungsgrad:	75 %	Kühlschmierung:	Emulsion

   Berechnen Sie:
   a) die Zerspankraft
   b) die Maschinenantriebsleistung.

4. Bei Zerspanungsversuchen an einer Drehmaschine wurden Drehteile aus C45E (Ck 45) mit einem Hartmetallwerkzeug bearbeitet. Die Zerspanungsbedingungen wurden während der Versuchsreihe nicht geändert. Schnittiefe 5 *mm*, Vorschub 1 *mm*, Spanwinkel 10°, Einstellwinkel 30°.

   Hinweis:
   Die Schnittgeschwindigkeit wurde geändert, um die Standzeitgerade des Werkzeuges ermitteln zu können.

   Folgende Versuchsergebnisse liegen vor:

1. Versuch	2. Versuch	3. Versuch	4. Versuch
$v_{c1} = 160\ m / min$	$v_{c2} = 240\ m / min$	$v_{c3} = 400\ m / min$	$v_{c4} = 660\ m / min$
35 bearbeitete Werkstücke	28 bearbeitete Werkstücke	21 bearbeitete Werkstücke	15 bearbeitete Werkstücke

   Zerspanungszeit 4,8 min

   a) Zeichnen Sie die T-v_c-Gerade auf doppellogarithmischen Papier und ermitteln Sie anhand dieser Gerade den Steigungswert c_2.
   b) Berechnen Sie anhand der vorgegebenen Daten den Steigungswert c_2.

5. Beim Außendrehen von Führungssäulen aus E360 (St70-2), Duchmesser 70 *mm*, Drehlänge 100 *mm*, mit einem Drehstahl aus Schnellarbeitsstahl wird eine Drehzahl von 130 *min*-1 gewählt.
Technische Daten: Schnittiefe 2 *mm*, Vorschub 0,2 *mm*, Spanwinkel 10°, Einstellwinkel 80°, Kühlschmierung: Emulsion, Maschinenwirkungsgrad 75%.

   Berechnen Sie:

   a) die Schnittgeschwindigkeit

   b) die Schnittkraft bei Beginn der Standzeit (Werkzeug arbeitsscharf)

   c) die Schnittkraft bei 80% der Standzeit (Werkzeug-Verschleiß 80%)

   d) die Maschinenantriebsleistung bei arbeitsscharfem Werkzeug

   e) die Maschinenantriebsleistung bei 80 % Verschleiß

   f) das Spanungsvolumen je Zeit- und Leistungseinheit, bezogen auf die Motorleistung, bei arbeitsscharfem Werkzeug.

6. Bei Verwendung der Schnittdaten aus Aufgabe 5 werden bis zum Standzeitende 20 Führungssäulen hergestellt.

   a) Wie verändert sich die Standzeit und die Stückzahl, wenn die Schnittgeschwindigkeit auf 60 *m / min* gesteigert wird und die Steigungsgerade der Standzeit jeweils –2,4 beträgt ?

   b) Zeichnen Sie die Standzeitgerade auf doppellogarithmischen Papier und ermitteln Sie grafisch die Standzeit für die Schnittgeschwindigkeit 80 *m / min*.

7. Für einen Zerspanungsprozeß ist die Lage der Standzeitgeraden durch folgende Daten bekannt:

$$c_2 = -2,1 \qquad T_1 = 216\ min \qquad v_{c1} = 120\ m / min \qquad t_{h1} = 12\ min$$
$$T_2 = 30\ min \qquad v_{c2} = 290\ m / min \qquad t_{h2} = 5\ min$$

   Ermitteln Sie:

   a) die kostengünstigste Standzeit und die zeitgünstigste Standzeit, sowie die jeweils dazu gehörende Schnittgeschwindigkeit

   b) wie verändern sich die Gesamtkosten je Werkstück, wenn anstelle der kostengünstigsten Schnittgeschwindigkeit die zeitgünstigste Schnittgeschwindigkeit angewandt wird ?

   Folgende Daten sind bekannt:

Anschaffungswert des Werkzeugs	300,00 *DM*
Wert des unbrauchbaren Werkzeugs	150,00 *DM*
Anzahl der Nachschliffe	15 mal
Preis je Nachschliff	14,60 *DM*
Stundenlohnsatz	17,80 *DM / h*
Restfertigungsgemeinkosten	250 %
Werkzeugwechselzeit	10 *min* (Standzeit)
Nebenzeiten	3 *min / Stück*
Maschinenkosten	3,20 *DM / Stück*

8. Ein Messerkopf kostet 1.200,00 *DM*, nach 12 Schärfungen zu je 34,45 *DM* hat das Werkzeug noch einen Restwert von 420,00 *DM*. Die T-v_c-Gerade auf doppellogarithmischen Papier hat für dieses Werkzeug eine Neigung von 120°. Schnittgeschwindigkeit 110 *m / min*, Werkzeugwechselzeit 8 *min*, Lohnsatz 18,60 *DM / h*, Restfertigungsgemeinkosten 300 %.

   Ermitteln Sie:

   a) die kostengünstigste Standzeit

   b) die zeitgünstigste Standzeit

   c) die zu den o.a. Standzeiten zugehörigen Schnittgeschwindigkeiten aus dem gezeichneten T-v_c-Diagramm.

9. Berechnen Sie die Werkzeugkosten mit Hilfe des Werkzeugkosten-Teilsatzes (bei Verwendung der Daten aus Aufgabe 7) für die zeitgünstigste Schnittgeschwindigkeit.

Hinweis:

Zur Überwachung des Werkzeugverbrauches bei einzelnen Bearbeitungen ist die Kenntnis der Werkzeugkosten je 1,00 *DM* Fertigungslohn von Bedeutung. Das Verhältnis der Werkzeugkosten zum Fertigungslohn je Einheit, bezeichnet man als Werkzeugkosten-Teilsatz g_w pro Einheit.

10. Ermitteln Sie den optimalen Arbeitspunkt für eine Zerspanarbeit, wenn folgende Daten bekannt sind:

Schneidstoff	Hartmetall P10
Standzeit des Werkzeuges	60 *min*
Werkstoff des Werkstückes	E335 (St 60-2)
Maschinenleistung der Drehmaschine	10 *kW*
Maschinenwirkungsgrad	70 %
Schnittdaten	$f_1 = 0{,}16\ mm$ $\qquad v_{c1} = 168\ m\,/\,min$
	$f_2 = 1{,}0\ mm$ $\qquad v_{c2} = 119\ m\,/\,min$
Spanungsverhältnis	$a_p\,/\,f = 10$
Spanwinkel	6°
Einstellwinkel	90°
Werkzeug	arbeitsscharf
Bearbeitung	ohne Kühlung

Hinweis:

Der optimale Arbeitspunkt für ein spanendes Arbeitssystem ergibt sich aus dem Schnittpunkt der Werkzeug-Geraden bei einer konstanten Standzeit und der Maschinen-Geraden bei einer konstanten Leistung. In diesem Punkt wird die Standzeit des Werkzeugs und die Maschinenleistung **optimal** genutzt!

3.1.4 Lösungen

Lösung zu Beispiel 1

a) Scherwinkel

$$h_1 = 1,64 \text{ (gemessen)}$$

$$h = f \cdot \sin \chi = 1,2 \cdot \sin 60° = 1,039 \ mm$$

$$\lambda_h = \frac{h_1}{h} = \frac{1,64}{1,039} = 1,578$$

$$\tan \Phi = \frac{\cos \gamma}{\lambda_h - \sin \gamma} = \frac{\cos 10°}{1,578 - \sin 10°} = \frac{0,985}{1,578 - 0,174} = 0,702 \Rightarrow \Phi = 35,05° \approx \underline{\underline{35°}}$$

Lösung zu Beispiel 2

$$h = f \cdot \sin \chi = 1,0 \cdot \sin 30° = 0,5 \ mm$$

$$\lambda_h = \frac{h_1}{h} = \frac{0,62}{0,5} = 1,24$$

$$\tan \Phi = \frac{\cos \gamma}{\lambda_h - \sin \gamma} = \frac{0,9848}{1,24 - 0,17365} = \frac{0,9848}{1,06635} = 0,923 \Rightarrow \Phi = 42,7° \approx \underline{\underline{43°}}$$

Lösung zu Beispiel 3

a) Zerspankraft

$$F_c = A \cdot k_{cKorr}$$

$$A = b \cdot h = a_P \cdot f$$

$$b = \frac{a_P}{\sin \chi} = \frac{2}{\sin 35°} = 3,487 \ mm$$

$$h = f \cdot \sin \chi = 0,4 \cdot \sin 35° = 0,229 \ mm$$

$$A = 3,49 \cdot 0,229 = 0,799 = 0,8 \ mm^2$$

korrigierte spezifische Schnittkraft

$$k_{cKorr} = k_{c1 \cdot 1} \cdot f_h \cdot f_\gamma \cdot f_{vc} \cdot f_f \cdot f_{st} \cdot f_{ver} \cdot f_{schn} \cdot f_{schm}$$

aus 3.9.1 Tabelle 1 für spez. Schnittkräfte:
$$\Rightarrow k_{c1 \cdot 1} = 1600 \; N/mm^2$$
$$1 - z = 0{,}81$$
$$z = 1 - 0{,}81 = 0{,}19$$

$$f_h = \frac{1}{h^z} = \frac{1}{0{,}229^{0{,}19}} = 1{,}32$$

$$f_\gamma = 1 - \frac{\gamma_{tat} - \gamma_0}{100} = 1 - \frac{(-10° - 6°)}{100} = 1{,}16$$

$$f_{vc} = \frac{1{,}38}{160^{0{,}07}} = 0{,}967$$

$$f_f = 1$$

$$f_{st} = 1$$

$$f_{ver} = 1{,}2$$

$$f_{schn} = 0{,}9$$

$$f_{schm} = 1{,}0$$

$$k_{cKorr} = 1600 \cdot 1{,}32 \cdot 1{,}16 \cdot 0{,}967 \cdot 1 \cdot 1 \cdot 1{,}2 \cdot 0{,}9 \cdot 1 = 2558{,}6 \; N/mm^2$$

Zerspankraft

$$F_c = A \cdot k_{cKorr} = 0{,}8 \cdot 2558{,}6 = \underline{\underline{2046{,}9 \; N}}$$

b) Maschinenantriebsleistung

$$P_a = \frac{F_c \cdot v_c}{60 \cdot 10^3 \cdot \eta_m} = \frac{2046{,}9 \cdot 160}{60 \cdot 10^3 \cdot 0{,}75} = \underline{\underline{7{,}28 \; kW}}$$

Lösung zu Beispiel 4

a) Standzeitgerade (grafische Lösung)

Folgende Daten sind gegeben:

Versuch 1	Versuch 2	Versuch 3	Versuch 4
$v_{c1} = 160\ m/min$	$v_{c2} = 240\ m/min$	$v_{c3} = 400\ m/min$	$v_{c4} = 660\ m/min$
$n_{w1} = 35$ Werkstücke	$n_{w2} = 28$ Werkstücke	$n_{w3} = 21$ Werkstücke	$n_{w4} = 15$ Werkstücke
$t_{h1} = 4,8\ min$			

Ermittlung der Prozeßzeiten und der jeweiligen Standzeit

$$T_1 = t_{h1} \cdot n_{w1} = 4,8 \cdot 35 = 168\ min$$

$$t_{h2} = \frac{v_{c1} \cdot t_{h1}}{v_{c2}} = \frac{160 \cdot 4,8}{240} = 3,2\ min/\ Einheit$$

$$T_2 = t_{h2} \cdot n_{w2} = 3,2 \cdot 28 = 89,6\ min$$

$$t_{h3} = \frac{v_{c1} \cdot t_{h1}}{v_{c3}} = \frac{160 \cdot 4,8}{400} = 1,92\ min/\ Einheit$$

$$T_3 = t_{h3} \cdot n_{w3} = 1,92 \cdot 21 = 40,32\ min$$

$$t_{h4} = \frac{v_{c1} \cdot t_{h1}}{v_{c4}} = \frac{160 \cdot 4,8}{660} = 1,164\ min/\ Einheit$$

$$T_4 = t_{h4} \cdot n_{w4} = 1,164 \cdot 15 = 17,46\ min$$

Ergebnisse:

Versuch 1	Versuch 2	Versuch 3	Versuch 4
--------------	$t_{h2} = 3,2\ min$	$t_{h3} = 1,92\ min$	$t_{h4} = 1,164\ min$
$T_1 = 168\ min$	$T_2 = 89,6\ min$	$T_3 = 40,32\ min$	$T_4 = 17,46\ min$

Hinweis: Aus dem T-v_c-Diagramm werden zwei beliebig zusammenhängende Längen a_1 und a_2 ausgemessen. Mit Hilfe dieser Längen errechnet man den Steigungswert c_2 der Standzeitgeraden.

aus Diagr. Beispiel 4: $a_1 = 58\ mm$ $a_2 = 37\ mm$

$$c_2 = -\frac{a_1}{a_2} = -\frac{58}{37} = \underline{\underline{-1,57}}$$

Lösung 3.1.4 Beispiel 4: Standzeitgerade

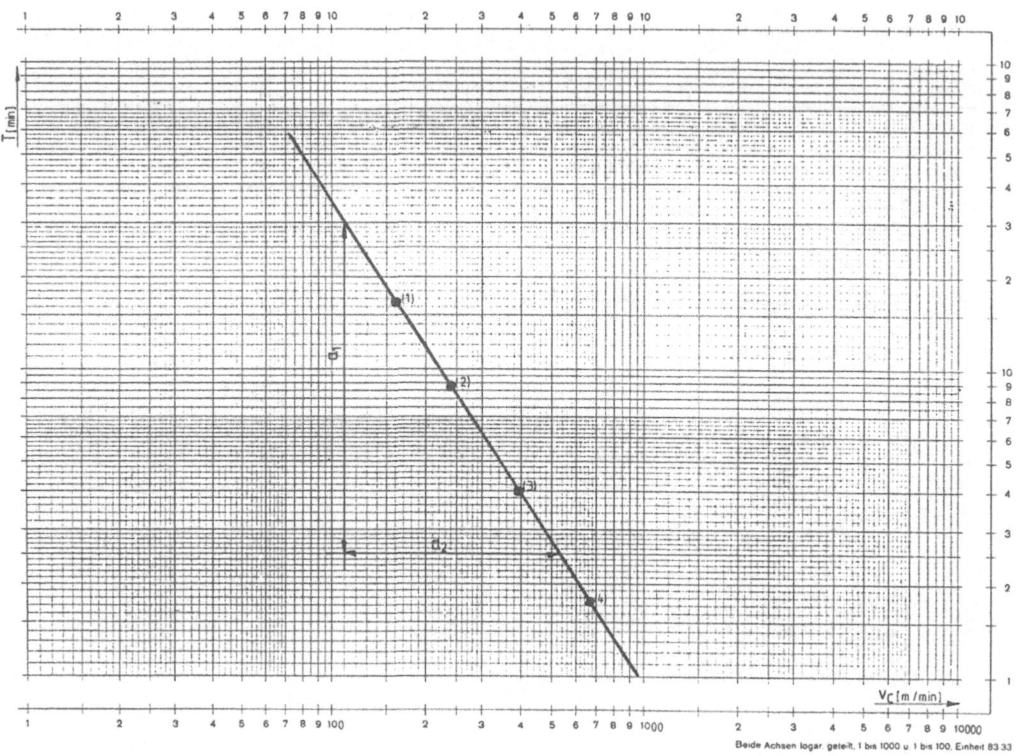

b) rechnerische Lösung

$$-c_2 = \frac{\ln T_1 - \ln T_2}{\ln v_{c2} - \ln v_{c1}} = \frac{\ln 168 - \ln 17,46}{\ln 660 - \ln 160} = \frac{5,124 - 2,859}{6,492 - 5,075} = 1,598 \Rightarrow c_2 = -1,598$$

oder

$$-c_2 = \frac{\ln 89,6 - \ln 40,32}{\ln 400 - \ln 240} = \frac{4,495 - 3,696}{5,991 - 5,480} = 1,56 \Rightarrow c_2 = -1,56$$

Hinweis: Weil die Versuchsdaten nicht exakt auf der Standzeit-Geraden liegen, weichen die Steigungswerte c_2 geringfügig von einander ab!

Lösung zu Beispiel 5

a) Schnittgeschwindigkeit

$$v_c = \frac{d \cdot \pi \cdot n}{1000} = \frac{70 \cdot \pi \cdot 130}{1000} = 28,5 \approx 29 \ m/min$$

b) Schnittkraft zu Beginn der Standzeit

$$F_c = A \cdot k_{cKorr}$$

$$A = b \cdot h = a_P \cdot f$$

$$b = \frac{a_P}{\sin \chi} = \frac{2}{\sin 80°} = 2,03 \ mm$$

$$h = f \cdot \sin \chi = 0,2 \cdot \sin 80° = 0,197 \ mm$$

$$A = b \cdot h = 2,03 \cdot 0,197 = 0,399 = 0,4 \ mm^2$$

$$k_{cKorr} = k_{c1\cdot1} \cdot f_h \cdot f_\gamma \cdot f_{vc} \cdot f_f \cdot f_{st} \cdot f_{ver} \cdot f_{schn} \cdot f_{schm}$$

aus Tab.: E360 (St70-2):

$$\Rightarrow k_{c1\cdot1} = 2430 \ N/mm^2, z = 0,16$$

$$f_h = \frac{1}{h^z} = \frac{1}{0,197^{0,16}} = 1,297 = 1,3$$

$$f_\gamma = 1 - \frac{\gamma_{tat} - \gamma_0}{100} = 1 - \frac{10° - 6°}{100} = 0,96$$

$$f_{vc} = 1,21$$

$$f_f = 1$$

$$f_{st} = 1$$

$$f_{ver} = 1$$

$$f_{schn} = 1,2$$

$$f_{schm} = 0,9$$

$$k_{cKorr} = 2430 \cdot 1,3 \cdot 0,96 \cdot 1,21 \cdot 1 \cdot 1 \cdot 1 \cdot 1,2 \cdot 0,9 = 3963 \ N$$

$$F_{c1} = A \cdot k_{cKorr} = 0,4 \cdot 3963 = 1585 \ N$$

c) Schnittkraft bei 80% der Standzeit

$$F_{c2} = F_{c1} \cdot f_{ver} = 1585 \cdot 1 = 1585 \ N$$

d) Maschinenantriebsleistung bei arbeitsscharfem Werkzeug

$$P_{a1} = \frac{F_{c1} \cdot v_c}{60 \cdot 10^3 \cdot \eta_M} = \frac{1585 \cdot 29}{60 \cdot 10^3 \cdot 0,75} = 1,02 \ kW$$

e) Maschinenantriebsleistung bei 80% Verschleiß des Werkzeugs

$$P_{a2} = \frac{F_{c2} \cdot v_c}{60 \cdot 10^3 \cdot \eta_M} = \frac{2847 \cdot 29}{60 \cdot 10^3 \cdot 0,75} = 1,83 \; kW$$

f) Spanungsvolumen

$$Q_P = \frac{Q}{t_h} \cdot \frac{1}{P_c} = \frac{A \cdot v_c}{P_c} = \frac{2 \cdot 0,2 \cdot 29 \cdot 1000}{1,02} = 11373 \; mm^3 \, / \, min \; kW \approx 11,4 \; cm^3 \, / \, min \; kW$$

Lösung zu Beispiel 6

a) Prozeßzeit je Werkstück bei $v_{c1} = 29 \; m \, / \, min$ (s. Beispiel 5)

$$t_h = \frac{l \cdot i}{f \cdot n} = \frac{L \cdot i \cdot d \cdot \pi}{f \cdot v_c \cdot 1000} = \frac{100 \cdot 1 \cdot 70 \cdot \pi}{0,2 \cdot 29 \cdot 1000} = 3,79 \; min \qquad\qquad n = \frac{v_c \cdot 1000}{d \cdot \pi}$$

Standzeit bei $v_{c1} = 29 \; m \, / \, min$

$$T_1 = t_n \cdot n_T = 3,79 \cdot 20 = 75,8 \; min$$

Standzeit bei $v_{c2} = 60 \; m \, / \, min$

$$T_2 = T_1 \cdot \left(\frac{v_{c1}}{v_{c2}} \right)^{-c_2}$$

$$T_2 = 75,8 \cdot \left(\frac{29}{60} \right)^{2,4}$$

$$T_2 = 13,2 \; min$$

Anzahl der Werkstücke

$$n_T = \frac{T_2}{t_{h2}} = \frac{13,2}{1,8} \approx 7 \; \text{Werkstücke} \qquad\qquad t_{h2} = \frac{L \cdot i \cdot d \cdot \pi}{f \cdot v_{c2} \cdot 1000} = \frac{100 \cdot 1 \cdot 70 \cdot \pi}{0,2 \cdot 60 \cdot 1000} = 1,8 \; min$$

Lösung 3.1.4 zu Beispiel 6:

b) grafische Lösung

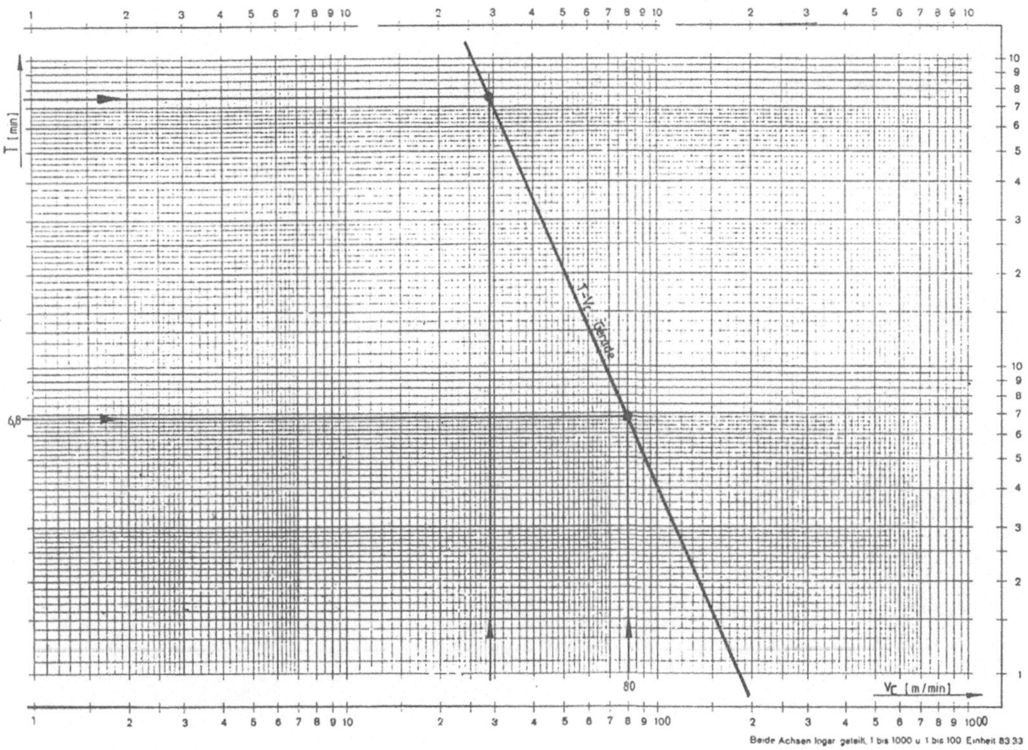

$$\tan\alpha' \,\hat{=}\, -c_2 \,\hat{=}\, 2,4 \;\Rightarrow\; c_2 = -2,4 \;\Rightarrow\; \alpha = 68°$$
$$\text{bei } v_{c1} = 29 \; m\,/\,min \;\Rightarrow\; T_1 = 75,8 \; min$$

somit

aus Diagramm: $v_c = 80 \; m\,/\,min \;\Rightarrow\; \underline{\underline{T = 6,8 \; min}}$

Lösung zu Beispiel 7

a) Kostengünstigste Standzeit

$$T_0 = (-c_2 - 1) \cdot t_w + \frac{W_T}{L(1+r)}$$

Werkzeugkosten je Standzeit

$$W_T = \frac{(W_a - W_n) + n_s \cdot W_s}{n_s + 1}$$

Für auswechselbare Schneidplatten gilt:

$$WT = K_{WK}$$

$$K_{WK} = \frac{W_P}{n_K} + \frac{W_a}{n_P \cdot n_K}$$

$$W_T = \frac{(300{,}00 - 150{,}00) + 15 \cdot 14{,}60 \; DM}{15 + 1} = 23{,}06 \; DM$$

$$T_0 = (2{,}1 - 1) \cdot 10 \; min + \frac{23{,}06}{0{,}30 DM \, / \, min \, (1 + 2{,}5)} = 32{,}96 \; min$$

Zugehörige Schnittgeschwindigkeit

$$\frac{T_1}{T_2} = \left(\frac{v_{c2}}{v_{c1}}\right)^{-c_2} \; ; \frac{T_0}{T_1} = \left(\frac{v_{c1}}{v_{c0}}\right)^{-c_2}$$

$$v_{c0} = \frac{v_{c1}}{\sqrt[-c_2]{\dfrac{T_0}{T_1}}} = \frac{120}{\sqrt[2{,}1]{\dfrac{32{,}96}{216}}}$$

$$v_{c0} = 294 \; m \, / \, min$$

b) Zeitgünstigste Standzeit

$$T_{t0} = (-c_2 - 1) \cdot t_w = (2{,}1 - 1) \cdot 10 = 11 \ min$$

Zugehörige Schnittgeschwindigkeit

$$v_{ct0} = \frac{v_{c1}}{-c_2\sqrt{\dfrac{T_{t0}}{T_1}}} = \frac{120}{2{,}1\sqrt{\dfrac{11}{216}}} = 495 \ m/min$$

Gesamtkosten je Einheit

$$K = K_M + K_W + K_{WW} + K_{Lh} + K_{Ln}$$

$$K = [K_M + t_n \cdot L(1+r)] + \left[\frac{W_T \cdot t_h}{T} + t_w \cdot L(1+r) \cdot \frac{t_h}{T}\right] + [t_h \cdot L(1+r)]$$

Gesamtkosten bei T_0

Prozeßzeit t_{h1} bei $v_{c0} = 294 \ m/min$

$$t_{h1} = \frac{v_{c2} \cdot t_{h2}}{v_{c1}} = \frac{5 \cdot 290}{294} = 4{,}93 \ min \qquad\qquad n_t = \frac{32{,}96}{4{,}93} = 6{,}7 \ \text{Stück} \approx 7 \ \text{Stück}$$

$$K = [3{,}20 + 3 \cdot 0{,}30 \cdot (1+2{,}5)] + \left[\frac{23{,}06 \cdot 4{,}93}{32{,}96} + 1{,}43 \cdot 0{,}30 \cdot (1+2{,}5)\right] + [4{,}93 \cdot 0{,}30 \cdot (1+2{,}5)]$$

$$= 3{,}20 + 3{,}15 + 3{,}45 + 1{,}50 + 5{,}18 = 16{,}48 \ DM/Einheit$$

Lösung zu Beispiel 8

a) kostengünstigste Standzeit

$$T_0 = (-c_2 - 1) \cdot t_w + \frac{W_T}{L(1+r)} \qquad\qquad \begin{aligned} \tan\alpha &\,\hat{=}\, -c_2 \\ \tan 120° &\,\hat{=}\, -1{,}73 \end{aligned}$$

$$W_T = \frac{(W_a - W_{\ddot{u}}) + n_s \cdot W_s}{n_s + 1} = \frac{(1200{,}00 - 420{,}00) + 12 \cdot 34{,}45}{12 + 1} = 91{,}80 \ DM/Standzeit$$

$$T_0 = (1{,}73 - 1) \cdot \left[8 + \frac{91{,}80}{\dfrac{18{,}60}{60}(1+3)}\right] = 59{,}9 \ min$$

b) zeitgünstigste Standzeit

$$T_0 = (-c_2 - 1) \cdot t_w = (1,73 - 1) \cdot 8 = \underline{\underline{5,84 \; min}}$$

c) kostengünstigste und zeitgünstigste Schnittgeschwindigkeit

Lösung 3.1.4 zu Beispiel 8: T- v_c-Gerade

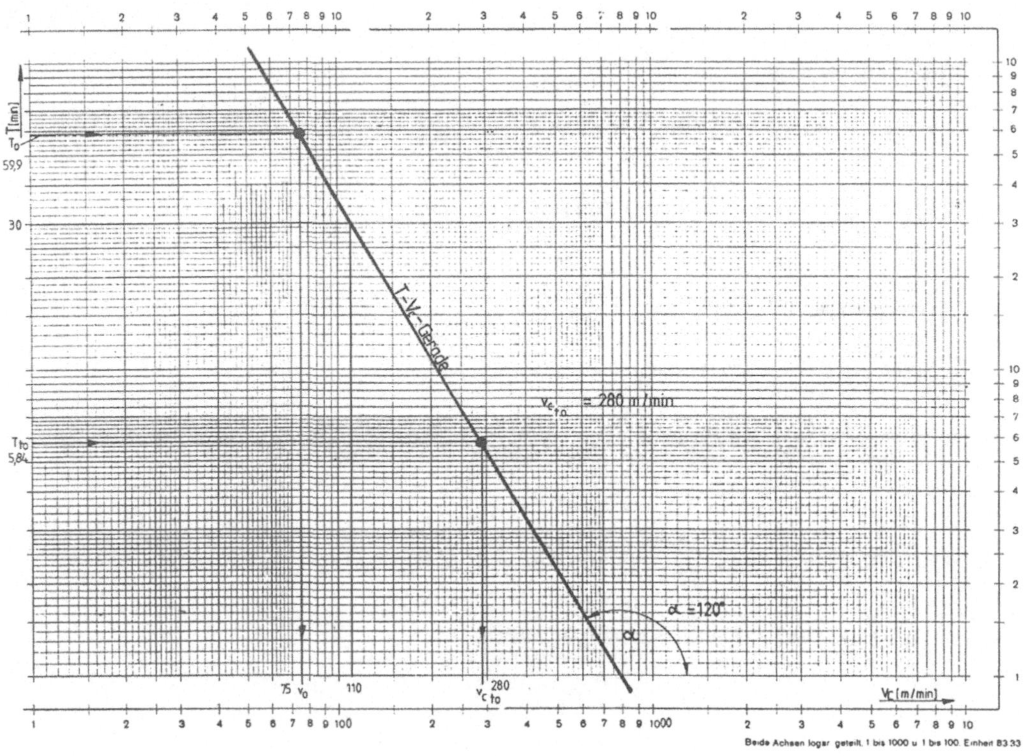

aus Diagramm: bei c_2 = -1,73° $\Rightarrow \alpha = 120°$

T_0 = 59,9 min $\Rightarrow$ v_{c0} = 75 m / min

T_{t0} = 5,84 min $\Rightarrow$ vc_{t0} = 280 m / min

Lösung zu Beispiel 9

Werkzeugkosten-Teilsatz

$$g_W = \frac{K_W}{K_L} \cdot 100\%$$

$$K_W = W_t \cdot \frac{t_h}{T} = \frac{23,06 \cdot 2,93}{11} = 6,14 \; DM / St\ddot{u}ck$$

$$K_L = L \cdot t_e = 0,30 \cdot 8,43 = 2,53 \; DM / St\ddot{u}ck$$

$$t_e = t_h + t_n + t_w = 2,93 + 3 + \frac{10}{4} = 8,43 \; min$$

t_w bezieht sich auf die Standzeit $T = 11 \; min$,

also pro Stück $\Rightarrow \dfrac{T}{t_h} = \dfrac{11 \; min}{2,93} = 3,75 \approx 4 \; St\ddot{u}ck$

$$g_W = \frac{K_W}{K_L} \cdot 100 = \frac{6,14 \; DM / St\ddot{u}ck}{2,53 \; DM / St\ddot{u}ck} \cdot 100 = 243\%$$

Lösung zu Beispiel 10

a) Werkzeug-Gerade

$f_1 - 0,16 \; mm$ $v_{c1} = 168 \; m / min$
$f_2 = 1,0 \; mm$ $v_{c2} = 119 \; m / min$

bei $a_p / f = 10$ $\Rightarrow$ $a_{p1} = 1,6 \cdot 10 = 1,6 \; mm$ $A_1 = a_{p1} \cdot f_1 = 1,6 \cdot 0,16 = 0,256 \; mm^2$

                                 $a_{p2} = 1 \cdot 10 = 10 \; mm$ $A_2 = a_{p2} \cdot f_2 = 10 \cdot 1 = 10 \; mm^2$

Mit diesen Schnittdaten wird die Werkzeug-Gerade auf doppellogarithmischen Papier konstruiert!

b) Maschinen-Gerade

Da die Leistung der Werkzeugmaschine konstant ist, muß zu den gegebenen Schnittdaten die optimale Schnittgeschwindigkeit ermittelt werden.

$$P_a = \frac{F_c \cdot v_c}{60 \cdot 10^3 \cdot \eta_M} = \frac{a_P \cdot f \cdot v_c \cdot k_{cKorr}}{60 \cdot 10^3 \cdot \eta_M}$$

aus Tabelle 1 St 60-2:
$\Rightarrow k_{c1 \cdot 1} = 2110 \; N / mm^2, z = 0,17$

$$v_c = \frac{P_a \cdot 60 \cdot 10^3 \cdot \eta_M}{a_P \cdot f \cdot k_{cKorr}}$$

Hinweis: Da v_{c1} erst ermittelt werden muß, wird $f_{vc} = 1$ gesetzt!

$$k_{cKorr} = k_{c1 \cdot 1} \cdot f_h \cdot f_\gamma \cdot f_{vc} \cdot f_f \cdot f_{st} \cdot f_{ver} \cdot f_{schn} \cdot f_{schm}$$

$$f_{h1} = \frac{1}{h^z} = \frac{1}{0,16^{0,17}} = 1,366 \qquad\qquad h_1 = f_1 \cdot \sin\chi = 0,16 \cdot \sin 90° = 0,156 \ mm$$

$$f_{h2} = \frac{1}{h^z} = \frac{1}{1^{0,17}} = 1 \qquad\qquad h_2 = f_2 \cdot \sin\chi = 1 \cdot \sin 90° = 1 \ mm$$

$$f_\gamma = 1 - \frac{\gamma_{tat} - \gamma_0}{100} = 1 - \frac{(6 - 6°)}{100} = 1$$

$$f_f = 1$$

$$f_{vc} = 1$$

$$f_{st} = 1$$

$$f_{ver} = 1$$

$$f_{schn} = 1$$

$$f_{schm} = 1$$

$$k_{cKorr1} = 2110 \cdot 1,366 \cdot 1 \cdot 1 \cdot 1 \cdot 1 \cdot 1 \cdot 1 = 2882 \ N \ / \ mm^2$$

$$k_{cKorr2} = 2110 \cdot 1 \cdot 1 \cdot 1 \cdot 1 \cdot 1 \cdot 1 \cdot 1 = 2110 \ N \ / \ mm^2$$

somit

$$v_{c1} = \frac{10 \cdot 60 \cdot 10^3 \cdot 0,7}{0,256 \cdot 2882} = 569 \ m \ / \ min \qquad\qquad v_{c2} = \frac{10 \cdot 60 \cdot 10^3 \cdot 0,7}{10 \cdot 2110} = 20 \ m \ / \ min$$

Mit diesen Schnittdaten wird die Maschinen-Gerade gezeichnet!

Der Schnittpunkt der beiden Geraden ergibt den optimalen Arbeitspunkt, er liegt bei (s. Diagramm):

$$\Rightarrow v_{copt} = 145 \ m \ / \ min$$

$$\Rightarrow A_{opt} = 1,1 \ mm^2$$

Lösung 3.1.4 zu Beispiel 10: optimaler Arbeitspunkt

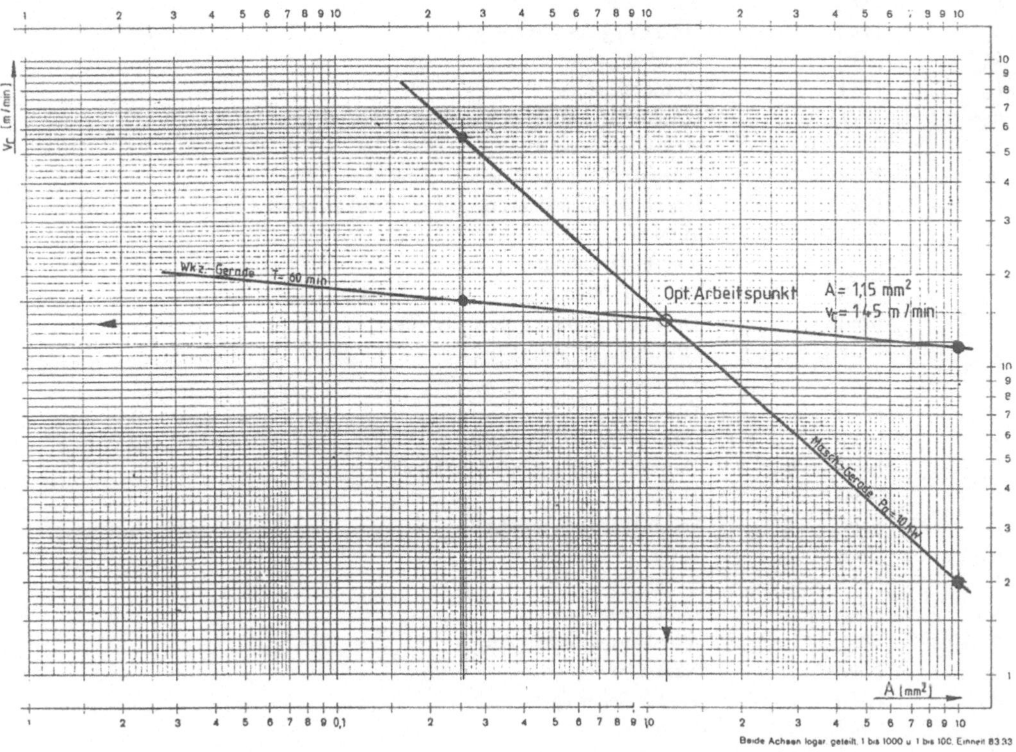

aus Diagramm: $v_{opt} = \underline{\underline{145\ m / min}}$

$A_{opt} = \underline{\underline{1,1\ mm^2}}$

3.2 Drehen – Hobeln – Bohren

3.2.1 Verwendete Formelzeichen

l_a	$[mm]$	Anlaufweg
B_a	$[mm]$	Anlaufweg des Werkzeugs
W_a	$[DM]$	Anschaffungswert des Werkzeugs
P_a	$[kW]$	Antriebsleistung
n_{WT}	$[Stck]$	Anzahl der gefertigten Werkstücke pro Standzeit
z_e		Anzahl der Schneiden
n_k	$[Stck]$	Anzahl der Schneiden je Schneidplatte
n_p	$[Stck]$	Anzahl der Schneidplatten, die ein Tragkörper bis zum Unbrauchbarwerden aufnimmt
i		Anzahl der Schnitte
B_w	$[mm]$	Breite des Werkzeugs
M	$[Nm]$	Drehmoment beim Bohren ins Volle
n	$[min^{-1}]$	Drehzahl
t_{er}	$[min]$	Erholungszeit
t_g	$[min]$	Grundzeit
l	$[mm]$	Gesamtweg des Werkzeugs
V_z	$[mm^3 / min]$	Gespante Werkstoffmenge je Minute
B	$[mm]$	Hubbreite
T_o	$[min]$	kostengünstigste Standzeit
W_s	$[DM]$	Kosten je Nachschliff
L	$[DM / h]$	Lohnkosten
K_M	$[DM / h]$	Maschinenstundensatz
η_M	$[\%]$	Maschinenwirkungsgrad
t_n	$[min]$	Nebenzeit
W_P	$[DM]$	Preis je Schneidplatte
t_h	$[min]$	Prozeßzeit
V_{sp}	$[mm^3 / min]$	Raumbedarf der Späne
r	$[\%]$	Restfertigungsgemeinkosten
v_r	$[m / min]$	Rücklaufgeschwindigkeit
t_r	$[min]$	Rüstzeit
F_{cz}	$[N]$	Schnittkraft pro Schneide
a_p	$[mm]$	Schnittiefe (Zustellung)
R		Spanraumzahl
b	$[mm]$	Spanungsbreite
h	$[mm]$	Spanungsdicke
A	$[mm^2]$	Spanungsquerschnitt
γ	$[°]$	Spanwinkel
$l_{ü}$	$[mm]$	Überlaufweg
$B_{ü}$	$[mm]$	Überlaufweg des Werkstücks
t_v	$[min]$	Verteilzeit
f	$[mm]$	Vorschub (bezogen auf eine Umdrehung)
f_z	$[mm]$	Vorschub pro Schneide
d	$[mm]$	Werkstückdurchmesser/Bohrungsdurchmesser
l	$[mm]$	Werkstücklänge
χ	$[°]$	Werkzeugeinstellwinkel
g_w	$[\%]$	Werkzeugkosten-Teilsatz
t_w	$[min]$	Werkzeugwechselzeit
W_u	$[DM]$	Wert des unbrauchbaren Werkzeugs
V_{zm}	$[cm^3]$	wirkliches Spanvolumen
T_{to}	$[min]$	zeitgünstigste Standzeit
t_e	$[min]$	Zeit je Einheit

3.2.2 Auswahl verwendeter Formeln

Werkzeugkosten-Teilsatz

$$g_w = \frac{K_w}{K_L} \cdot 100$$

Werkzeugkosten je Standzeit

$$W_T = \frac{W_p}{n_K} + \frac{W_a}{n_p \cdot n_k}$$

Werkzeugkosten je Einheit (bei geklemmten Schneidplatten)

$$K_W = \frac{W_T}{n_{WT}} = \frac{W_T \cdot W_h}{T}$$

Fertigungskosten pro Teilstück

$$K = K_M + t_n \cdot L(1+r) + \frac{W_T \cdot t_h}{T} + t_w \cdot L(1+r) \cdot \frac{t_h}{T} + t_h \cdot L(1+r)$$

Zeit je Einheit

$$t_e = t_g + t_{er} + t_v$$

Grundzeit

$$t_g = t_h + t_n$$

Auftragszeit

$$T = t_r + m \cdot t_e$$

Gespante Werkstoffmenge je Minute

$$V_z = \frac{\pi}{4} \cdot (D^2 - d^2) \cdot l$$

Raumbedarf der Späne

$$V_{Sp} = V_{Ztw} \cdot R$$

Drehmoment beim Bohren ins Volle

$$M = \frac{d^2}{8 \cdot 10^3} \cdot f_z \cdot z_E \cdot k_{cKorr}$$

3.2.3 Berechnungsbeispiele

1. Auf einer Drehmaschine werden zylindrische Werkstücke aus C45E (Ck 45) mit Hartmetallwerkzeugen bearbeitet. Werkstücklänge 110 *mm*, Durchmesser 30 *mm*, Schnittgeschwindigkeit 135 *m / min*, Vorschub 0,2 *mm*. Der Steigungswert der Standzeitgeraden beträgt -2,6, die Standzeit 161 *min*, Schnittiefe 1 *mm*.
   Es wird eine Wendeschneidplatte mit vier Schneiden für das Bearbeiten bereitgestellt, Kosten 30,00 *DM* pro Platte, die Kosten für den Drehmeißelschaft betragen 100,00 *DM*. Die Werkzeugwechselzeit für jede Schneide beträgt 1,5 *min*. Nach dem Spannen von 30 Wendeschneidplatten ist der Werkzeugtragkörper unbrauchbar.

   Weitere Angaben:

Einstellwinkel 45°	Lohnkosten 15,00 *DM / h*
Spanwinkel 4°	Rüstzeit pro Stück 6 *sec*
Restgemeinkostensatz 280 %	Nebenzeiten pro Stück 4 *sec*
Maschinenkosten 51,64 *DM / h*	Kühlmittel: Kühlemulsion

   Berechnen Sie:

   a) die Schnittkraft bei einem Werkzeugverschleiß von 50 %

   b) die kostengünstigste Standzeit mit der zugehörigen Schnittgeschwindigkeit

   c) die Zahl der Werkstücke, die bei der kostengünstigsten Standzeit gefertigt werden

   d) die zeitgünstigste Standzeit mit zugehöriger Schnittgeschwindigkeit

   e) die Werkzeugwechselzeit pro Werkstück bei der kostengünstigsten Standzeit

   f) den Werkzeugkosten-Teilsatz, bezogen auf den gesamten Arbeitsablauf, bei einer eingestellten Schnittgeschwindigkeit von 135 *m / min*

   g) die Fertigungskosten pro Einheit bei der vorgegebenen Schnittgeschwindigkeit.

2. Auf einer Drehmaschine sollen Bolzen aus E360 (St 70-2) hergestellt werden. Abmessungen der Bolzen: Rohlingsdurchmesser 46 *mm*, Fertigteildurchmesser 40 *mm*, Bolzenlänge 60 *mm*. Bis zum Abstumpfen der Werkzeugschneide werden 50 Werkstücke gefertigt.
   Die eingestellten Daten sind: Schnittiefe 1,5 *mm*, Vorschub 0,3 *mm*, Schnittgeschwindigkeit 260 *m / min*.
   Bei Erhöhung der Schnittgeschwindigkeit auf 320 *m / min* wird das Werkzeug nach 35 Werkstücken stumpf.

   Ermitteln Sie:

   a) die Zerspanzeit pro Stück

   b) die T-v_C-Gerade, im doppellogarithmischen Koordinatensystem

   c) die Steigungsgröße c_2 grafisch und rechnerisch

   d) die Standzeit bei einer Schnittgeschwindigkeit von 150 *m / min* (grafische Lösung).

3. An vorgelängten Wellen von 50 *mm* Durchmesser aus E335 (St 60-2) sind beiderseits zylindrische Ansätze mit einem Durchmesser von 38 *mm* und einer Länge von 60 *mm* zu drehen (senkrechte Schultern). Schnittdaten: Vorschub 0,4 *mm*, Schnittiefe 2 *mm*, Schnittgeschwindigkeit 170 *m / min*, Spanwinkel 3°, Schneidstoff Oxidkeramik, Werkzeugverschleiß 40 %, Einstellwinkel 90°, Kühlschmierung-Emulsion.

   a) Wie groß ist die Antriebsleistung der Drehmaschine bei einem Wirkungsgrad von 75 % ?

   b) Wie groß ist die reine Maschinenzeit bei einer Fertigung von 20 Wellen (Summe der einzelnen Schnittzeiten)?

   c) Ermitteln Sie die Auftragszeit für 100 Wellen, wenn die Nebenzeiten 40 % der Prozeßzeit, die Verteilzeit 12 %, die Erholzeit 3 % und die Rüstzeit 30 *min* beträgt.

   d) Wie groß ist die gespante Werkstoffmenge je Minute ?

   e) In welcher Zeit ist spätestens die Spänewanne (Volumen 200 dm^3) zu leeren? Der Ausnutzungsgrad der Maschine beträgt 80 %, davon sind 35 % Nebenzeiten, Spanraumzahl 10.

4. Eine Drehmaschine mit einer Antriebsleistung von 18 kW und einem Maschinenwirkungsgrad von 75 % soll für einen Zerspanungsversuch verwendet werden. Bearbeitet wird ein Werkstück aus E335 (St 60-2) mit einem arbeitsscharfen Werkzeug aus Hartmetall P 15.

   Die geplanten Schnittdaten sind:

   Schnittiefe 4 mm Vorschub 0,4 mm
   Schnittgeschwindigkeit 200 m / min Standzeit 15 min

   alternativ:

   Vorschub 0,16 mm
   Schnittgeschwindigkeit 250 m / min
   Einstellwinkel 60°, Spanwinkel 12°, Kühlemulsion

   a) Entscheiden Sie, ob die Maschinenleistung für den geplanten Zerspannungsversuch ausreicht.

   b) Ermitteln Sie den optimalen Arbeitspunkt und den optimalen Vorschub, wenn die Schnittiefe mit 4 mm gewählt wird.

5. Ein Maschinengestell aus GS-52, soll in einem Arbeitsschnitt überhobelt werden.

   Schnittdaten: Werkzeug ist ein Hobelmeißel aus P 40, Vorschub 1,0 mm / DH, Schnittiefe 12 mm, Schnittgeschwindigkeit 35 m / min, Einstellwinkel 60°, Spanwinkel 14°, Maschinenwirkungsgrad 65 %. Rücklaufgeschwindigkeit des Hobeltisches 60 m / min, Anlauf 250 mm, Überlauf 100 mm, Zugabe bei der Hobelbreite für den An- und Überlauf je 4 mm.

   Ermitteln Sie:

   a) die Maschinenantriebsleistung (ohne Reibungs- und Beschleunigungsverluste)

   b) die reine Prozeßzeit, Standzeit 120 min, gewählte Alternativ-Schnittgeschwindigkeit 20 m / min

   c) stellen Sie die Standzeitgerade für den Schneidstoff P 40 grafisch dar, wenn der Steigungswert $c_2 = -2,5$ beträgt.

6. Auf einer Mehrspindel-Bohrmaschine sollen in einem Arbeitsgang 6 Bohrungen, Durchmesser 10 mm, in Distanzscheiben aus 34CrMo4, Scheibendicke 25 mm dick, gebohrt werden.

   Berechnen Sie:

   a) die notwendige Maschinenantriebsleistung der Bohrmaschine

   b) die Prozeßzeit für die Bohrarbeit, wenn folgende Daten bekannt sind:

   Wendelbohrer aus SS-Stahl nach DIN 345 mit Kegelschaft, Typ N, Spitzenwinkel 118°, Spanwinkel 8°, Schneidöl, Werkzeug arbeitsscharf, Vorschub 0,25 mm / min, Schnittgeschwindigkeit 20 m / min, Überlauf 2,5 mm, Maschinenwirkungsgrad 75 %.

7. Dichtungsdeckel (s. Skizze) aus GG-25 sind mit Senkbohrungen zu versehen. Für den Fertigungsauftrag stehen drei Tischbohrmaschinen zur Verfügung. Die Auswahl der Maschine soll unter Berücksichtigung des technischen Nutzungsgrades erfolgen.

   Schnittdaten:
   Verschleiß des Zapfensenkers 50%
   SS-Stahl mit 6 Schneiden, Vorschub 0,14 mm
   Schnittgeschwindigkeit 14 m / min, Maschinen-
   wirkungsgrad 75 %, Spanwinkel 30°, keine
   Schmierung

   Ermitteln Sie:

   a) welche Maschine zu wählen ist

   b) den technischen Nutzungsgrad.

   Maschine A: P_a = 1,5 kW

   Maschine B: P_a = 2,0 kW

   Maschine C: P_a = 2,5 kW

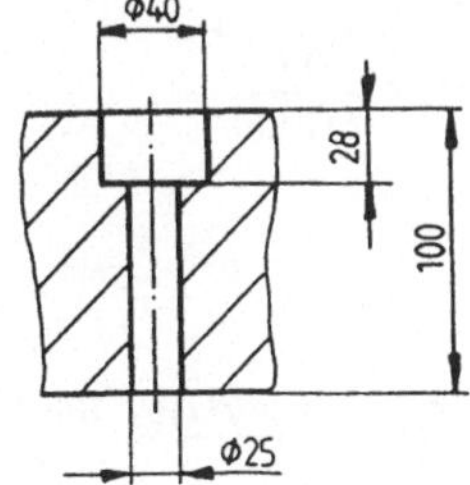

3.2.4 Lösungen

Lösung zu Beispiel 1

a) Schnittkraft

$$F_c = b \cdot h \cdot k_{cKorr}$$

$$b = \frac{a_P}{\sin \chi} = \frac{1}{\sin 45°} = 1,41 \ mm$$

$$h = f \cdot \sin \chi = 0,2 \cdot \sin 45° = 0,14 \ mm$$

aus Tabelle 1:
C45:

$$\Rightarrow k_{c1 \cdot 1} = 2220 \ N \ / \ mm^2, z = 0,14$$

$$k_{cKorr} = k_{c1 \cdot 1} \cdot f_h \cdot f_\gamma \cdot f_{vc} \cdot f_f \cdot f_{st} \cdot f_{ver} \cdot f_{schn} \cdot f_{schm}$$

$$f_h = \frac{1}{h^z} = \frac{1}{0,14^{0,14}} = 1,3$$

Stahl: $\gamma_0 = 6°$

$$f_\gamma = 1 - \frac{\gamma_{tats} - \gamma_0}{100} = 1 - \frac{4° - 6°}{100} = 0,98$$

$$f_{vc} = \frac{1,380}{v_c,^{0,070}} = \frac{1,380}{135^{0,070}} = 0,97 \qquad \text{bei } v_c > 100 \ m \ / \ min$$

$$f_f = 1$$

$$f_{st} = 1$$

$$f_{ver} = 1,5$$

$$f_{schn} = 1$$

$$f_{schm} = 0,9$$

$$k_{cKorr} = 2220 \cdot 1,3 \cdot 0,98 \cdot 0,97 \cdot 1 \cdot 1 \cdot 1,5 \cdot 1 \cdot 0,9 = 3704 \ N \ / \ mm^2$$

$$F_c = 1,41 \cdot 0,1414 \cdot 3704 = \underline{\underline{738,5 \ N}}$$

b) Kostengünstigste Standzeit T_0 und kostengünstigste Schnittgeschwindigkeit v_{c0}

$$T_0 = (-c_2 - 1) \cdot t_w + \frac{WT}{L(1+r)}$$

$$\begin{aligned} W_a &= 100,00 \ DM & W_P &= 30,00 \ DM \\ W_T &= kwk & n_K &= 4 \\ n_P &= 30 \end{aligned}$$

$$W_T = \frac{W_P}{n_K} + \frac{W_a}{n_P \cdot n_K} = \frac{30,00 \, DM}{4} + \frac{100,00 \, DM}{4 \cdot 30} = 8,33 \ DM \quad \text{pro Schneide}$$

$$T_0 = (2,6-1)\cdot 1,5 + \cfrac{8,33}{\cfrac{15,00\ DM}{60}(1+2,8)} = 11,17\ min$$

$$v_{c0} = \cfrac{v_{c1}}{-c\sqrt{\dfrac{T_0}{T_1}}} = \cfrac{135}{2,6\sqrt{\dfrac{11,17}{161}}} = 377\ m\,/\,min$$

$$v_{co} = 377\ m\,/\,min$$

$$t_{h1} = \frac{d\cdot\pi\cdot l}{f\cdot v_c\cdot} = \frac{30\cdot\pi\cdot 110}{0,2\cdot 377\cdot 1000} = 0,14\ min$$

c) Anzahl der gefertigten Werkstücke in der Standzeit T_0

$$n_{WT} = \frac{T_0}{t_h}$$

$$n_{WT} = \frac{11,17\ min}{0,14\ mm} = 79,8 \approx \underline{\underline{80\ Stck}}$$

d) Zeitgünstigste Standzeit T_{t0}

$$T_{t0} = (-c_2 - 1)\cdot t_w = (2,6-1)\cdot 1,5 = \underline{\underline{2,4\ min}}$$

zeitgünstigste Schnittgeschwindigkeit

$$v_{ct0} = \cfrac{v_{c1}}{-c_2\sqrt{\dfrac{T_{t0}}{T_1}}} = \cfrac{135}{2,6\sqrt{\dfrac{2,4}{161}}} = \underline{\underline{680\ m\,/\,min}}$$

e) Werkzeugwechselzeit pro Werkstück bei kostengünstigster Standzeit T_0

$$t_w = \frac{1,5\ min}{80} = 0,0187\ min \Rightarrow \underline{\underline{t_w \approx 0,02\ min}}$$

f) Werkzeugkosten-Teilsatz bei $v_c = 135 \; m/min$

$$g_w = \frac{K_w}{K_L} \cdot 100$$

$$t_{h2} = \frac{30 \cdot \pi \cdot 110}{0{,}2 \cdot 135 \cdot 1000} = 0{,}384 \; min$$

$$K_W = \frac{W_T \cdot t_h}{T} = \frac{8{,}33 \; DM \cdot 0{,}384}{161} = 0{,}02 \; DM/St\ddot{u}ck$$

$$t_n = \frac{4}{60} = 0{,}067 \; min$$

$$K_L = L \cdot t_e$$

$$t_r = \frac{6}{60} = 0{,}1 \; min$$

$$t_W = \frac{t_W \cdot t_n}{T} = \frac{1{,}5 \cdot 0{,}384}{161} = 0{,}0036 \; min$$

$$t_e = t_{h2} + t_n + t_r + t_w = 0{,}384 + 0{,}067 + 0{,}1 + 0{,}0036 = \underline{\underline{0{,}55 \; min}}$$

$$g_w = \frac{K_w}{L \cdot t_e} \cdot 100 = \frac{0{,}02}{\dfrac{15{,}00 \; DM}{60} \cdot 0{,}55} \cdot 100 = \underline{\underline{14{,}5\%}}$$

g) Fertigungskosten pro Teilstück

$$K = K_M + t_n \cdot L(1+r) + \left[\frac{W_T \cdot t_n}{T} + t_w \cdot L(1+r) \cdot \frac{t_h}{T} \right] + t_h \cdot L(1+r)$$

$$K = K_M + K_{Ln} + K_W + K_{Lh}$$

$$K_M = t_e \cdot K_M = 0{,}55 \cdot \frac{51{,}64 \; DM/h}{60} = 0{,}473 \; DM/St\ddot{u}ck$$

$$K_{Ln} = t_n \cdot L(1+r) = 0{,}067 \cdot \frac{15{,}00 \; DM/h}{60} \cdot (1+2{,}8) = 0{,}064 \; DM/St\ddot{u}ck$$

$$K_W = \frac{W_T \cdot t_h}{T} + t_w \cdot L \cdot (1+r) \cdot \left(\frac{t_n}{T} \right) = \frac{8{,}33 \cdot 0{,}384}{161} + 1{,}5 \cdot \frac{15{,}00 \; DM}{60} \cdot (1+2{,}8) \cdot \left(\frac{0{,}384}{161} \right) = 0{,}0196 + 0{,}0034$$

$$= 0{,}023 \; DM/St\ddot{u}ck$$

$$K_{Lh} = t_n \cdot L(1+r) = 0{,}384 \cdot \frac{15{,}00 \; DM}{60}(1+2{,}8) = 0{,}365 \; DM/St\ddot{u}ck$$

$$K = K_M + K_{Ln} + K_W + K_{Lh} = 0{,}473 + 0{,}064 + 0{,}023 + 0{,}365 = 0{,}925 = \underline{\underline{0{,}93 \; DM/St\ddot{u}ck}}$$

Lösung zu Beispiel 2

a) Prozeßzeit

$$t_h = \frac{l \cdot i}{f \cdot n} = \frac{L \cdot i \cdot d \cdot \pi}{f \cdot v_c \cdot 1000}$$

$$t_{h1} = \frac{60 \cdot 2 \cdot 46 \cdot \pi}{0{,}2 \cdot 260 \cdot 1000} = 0{,}33 \; min \qquad\qquad t_{h2} = \frac{60 \cdot 2 \cdot 46 \cdot \pi}{0{,}2 \cdot 320 \cdot 1000} = 0{,}27 \; min$$

b) Erstellen der T-v_c-Geraden (T-v_c-Diagramm)

$$T = t_h \cdot n$$

$$T_1 = t_{h1} \cdot n_1 = 0{,}33 \cdot 50 = 16{,}5 \; min \qquad \Rightarrow \quad \text{bei} \;\; v_{c1} = 260 \; m/min$$
$$T_2 = t_{h2} \cdot n_2 = 0{,}27 \cdot 35 = 9{,}45 \; min \qquad \Rightarrow \quad \text{bei} \;\; v_{c2} = 320 \; m/min$$

c) Steigungswert – (grafische Lösung):

Hinweis:
Tragen Sie im doppellogarithmischen Koordinatensystem auf der senkrechten Achse die Standzeit T_1 ab. Auf der waagerechten Achse werden die den Standzeiten zugeordneten Schnittgeschwindigkeiten v_{c1} und v_{c2} übertragen. Die Verbindung der Schnittpunkte ergibt die T-v_c-Gerade. Aus dem Diagramm messen Sie zwei zusammengehörige Längen a_1 und a_2 ab. Mit Hilfe dieser Längen errechnet man den Steigungswert der T-v_c-Geraden.

Diagramm: Standzeit-Gerade $\qquad\qquad$ aus T-v_c-Diagramm $\Rightarrow \;\; a_1 = 6{,}9 \; mm$
$\qquad\qquad$ (grafische Lösung) $\qquad\qquad\qquad\qquad\qquad\qquad\qquad a_2 = 2{,}6 \; mm$

somit:

$$c_2 = \frac{a_1}{a_2} = \frac{6{,}9}{2{,}6} = -2{,}65$$

Steigungswert (rechnerische Lösung)

$$\frac{T_1}{T_2} = \left(\frac{v_{c2}}{v_{c1}} \right)^{-c_2}$$

$$c_2 = \frac{\ln T_1 - \ln T_2}{\ln v_{c2} - \ln v_{c1}} = \frac{\ln 16{,}7 - \ln 9{,}4}{\ln 320 - \ln 260} = \frac{2{,}8 - 2{,}24}{5{,}77 - 5{,}56} = \frac{0{,}56}{0{,}21} = -2{,}67$$

d) Standzeit bei $v_c = 150 \; m/min$ (grafische Lösung)

$\qquad$ aus Diagramm: bei $v_c = 150 \; m/min \;\; \Rightarrow \;\; T = 77 \; min$

Lösung 3.2.4 zu Beispiel 2: Standzeitgerade

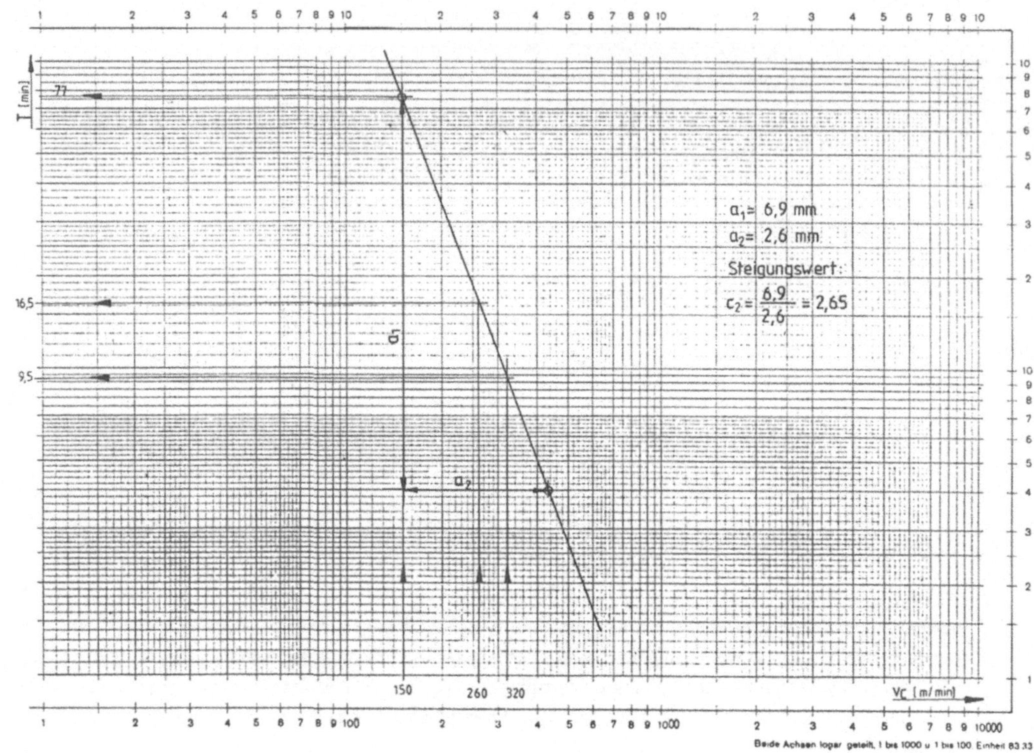

Lösung zu Beispiel 3

a) Antriebsleistung

$$P_a = \frac{F_c \cdot v_c}{60 \cdot 10^3 \cdot \eta_M}$$

bei $\chi = 90° \;\Rightarrow\; b \mathrel{\hat=} ap = 2\ mm$

$h \mathrel{\hat=} f = 0,4\ mm$

$$F_c = b \cdot h \cdot k_{cKorr}$$

$$k_{cKorr} = k_{c1\cdot 1} \cdot f_h \cdot f_\gamma \cdot f_{vc} \cdot f_f \cdot f_{st} \cdot f_{ver} \cdot f_{schn} \cdot f_{schm}$$

aus Tabelle 1:

E335 (St 60-2)

$\Rightarrow k_{c1\cdot 1} = 2110\ N\,/\,mm^2,\; z = 0,17$

$$f_h = \frac{1}{h^z} = \frac{1}{0,4^{0,17}} = 1,17$$

$$f_\gamma = 1 - \frac{\gamma_{tat} - \gamma_0}{100} = 1 - \frac{3° - 6°}{100} = 1,03$$

$$f_{vc} = \frac{1,380}{v_c^{\,0,070}} = \frac{1,380}{170^{0,070}} = 0,96$$

$f_f = 1$

$f_{st} = 1$

$f_{ver} = 1,4$

$f_{schn} = 0,9\ (\text{Oxidkeramik})$

$f_{schm} = 0,9$

$$k_{cKorr} = 2110 \cdot 1,17 \cdot 1,03 \cdot 0,96 \cdot 1 \cdot 1 \cdot 1,4 \cdot 0,9 \cdot 0,9 = 2768\ N\,/\,mm^2$$

$$F_c = 2 \cdot 0,4 \cdot 2768 = 2214\ N$$

$$P_a = \frac{2214 \cdot 170}{60 \cdot 10^3 \cdot 0,75} = \underline{\underline{8,4\ kW}}$$

b) Prozeßzeit

$$t_h = \frac{L \cdot i \cdot d \cdot \pi}{f \cdot v_c \cdot 1000}$$

1. Schnitt $\qquad t_{h1} = \dfrac{60 \cdot 1 \cdot 50 \cdot \pi}{0{,}4 \cdot 170 \cdot 1000} = 0{,}1386 \; min \; \approx \; 0{,}139 \; min$

2. Schnitt $\qquad t_{h2} = \dfrac{60 \cdot 1 \cdot 46 \cdot \pi}{0{,}4 \cdot 170 \cdot 1000} = 0{,}1274 \; min \; \approx \; 0{,}128 \; min$

3. Schnitt $\qquad t_{h3} = \dfrac{60 \cdot 1 \cdot 42 \cdot \pi}{0{,}4 \cdot 170 \cdot 1000} = 0{,}1164 \; min \; \approx \; 0{,}116 \; min$

4. Schnitt $\qquad t_{h4} = \dfrac{60 \cdot 1 \cdot 38 \cdot \pi}{0{,}4 \cdot 170 \cdot 1000} = 0{,}1053 \; min \; \approx \; 0{,}105 \; min$

$$t_{hges} = t_{h1} + t_{h2} + t_{h3} + t_{h4} = 0{,}139 + 0{,}128 + 0116 + 0{,}105 = 0{,}488 \approx 0{,}49 \; min$$

Da pro Werkstück 2 Ansätze zu drehen sind, ergibt sich die Gesamtzeit für eine Welle:

$$t_{hges} = 2 \cdot 0{,}49 = 0{,}98 \; min$$

Für die Bearbeitung von 20 Wellen : $t_{hges} = 2 \cdot 0{,}49 \cdot 20 = 19{,}6 \; min$

c) Auftragszeit

$$T = t_r + m \cdot t_e$$

$$t_e = t_g + t_{er} + t_v$$

$t_r = \text{Rüstzeit} = 30 \; min$

$m = 100 \; \text{Werkstücke}$

$t_h = 0{,}98 \; min$

$t_n = 40\% \; \text{von} \; t_h$
$\qquad = 0{,}4 \cdot 0{,}89 = 0{,}39 \; min$

$$t_g = t_h + t_n = 0{,}98 + 0{,}39 = 1{,}37 \; min$$

$$t_{er} = \frac{t_g \cdot z_{er}}{100} = \frac{1{,}37 \cdot 3\%}{100} = 0{,}04 \; min$$

$$t_v = \frac{t_g \cdot z_V}{100} = \frac{1{,}37 \cdot 12\%}{100} = 0{,}16 \; min$$

$$t_e = 1{,}37 + 0{,}04 + 0{,}16 = 1{,}57 \; min$$

$$T = T = t_r + m \cdot t_e = 30 + 100 \cdot 1{,}57 = 187 \; min$$

d) gespante Werkstoffmenge je Minute

$$V_z = \frac{\pi}{4} \cdot (D^2 - d^2) \cdot l = \frac{\pi}{4} \cdot (50^2 - 38^2) \cdot 60 \cdot 2 = 99526 = 99{,}53 \; cm^3 \; / \; \text{Werkstück}$$

$$V_{zth} = \frac{V_z}{th} = \frac{99{,}53}{0{,}98} = 101{,}6 \; cm^3 \; / \; min$$

Raumbedarf der Späne bei einer Spanraumzahl $C = 10$:

Wirkliches Spanvolumen

$$V_{ztw} = V_{zth} \cdot \text{Ausnutzungsgrad} \cdot (1 - t_n) = 101{,}6 \cdot 0{,}8 \, (1 - 0{,}35) = 52{,}8 \; cm^3 \; / \; min$$

$$V_{Sp} = V_{ztw} \cdot R = 52{,}8 \cdot 10 = 528 \; cm^3 \; / \; min$$

Die Spänewanne faßt 200 dm^3, die Zeit zum Leeren beträgt somit:

$$t = \frac{V_{Wanne}}{V_{Sp}} = \frac{200000}{528} = 378 \; min \; \hat{=} \; 6{,}3 \, Std$$

Lösung zu Beispiel 4

a) Maschinenantriebsleistung

$$P_a = \frac{F_c \cdot v_c}{60 \cdot 10^3 \cdot \eta_M} \qquad\qquad b = \frac{a_p}{\sin \chi} = \frac{4}{\sin 60^\circ} = 4{,}62 \; mm$$

$$F_c = b \cdot h \cdot k_{cKorr} \qquad\qquad h = f \cdot \sin \chi = 0{,}4 \cdot \sin 60^\circ = 0{,}35 \; mm$$

$$k_{cKorr} = k_{c1 \cdot 1} \cdot f_h \cdot f_\gamma \cdot f_{vc} \cdot f_f \cdot f_{st} \cdot f_{ver} \cdot f_{schn} \cdot f_{schm}$$

aus Tabelle 1:
E335 (St 60-2)
$\Rightarrow k_{c1 \cdot 1} = 2110 \; N \, / \, mm^2, \quad z = 0{,}17$

$$f_h = \frac{1}{h^z} = \frac{1}{0{,}35^{0{,}17}} = 1{,}2$$

$$f_\gamma = 1 - \frac{\gamma_{tat} - \gamma_0}{100} = 1 - \frac{12^\circ - 6^\circ}{100} = 0{,}94$$

$$f_{vc} = \frac{1{,}380}{v_c^{0{,}070}} = \frac{1{,}380}{200^{0{,}070}} = 0{,}95$$

$$f_f = 1$$

$$f_{st} = 1$$

$$f_{ver} = 1$$

$$f_{schn} = 1$$

$$f_{schm} = 0{,}9$$

$$F_c = 4{,}62 \cdot 0{,}35 \cdot 2110 \cdot 1{,}2 \cdot 0{,}94 \cdot 0{,}95 \cdot 1 \cdot 1 \cdot 1 \cdot 1 \cdot 0{,}9 = 3290 \ N$$

$$P_a = \frac{3290 \cdot 200}{60 \cdot 10^3 \cdot 0{,}75} = 14{,}6 \ kW$$

$$P_{a\,vorh} > P_{a\,tats}$$

$18 \ kW > 14{,}6 \ kW \quad \Rightarrow \quad$ der Zerspanungsversuch kann mit der vorhandenen Drehmaschine durchgeführt werden!

b) Optimaler Arbeitspunkt

<u>Konstruktion der Werkzeug-Geraden für $T = 15 \ min$</u>

Hinweis: Die Werkzeug-Gerade erhält man, indem in einem doppellogarithmischen Diagramm die Schnittgeschwindigkeit in Abhängigkeit vom Spanungsquerschnitt bei einer <u>konstanten Standzeit</u> dargestellt wird.

$$ap_1 \ = 4 \ min \quad \Rightarrow \quad f_1 \ = 0{,}4 \ mm \quad \Rightarrow \quad v_{c1} \ = 200 \ m/min \quad \Rightarrow \quad A_1 \ = ap_1 \cdot f_1 = 4 \cdot 0{,}4 = 1{,}6 \ mm^2$$

$$ap_2 \ = 4 \ min \quad \Rightarrow \quad f_2 \ = 0{,}16 \ mm \quad \Rightarrow \quad v_{c2} \ = 250 \ m/min \quad \Rightarrow \quad A_2 \ = ap_2 \cdot f_2 = 4 \cdot 0{,}16 = 1{,}64 \ mm^2$$

<u>Konstruktion der Maschinen-Geraden</u>

Hinweis: Um den optimalen Arbeitspunkt für die Drehmaschine ermitteln zu können, muß nun die Maschinen-Gerade konstruiert werden. Sie zeigt im doppellogarithmischen Diagramm die Abhängigkeit zwischen Schnittgeschwindigkeit und Spanungsquerschnitt bei <u>konstanter Maschinenantriebsleistung</u>.

Maschinenantriebsleistung

$$P_a = \frac{a_p \cdot f \cdot k_{ckorr} \cdot v_c}{60 \cdot 10^3 \cdot \eta_M}$$

nach v_c umstellen:

$$v_c = \frac{P_a \cdot 60 \cdot 10^3 \cdot \eta_M}{a_p \cdot f \cdot k_{ckorr}}$$

Hinweis zum Ermitteln der spezifischen Schnittkraft:
Da die optimale Schnittgeschwindigkeit erst ermittelt werden muß, wird der Korrekturfaktor $f_v = 1$ gesetzt, somit:

$A_1 \ = 1{,}6 \ mm^2 \qquad\qquad P_a \ = 18 \ kW \qquad\qquad\qquad h_1 = f_1 \cdot \sin \chi = 0{,}4 \cdot \sin 60° = 0{,}35 \ mm$

$A_2 \ = 0{,}64 \ mm^2 \qquad\qquad \eta_M = 0{,}75 \qquad\qquad\qquad h_2 = f_2 \cdot \sin \chi = 0{,}16 \cdot \sin 60° = 0{,}14 \ mm$

$$\chi = 60°$$

$$k_{cKorr} = k_{c1 \cdot 1} \cdot f_h \cdot f_\gamma \cdot f_{vc} \cdot f_f \cdot f_{st} \cdot f_{ver} \cdot f_{schn} \cdot f_{schm}$$

aus Tabelle 1:

E335 (St 60-2)

$\Rightarrow k_{c1 \cdot 1} = 2110 \; N / mm^2, \quad z = 0,17$

$$f_{h1} = \frac{1}{h_1{}^z} = \frac{1}{0,35^{0,17}} = 1,2$$

$$f_{h2} = \frac{1}{h_2{}^z} = \frac{1}{0,14^{0,17}} = 1,4$$

$$k_{cKorr1} = 2110 \cdot 1,2 \cdot 0,94 \cdot 1 \cdot 1 \cdot 1 \cdot 1 \cdot 0,9 = 2142 \; N / mm^2$$

$$k_{cKorr2} = 2110 \cdot 1,4 \cdot 0,94 \cdot 1 \cdot 1 \cdot 1 \cdot 1 \cdot 0,9 = 2499 \; N / mm^2$$

somit:

$$v_{c1} = \frac{60 \cdot 10^3 \cdot \eta_M \cdot P_a}{A_1 \cdot k_{ckorr1}} = \frac{60 \cdot 10^3 \cdot 0,75 \cdot 18}{1,6 \cdot 2142} = \underline{\underline{236 \; m / min}}$$

$$v_{c2} = \frac{60 \cdot 10^3 \cdot \eta_M \cdot P_a}{A_1 \cdot k_{ckorr2}} = \frac{60 \cdot 10^3 \cdot 0,75 \cdot 18}{0,64 \cdot 2499} = \underline{\underline{506 \; m / min}}$$

Konstruieren Sie nun die Maschinen-Gerade, indem Sie die ermittelten Schnittgeschwindigkeiten den jeweiligen Spanungsquerschnitten zuordnen. Der Schnittpunkt der Werkzeug-Geraden mit der Maschinen-Geraden ergibt den **optimalen** Arbeitspunkt für die Drehmaschine.

<u>aus Diagramm, Beispiel 4:</u>

optimaler Arbeitspunkt $\quad \Rightarrow \quad A = 2,1 \; mm^2$

$\qquad\qquad\qquad\qquad\quad \Rightarrow \quad v_c = 190 \; m / min$

c) optimaler Vorschub

$$f_{opt} = \frac{A_{opt}}{a_p} = \frac{2,1}{4} = \underline{\underline{0,53 \; mm}}$$

Lösung 3.2.4 zu Beispiel 4: Maschinenauslastung – optimaler Arbeitspunkt

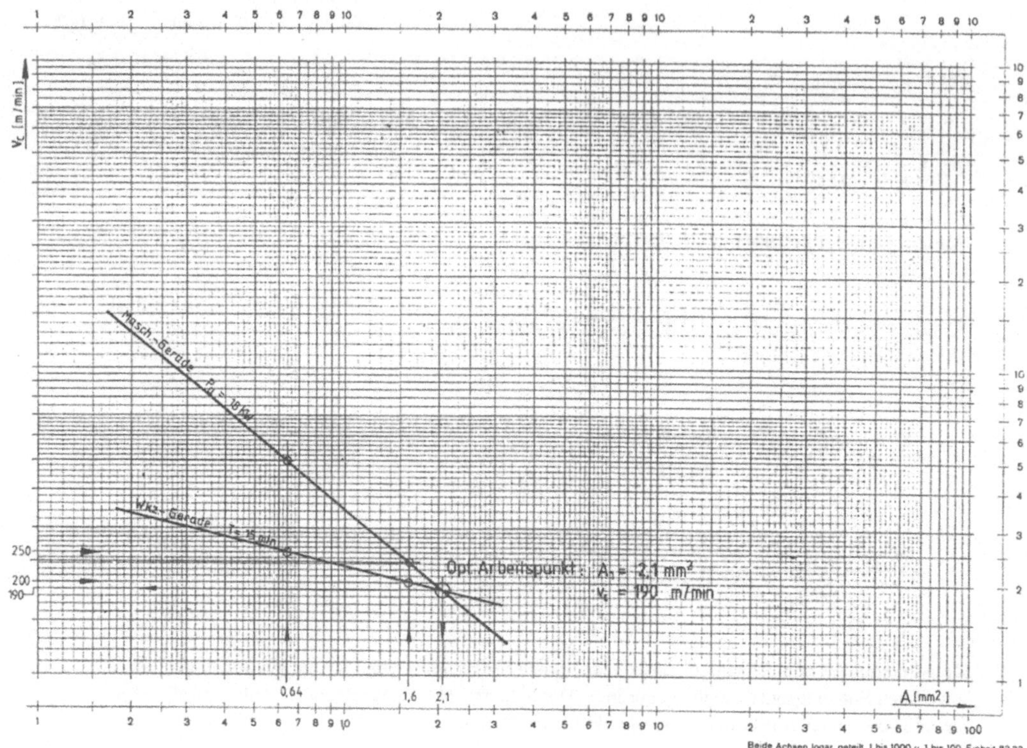

Lösung zu Beispiel 5

a) Maschinenantriebsleistung

$$P_a = \frac{F_c \cdot v_c}{60 \cdot 10^3 \cdot \eta_M} \qquad\qquad b = \frac{a_P}{\sin \chi} = \frac{12}{\sin 60°} = 13{,}86\ mm$$

$$F_c = b \cdot h \cdot k_{cKorr} \qquad\qquad h = f \cdot \sin \chi = 1 \cdot \sin 60° = 0{,}87\ mm$$

aus Tabelle 1:
GS-52

$$k_{cKorr} = k_{c1\cdot1} \cdot f_h \cdot f_\gamma \cdot f_{vc} \cdot f_f \cdot f_{st} \cdot f_{ver} \cdot f_{schn} \cdot f_{schm} \qquad \Rightarrow k_{c1\cdot1} = 1800\ N/mm^2, \quad z = 0{,}16$$

$$f_h = \frac{1}{h^z} = \frac{1}{0{,}87^{0,16}} = 1{,}02$$

$$f_\gamma = 1 - \frac{\gamma_{tats} - \gamma_0}{100} = 1 - \frac{14 - 2°}{100} = 0{,}88$$

$$f_{vc} = \frac{2{,}023}{v_c^{0,153}} = \frac{2{,}023}{35^{0,153}} = 1{,}17$$

$$f_f = 1{,}05$$

$$f_{st} = 1{,}1$$

$$f_{ver} = 1$$

$$f_{schn} = 1$$

$$f_{schm} = 1$$

$$k_{cKorr} = 1800 \cdot 1{,}02 \cdot 0{,}88 \cdot 1{,}17 \cdot 1{,}05 \cdot 1{,}1 \cdot 1 \cdot 1 \cdot 1 = 2183\ N/mm^2$$

$$F_c = 13{,}86 \cdot 0{,}87 \cdot 2183 = 26323\ N$$

$$P_a = \frac{26323 \cdot 35}{60 \cdot 10^3 \cdot 0{,}65} = 23{,}6\ kW$$

b) Prozeßzeit

$$t_h = \frac{2 \cdot B \cdot l \cdot i}{v_{cm} \cdot f \cdot 10^3}$$

$$l = l_a + l_u + l_w = 250 + 100 + 3500 = 3850\ mm$$

$$B = 2 \cdot (B_a + B_\ddot{u} + B_w) = 2 \cdot (4 + 4 + 320) = 656\ mm$$

$$v_{cm} = \frac{2 \cdot v_c \cdot v_r}{v_c + v_r} = \frac{2 \cdot 35 \cdot 60}{35 + 60} = 44{,}2\ m/min$$

$$t_h = \frac{2 \cdot 656 \cdot 3850 \cdot 1}{44{,}2 \cdot 1 \cdot 10^3} = 114{,}28\ min$$

c) Standzeitgerade

<u>rechnerische Lösung</u>

bei T_1 = 120 *min*   ⇒ v_{c1} = 35 *m / min*

                                  ⇒ v_{c2} = 20 *m / min* (alternativ)

Standzeit T_2 für Hobelmeißel P40:

$$c_2 = -2,5$$

$$T_2 = T_1 \cdot \left(\frac{v_{c1}}{v_{c2}} \right)^{-c_2} = 120 \cdot \left(\frac{35}{20} \right)^{2,5} = \underline{\underline{486 \; min}}$$

<u>grafische Lösung</u>

aus Diagr. 3.2.2:   bei v_{c2} = 20 *m / min* ⇒ T_2 = $\underline{\underline{486 \; min}}$

Lösung 3.2.4 zu Beispiel 5: Standzeitgerade

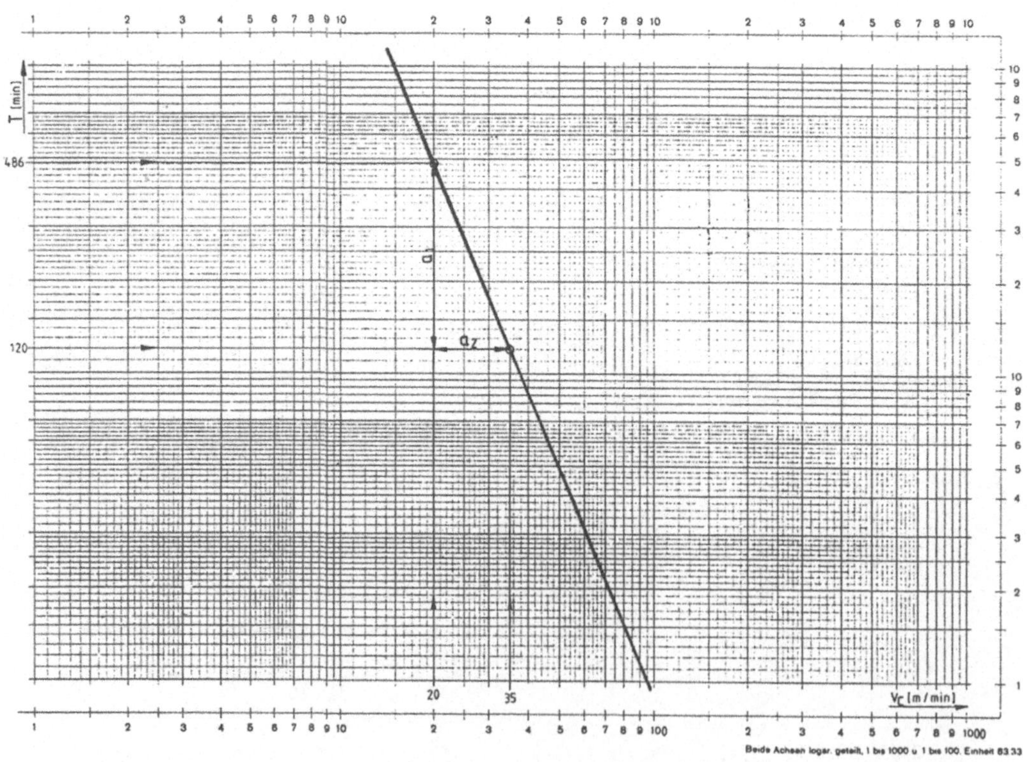

aus Diagr.: Steigerungswert

$$-c_2 = \frac{a_1}{a_2} = \frac{31}{12,5} = 2,48 \approx 2,5$$

Lösung zu Beispiel 6

a) Maschinenantriebsleistung

$$P_a = \frac{F_c \cdot v_c \cdot z_E}{60 \cdot 10^3 \cdot \eta_M} \qquad\qquad b = \frac{d}{2 \cdot \sin \chi} = \frac{10}{2 \cdot \sin \dfrac{118°}{2}} = 5{,}83 \; mm$$

$$F_c = b \cdot h \cdot k_{cKorr} \qquad\qquad f_z = \frac{f}{2} \Rightarrow h = f_z \cdot \sin \chi = \frac{0{,}25}{2} \cdot \sin \frac{118°}{2} = 0{,}11 \; mm$$

$$k_{cKorr} = k_{c1 \cdot 1} \cdot f_h \cdot f_\gamma \cdot f_{vc} \cdot f_f \cdot f_{st} \cdot f_{ver} \cdot f_{schn} \cdot f_{schm} \quad \text{aus Tabelle 1:}$$

$$34CrMo4$$
$$\Rightarrow k_{c1 \cdot 1} = 2440 \; N / mm^2, \quad z = 0{,}21$$

$$f_h = \frac{1}{h^z} = \frac{1}{0{,}11^{0{,}21}} = 1{,}58$$

$$f_\gamma = 1 - \frac{\gamma_{tat} - \gamma_0}{100} = 1 - \frac{8 - 6°}{100} = 0{,}98$$

$$f_{vc} = \frac{2{,}023}{v_c^{0{,}152}} = \frac{2{,}023}{20^{0{,}152}} = 1{,}28$$

$$f_f = 1{,}05 + \frac{1}{d} = 1{,}05 + \frac{1}{10} = 1{,}15$$

$$f_{st} = 1{,}2$$
$$f_{ver} = 1$$
$$f_{schn} = 1{,}2$$
$$f_{schm} = 0{,}85$$

$$k_{cKorr} = 2240 \cdot 1{,}58 \cdot 0{,}98 \cdot 1{,}28 \cdot 1{,}15 \cdot 1{,}2 \cdot 1 \cdot 1{,}2 \cdot 0{,}85 = 6249 \; N / mm^2$$

$$F_{cz} = 5{,}83 \cdot 0{,}11 \cdot 6249 = 4007 \; N$$

$$P_a = \frac{4007 \cdot 20 \cdot 2 \cdot 6}{60 \cdot 10^3 \cdot 0{,}75} = 10{,}7 \approx \underline{\underline{11 \; kW}}$$

<u>alternativ</u>

Ein anderer Lösungsweg für die Ermittlung der Antriebsleistung bietet sich über das Drehmoments an.

$$P_a = \frac{2 \cdot \pi \cdot M \cdot n}{60 \cdot 10^3 \cdot \eta_M}$$

$$n = \frac{v_c \cdot 1000}{d \cdot \pi} = \frac{20 \cdot 1000}{10 \cdot \pi} = 637 \ min^{-1}$$

$$M = \frac{d^2}{8 \cdot 10^3} \cdot f_z \cdot z_E \cdot k_{cKorr} = \frac{10^2}{8 \cdot 10^3} \cdot \frac{0,25}{2} \cdot 2 \cdot 6249 = 19,52 \ Nm$$

$$P_a = \frac{2 \cdot \pi \cdot 19,52 \cdot 637 \cdot 6}{60 \cdot 10^3 \cdot 0,75} = 10,4 \ kW \approx \underline{\underline{11 \ kW}}$$

b) Prozeßzeit

$$l = \frac{d}{3} + l_u + s = \frac{10}{3} + 2,5 + 25 = 30,83 \ mm$$

$$t_h = \frac{l \cdot i}{f \cdot n} = \frac{30,83 \cdot 1}{0,25 \cdot 637} = \underline{\underline{0,194 \ min / \text{Stück}}}$$

Lösung zu Beispiel 7

a) Maschinenantriebsleistung

$$P_a = \frac{F_{cz} \cdot v_c \cdot \left(1 + \dfrac{d}{D}\right) z_E}{2 \cdot 60 \cdot 10^3 \cdot \eta_M}$$

$$h = \frac{f}{f_z} \cdot \sin \chi$$

$$= \frac{0,14}{6} \cdot \sin \frac{180°}{2} = 0,023 \ mm$$

$$F_{cz} = \frac{D-d}{2} \cdot f_z \cdot k_{cKorr}$$

$$k_{cKorr} = k_{c1 \cdot 1} \cdot f_h \cdot f_\gamma \cdot f_{vc} \cdot f_f \cdot f_{st} \cdot f_{ver} \cdot f_{schn} \cdot f_{schm}$$

aus Tabelle 1:
GG-25
$\Rightarrow k_{c1 \cdot 1} = 1160 \ N / mm^2, \quad z = 0,26$

$$f_h = \frac{1}{h^z} = \frac{1}{0{,}023^{0{,}26}} = 2{,}66$$

$$f_\gamma = 1 - \frac{\gamma_{tat} - \gamma_0}{100} = 1 - \frac{30° - 2°}{100} = 0{,}72$$

$$f_{vc} = \frac{2{,}023}{v_c^{\,0{,}153}} = \frac{2{,}023}{14^{0{,}153}} = 1{,}35$$

$$f_f = 1{,}05 + \frac{1}{d} = 1{,}05 + \frac{1}{40} = 1{,}08$$

$$f_{st} = 1{,}2$$

$$f_{ver} = 1{,}5$$

$$f_{schn} = 1{,}2$$

$$f_{schm} = 1$$

$$k_{cKorr} = 1160 \cdot 2{,}66 \cdot 0{,}72 \cdot 1{,}35 \cdot 1{,}08 \cdot 1{,}2 \cdot 1{,}5 \cdot 1{,}2 \cdot 1 = 6932 \ N \,/\, mm^2$$

$$F_{cz} = \frac{40 - 25}{2} \cdot \frac{0{,}14}{6} \cdot 6932 = 1213 \ N$$

$$P_a = \frac{1213 \cdot 14 \left(1 + \dfrac{25}{40}\right) \cdot 6}{2 \cdot 60 \cdot 10^3 \cdot 0{,}75} = 1{,}84 \ kW \approx \underline{\underline{1{,}8 \ kW}}$$

$\Rightarrow$ Für den Fertigungsauftrag ist die Bohrmaschine **B** zu wählen.

b) technischer Ausnutzungsgrad

$$\textit{technischer Ausnutzungsgrad} = \frac{\textit{genutzte techn. Kapazität}}{\textit{mögliche techn. Kapazität}} \cdot 100\%$$

<u>Maschine A:</u> bezüglich der Leistung überbeansprucht, weil $P_{a_{vorh}} = 1{,}5 \ kW$ und $P_{a_{erf}} = 1{,}8 \ kW$

<u>Maschine B:</u> techn. Nutzungsgrad $= \dfrac{1{,}8 \ kW}{2 \ kW} \cdot 100 = \underline{\underline{90\%}}$

<u>Maschine C:</u> techn. Nutzungsgrad $= \dfrac{1{,}8 \ kW}{2{,}5 \ kW} \cdot 100 = \underline{\underline{72\%}}$

Ergebnis: die optimale technische Ausnutzung erfolgt mit Maschine **B** !

3.3 Sägen

3.3.1 Verwendete Formelzeichen

m		Anzahl der Einheiten (Werkstücke)
z_E		Anzahl der im Eingriff befindlichen Zähne
T	$[min]$	Auftragszeit
φ_s	$[°]$	Eingriffswinkel
t_{er}	$[min]$	Erholzeit
L	$[mm]$	Gesamtweg
t_g	$[min]$	Grundzeit
k_{cKorr}	$[N/mm^2]$	korrigierte spezifische Schnittkraft
P_a	$[kW]$	Maschinenantriebsleistung
t_n	$[min]$	Nebennutzungszeit
t_r	$[min]$	Rüstzeit
v_c	$[m/min]$	Schnittgeschwindigkeit
F_c	$[N]$	Schnittkraft
a_p	$[mm]$	Schnittbreite
t_v	$[min]$	Verteilzeit
v_f	$[mm/min]$	Vorschubgeschwindigkeit
f_z	$[mm]$	Vorschub pro Zahn
B	$[mm]$	Werkstückbreite
h	$[mm]$	Werkstückdicke
D	$[mm]$	Werkstückdurchmesser
z_w		Zähnezahl des Kreissägeblattes

3.3.2 Auswahl verwendeter Formeln

Maschinenantriebsleistung

$$P_a = \frac{F_c \cdot v_c}{60 \cdot 10^3 \cdot \eta_M}$$

Schnittkraft

$$F_c = b \cdot h \cdot k_{cKorr} = a_p \cdot f_z \cdot k_{cKorr} \cdot z_e$$

Korrigierte spezifische Schnittkraft

$$k_{cKorr} = k_{c1 \cdot 1} \cdot f_h \cdot f_\gamma \cdot f_{vc} \cdot f_f \cdot f_{st} \cdot f_{ver} \cdot f_{schn} \cdot f_{schm}$$

Eingriffswinkel

$$\sin = \frac{\varphi_s}{2} = \frac{B}{D}$$

Anzahl der im Eingriff
befindlichen Zähne

$$z_E = \frac{\varphi_s \cdot zw}{360°}$$

Vorschub
pro Zahn

$$f_z = \frac{vf}{zw \cdot n}$$

Gesamtweg
beim Sägen

$$L = h + \frac{D}{2} - \frac{1}{2}\sqrt{D^2 - B^2}$$

Auftragszeit

$$T = t_r + m \cdot t_e$$

Zeit je Einheit

$$t_e = t_g + t_{er} + tr$$

Hauptnutzungszeit

$$t_h = \frac{L}{vf}$$

Grundzeit

$$t_g = t_h + t_n$$

Abb. 3.3.1: Schnittlänge beim Kreissägeblatt

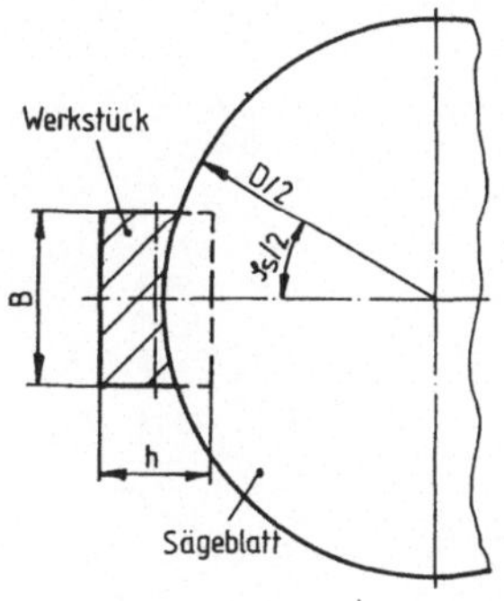

3.3.3 Berechnungsbeispiel

1. Von Stangenmaterial aus E295 (St 50-2), mit den Querschnittsmaßen 30 *mm* x 100 *mm*, sollen sechs
   Rohlingsabschnitte von 50 *mm* Länge mit einer Kaltkreissäge abgelängt werden.

   Maschinendaten: Maschinenantriebsleistung 10 *kW*, Maschinenwirkungsgrad 80 %.

   Das neue Sägeblatt aus SS-Stahl mit einem Durchmesser von 315 *mm* und 80 Zähnen soll mit einer Schnitt-
   geschwindkeit von 25 *m / min* und einer Vorschubgeschwindigkeit von 40 *mm / min* arbeiten.

   Spanwinkel 20°, Spanungsbreite 4,5 *mm*, Kühlung – mittels Kühlemulsion. Als Richtgrößen für den Vorschub ist die Vorschubgeschwindigkeit von 40 *mm / min* zu wählen.

   Berechnen Sie:

   a) den möglichen Vorschub pro Zahn unter Beachtung der Motorleistung

   b) die Auftragszeit, wenn die Rüstzeit 15 *min*, die Nebenzeit 1,5 *min* und die Verteilzeit 12 % beträgt.

3.3.4 Lösung

Lösung zu Beispiel 1

a) Vorschub pro Zahn

$$P_a = \frac{F_c \cdot v_c}{60 \cdot 10^3 \cdot \eta_M}$$

$$F_c = \frac{P_a \cdot 60 \cdot 10^3 \cdot \eta_M}{v_c} = \frac{10 \cdot 60 \cdot 10^3 \cdot 0,8}{25} = 19200 \ N$$

$$F_c = F_{cz} \cdot z_E = a_P \cdot f_z \cdot k_{cKorr} \cdot z_E$$

Vorschub pro Zahn

$$f_z = \frac{F_c}{a_P \cdot k_{cKorr} \cdot z_E}$$

Eingriffswinkel

$$\sin\left(\frac{\varphi_s}{2}\right) = \frac{B}{D} = \frac{100}{315} = 0,317 \Rightarrow \varphi_s = 37°$$

Anzahl der im Eingriff befindlichen Zähne

$$z_E = \frac{\varphi_s \cdot z_w}{360°} = \frac{37° \cdot 80}{360°} = 8,22 \ \text{Zähne}$$

korrigierte spezifische Schnittkraft

$$k_{cKorr} = k_{c1\cdot1} \cdot f_h \cdot f_\gamma \cdot f_{vc} \cdot f_f \cdot f_{st} \cdot f_{ver} \cdot f_{schn} \cdot f_{schm}$$

Tabelle 1:
E295 (St 50-2)
$$\Rightarrow k_{c1\cdot1} = 1990 \; N \, / \, mm^2, \quad z = 0,26$$

Hinweis: Die Ermittlung der Spanungsdicke erfolgt über
den Vorschub pro Zahn.

$$h \stackrel{\wedge}{=} f_z$$

$$n = \frac{v_c \cdot 1000}{d \cdot \pi} = \frac{25 \cdot 1000}{315 \cdot \pi} = 25 \; min^{-1}$$

bei $h = f_z = 0,02 \; mm$

$$f_h = \frac{1}{h^z}$$

$$f_h = \frac{1}{0,02^{0,26}} = 2,76$$

$$f_{z1} = \frac{vf}{z_w \cdot n} = \frac{40}{80 \cdot 25} = 0,02 \; mm \, / \, Zahn$$

$$f_\gamma = 1 - \frac{\gamma_{tat} - \gamma_0}{100} = 1 - \frac{20° - 6°}{100} = 0,86$$

$$f_{vc} = \frac{2,023}{v_c^{0,153}} = \frac{2,023}{25^{0,153}} = 1,24$$

$$f_f = 1,05 + \frac{1}{d} = 1,05 + \frac{1}{315} = 1,053$$

$$f_{st} = 1,2$$

$$f_{ver} = 1$$

$$f_{schn} = 1,2$$

$$f_{schm} = 0,9$$

$$k_{cKorr} = 1990 \cdot 2,76 \cdot 0,86 \cdot 1,24 \cdot 1,053 \cdot 1,2 \cdot 1 \cdot 1,2 \cdot 0,9 = 7993 \; N \, / \, mm^2$$

Vorschub pro Zahn

$$f_z = \frac{19200}{4,5 \cdot 7993 \cdot 8,22} = \underline{\underline{0,065}} \; mm \, / \, Zahn$$

b) Auftragszeit

$$T = t_r + m \cdot t_e$$

$$t_e = t_g + t_v + t_{er}$$

$$t_g = t_h + t_n$$

$$t_h = \frac{L}{v_f}$$

$$L = h + \frac{D}{2} - \frac{1}{2}\sqrt{D^2 - B^2}$$

$$= 30 + \frac{315}{2} - \frac{1}{2}\sqrt{315^2 - 100^2} = 38{,}15 \, mm$$

$$t_h = \frac{38{,}15}{40} = 0{,}954 \, min$$

$$t_g = 0{,}954 + 1{,}5 = 2{,}45 \, min$$

$$t_r = 15 \, min$$

$$t_n = 1{,}5 \, min$$

$$t_v = \frac{t_g \cdot z_V}{100\%} = \frac{2{,}45 \cdot 12}{100} = 0{,}29 \, min$$

$$t_e = 2{,}45 + 0{,}29 + 0 = 2{,}74 \, min$$

$$T = 15 + 6 \cdot 2{,}74 = \underline{\underline{31{,}44 \, min}}$$

3.4 Fräsen

3.4.1 Verwendete Formelzeichen

A_1	$[mm]$	Abstandsmaß vom Fräserdurchmesser zum Werkstückanfang
A_2	$[mm]$	Abstandsmaß vom Fräserdurchmesser zum Werkstückende
z		Anzahl der im Eingriff befindlichen Zähne/ Zähnezahl des Fräsers
n	$[min^{-1}]$	Drehzahl des Fräsers
λ	$[°]$	Drallwinkel des Fräsers
φ_s	$[°]$	Eingriffswinkel der Schneide
χ	$[°]$	Einstellwinkel
D	$[mm]$	Fräserdurchmesser
L	$[mm]$	Gesamtfräsweg
Q_W	$[mm^3]$	gespantes Volumen
Q_p	$[mm^3 / min \cdot kW]$	leistungsbezogenes Zeitspanungsvolumen
P_a	$[kW]$	Maschinenantriebsleistung
η_M	$[\%]$	Maschinenwirkungsgrad
h_m	$[mm]$	Mittenspanungsdicke
t_h	$[min]$	Prozeßzeit (Hauptnutzungszeit)
a_P	$[mm]$	Schnittbreite (Walzenfräsen)
a_e	$[mm]$	Schnittiefe (Walzenfräsen)
v_c	$[m / min]$	Schnittgeschwindigkeit
P_c	$[kW]$	Schnittleistung (Zerspanleistung)
a_P	$[mm]$	Schnittiefe (Stirnfräsen)
R		Spanraumzahl
b	$[mm]$	Spanungsbreite
Q_{Sp}	$[mm^3]$	Volumen der ungeordneten Spanmenge
v_f	$[mm / min]$	Vorschubgeschwindigkeit
f_Z	$[mm]$	Vorschub pro Schneide
φ_A	$[°]$	Vorschubrichtungswinkel am Schnittanfang
φ_E	$[°]$	Vorschubrichtungswinkel am Schnittende
B	$[mm]$	Werkstückbreite
l	$[mm]$	Werkstücklänge
Q	$[mm^3 / min]$	Zeitspanungsvolumen

3.4.2 Auswahl verwendeter Formeln

Walzenfräsen

Spanungsgrößen

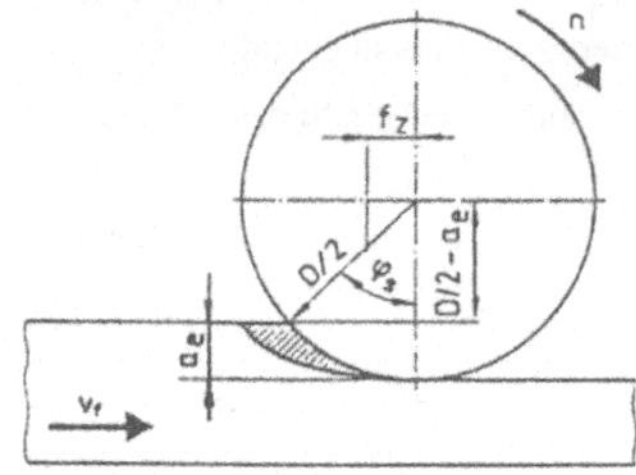

Spanungsgrößen beim Walzenfräsen

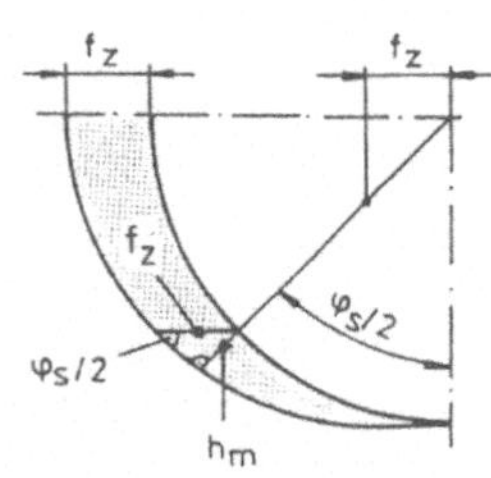

Mittenspanungsdicke h_m

h_m wird bei $\varphi_s / 2$ gemessen

Eingriffswinkel

$$\cos \varphi_s = 1 - \frac{2 \cdot a_e}{D}$$

Spanungsbreite (bei Fräser mit Drallwinkel)

$$b = \frac{a_P}{\cos \lambda}$$

Mittenspanungsdicke

$$h_m = \frac{360°}{\pi \cdot \varphi_s} \cdot \frac{a_e}{D} \cdot f_z \cdot \sin \chi$$

Fräser mit Drallwinkel

$$\chi = 90° - \lambda$$

Vorschubgeschwindigkeit

$$v_f = f_z \cdot z \cdot n$$

Spanungsvolumen

$$Q = a_e \cdot a_p \cdot v_f$$

Leistungsbezogenes Zeitspanungsvolumen

$$Q_P = \frac{Q}{P_C}$$

Spanungsvolumen

$$Q_{Sp} = Q_W \cdot R$$

$$Q = Q_W \cdot t_h$$

Stirnfräsen

Spanungsgrößen

<u>Eingriffswinkel φ_S</u>
<u>mittiges Stirnfräsen</u>

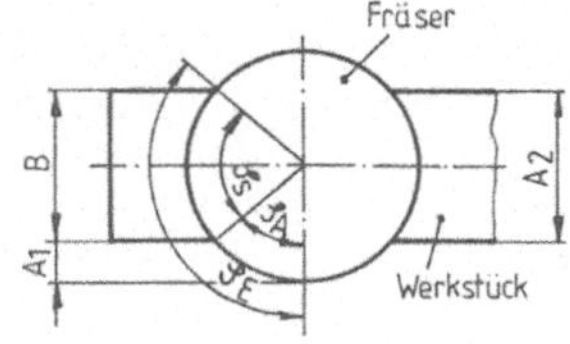

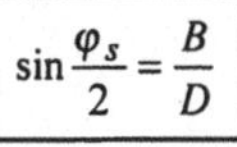

$$\sin\frac{\varphi_S}{2} = \frac{B}{D}$$

<u>außermittiges Fräsen</u>

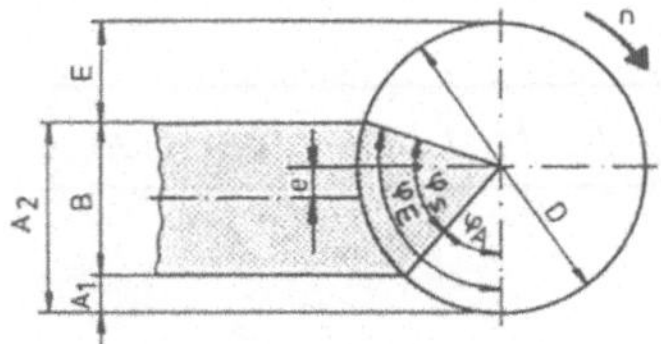

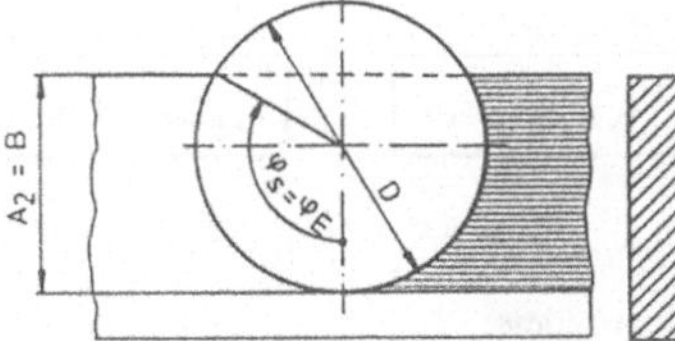

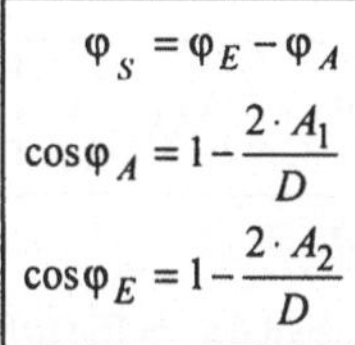

$$\varphi_S = \varphi_E - \varphi_A$$
$$\cos\varphi_A = 1 - \frac{2 \cdot A_1}{D}$$
$$\cos\varphi_E = 1 - \frac{2 \cdot A_2}{D}$$

a) Prinzip des Stirnfräsens
    $\varphi_A > 0°$

b) Prinzip des Stirnfräsens
    $\varphi_A = 0°$ $\varphi_S = \varphi_E$

Seitenversatz des Fräsers

Um am **Schnittanfang** und am **Schnittende optimale** Spandicken zu erhalten, versetzt man die Fräsermitte zur Werkstückmitte. Als **Faustregel** kann man sagen:

$$\frac{A_1}{E} = \frac{1}{3}$$

daraus folgt:

    für **GG**

    für **Stahl**

für GG
$D = 1{,}4 \cdot B$
$A_1 = 0{,}1 \cdot B$
$E = 0{,}3 \cdot B$

für Stahl
$D = 1{,}60 \cdot B$
$A_1 = 0{,}15 \cdot B$
$E = 0{,}45 \cdot B$

Spanungsbreite

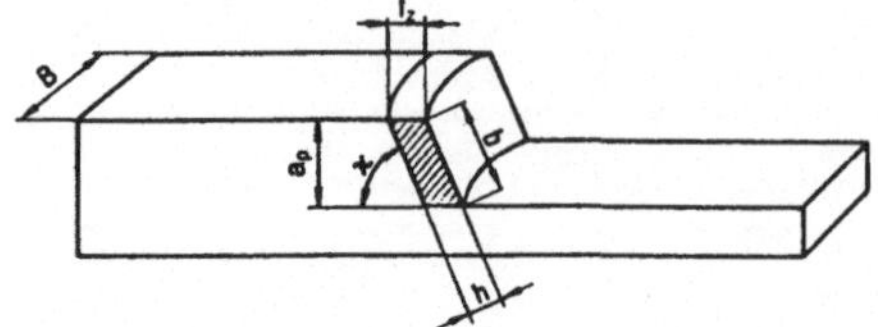

Mittenspanungsdicke

$$h_m = \frac{360°}{\pi \cdot \varphi_s} \cdot f_z \cdot \frac{B}{D} \sin \chi \qquad \boxed{\chi = 90° - \lambda}$$

$$b = \frac{a_p}{\sin \ae}$$

Maschinenantriebsleistung beim Walzen- u. Stirnfräsen

Maschinenantriebs-
leistung

mittlere
Hauptschnittkraft

korrigierte spezifische Schnittkraft

$$P_a = \frac{F_{cm} \cdot v_c \cdot z_E}{60 \cdot 10^3 \cdot \eta_M}$$

$$F_{cm} = b \cdot h_m \cdot k_{cKorr}$$

$$k_{cKorr} = k_{c1\cdot1} \cdot f_h \cdot f_\gamma \cdot f_{vc} \cdot f_f \cdot f_{st} \cdot f_{ver} \cdot f_{schn} \cdot f_{schm}$$

Anzahl der im Eingriff befindlichen Zähne

$$z_E = \frac{z_w \cdot \varphi_s}{360°}$$

Prozeßzeit (Hauptnutzungszeit)

Prozeßzeit

$$t_h = \frac{L \cdot i}{f \cdot n} = \frac{L \cdot i}{v_f}$$

<u>Walzenfräsen</u>

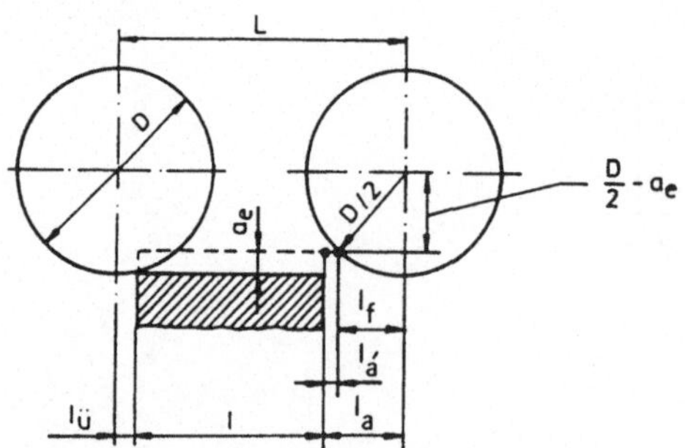

Gesamtweg für das Schruppen

$$L = l + 3 + \sqrt{D \cdot a_e - a_e{}^2}$$

bei $l_\ddot{u} = 1{,}5 \ mm$

Gesamtweg für das Schlichten

$$L = l + 3 + 2\sqrt{D \cdot a_e - a_e{}^2}$$

$l_\ddot{u} = l_a$

Gesamtweg L beim Walzenfräsen

Stirnfräsen

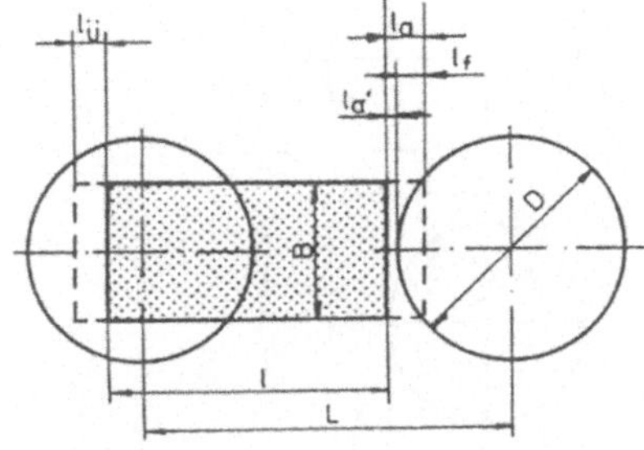

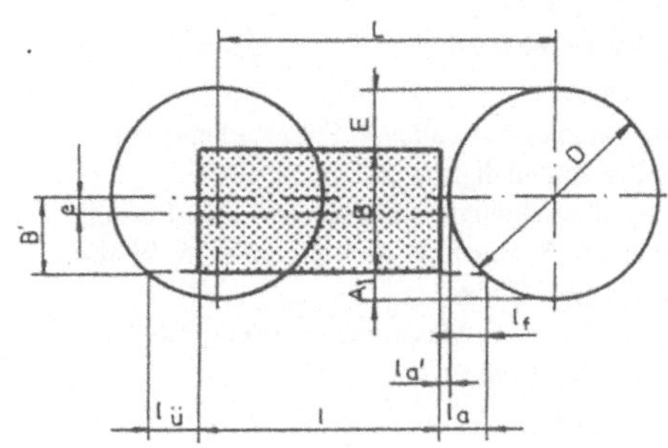

Gesamtweg beim mittigen Stirnfräsen   **Gesamtweg L beim außermittigen Stirnfräsen**

Gesamtweg für das Schruppen
(mittiges Stirnfräsen)

$$L = l + 3 + \frac{1}{2}\sqrt{D^2 - B^2}$$

bei $l_{\ddot{u}} = 1,5\ mm$

Gesamtweg für das Schruppen
(außermittiges Stirnfräsen)

$$L = l + 3 + \frac{D}{2} - \sqrt{\left(\frac{D}{2}\right)^2 - B'^2}$$

Abstand der Fräsermitte
von der Werkstückkante

$$B' = \frac{D}{2} - A_1$$

Gesamtweg für das Schlichten

$$L = l + 3 + \frac{1}{2}\sqrt{D^2 - B^2}$$

$l_{\ddot{u}} = l_a$

Gesamtweg für das Schlichten

$$L = l + 3 + D$$

3.4.3 Berechnungsbeispiele

1. Die skizzierte Führungsleiste mit einer Werkstück-
   länge von 3200 *mm* lang, soll durch Stirnfräsen
   einen Absatz von 5 *mm* Tiefe erhalten.
   Die Bearbeitung erfolgt in einem Schnitt.
   Fräsdaten:
   Fräserdurchmesser 180 *mm*, Fräser arbeitsscharf
   Schnittgeschwindigkeit 160 *m / min*,
   Vorschubgeschwindigkeit 600 *mm / min*, Einstell-
   winkel 60°, Spanwinkel 8°, Zähnezahl 16, Werk-
   stückbreite 120 *mm*
   Werkstoff GG-25, Maschinenwirkungsgrad 72 %,
   Bearbeitung: trocken

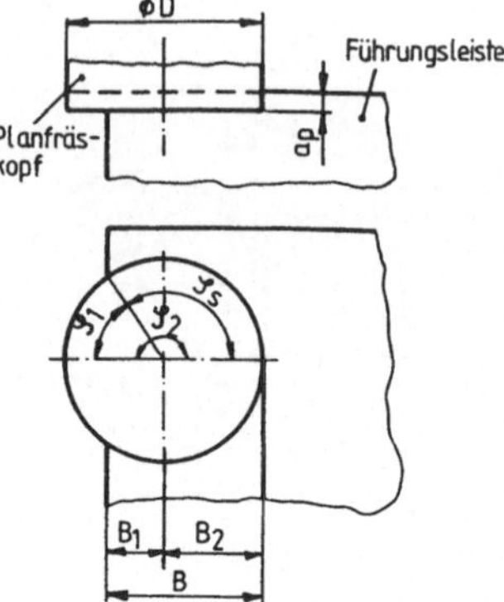

   Berechnen Sie:

   a) die Antriebsleistung der Fräsmaschine

   b) die Prozeßzeit.

2. An einem Verschlußstück aus GG-20 mit rechteckiger Auflagefläche, 220 *mm* lang und 80 *mm* breit, soll
   durch Walzenfräsen eine 3 *mm* dicke Werkstoffschicht in einem Schnitt abgespant werden.
   Walzenfräser aus SS-Stahl, Fräserdurchmesser 65 *mm*, DIN 884, Typ N – schräg verzahnt – Zähnezahl 5,
   Drallwinkel 40°, Spanwinkel 12°, Werkzeugverschleiß 20 %, Vorschub 0,2 *mm* / Schneide
   Schnittgeschwindigkeit 12 *m / min*, trockenene Bearbeitung.

   Berechnen Sie:

   a) die erforderliche Schnittleistung

   b) die erforderliche Maschinenantriebsleistung bei $\eta_M = 70$ %

   c) Erstellen Sie die Werkzeug- und Maschinen-Gerade für diesen Zerspanungsprozeß, wenn folgende Daten
      zugrunde liegen:
      Schneidstoff: Schnellarbeitsstahl, Schnittgeschwindigkeit $v_{c1} = 12$ *m / min*, $v_{c2} = 10$ *m / min*,
      Werkstoff GG-20, Vorschub $f_1 = 0,2$ *mm*, $f_2 = 0,3$ *mm*, Spanungsverhältnis $a_p : f = 15$,
      vorhandene Maschinenantriebsleistung 4 *kW*.

3. Die Montagefläche einer Konsole aus C45E (Ck 45) soll durch Fräsen in einem Schnitt um 5 *mm* abgespant
   werden, die Konsolenbreite beträgt 150 *mm*.

   a) Entscheiden Sie durch Nachrechnung, welches Fräsverfahren, Walzen- oder Stirnfräsen, von den
      Energiekosten wirtschaftlicher ist.

   b) Beurteilen Sie die Wirtschaftlichkeit über das Zeitspanungsvolumen und die Leistungseinheit.

   Folgende Daten sind bekannt:

Walzenfräsen	**Stirnfräsen**
Fräser Ø160 x 160, Typ N, SS-Stahl	Messerkopfdurchmesser Ø250 *mm*, HM
Schneidenzahl 16	Schneidenzahl 16
Drallwinkel 25°	Drallwinkel 25°
Spanwinkel 12°	Spanwinkel 12°
Schnittgeschwindigkeit 120 *m / min*	Schnittgeschwindigkeit 120 *m / min*
Vorschub 0,25 *mm*	Vorschub 0,25 *mm*
Verschleiß 30 %	Verschleiß 30 %
Wirkungsgrad 80 %	Wirkungsgrad 80 %
Kühlemulsion	Kühlemulsion

4. Berechnen Sie das Volumen der Spänewanne für eine Fräsmaschine, wenn Ihnen folgende Daten zur Verfügung stehen:

   – Leerung der Wanne nach 3 Schichten zu je 8 Stunden

   – Spanungsvolumen je Zeit und Leistungseinheit 0,0157 $dm^3 / minkW$

   – Zerspanleistung 43 kW

   – Prozeßzeit 0,8 min

   – Maschinennutzungsgrad 65 %, davon sind 35 % Erhol- und Verteilzeiten

   – Spanraumzahl 25.

3.4.4 Lösungen

Lösung zu Beispiel 1

Stirnfräsen

a) Maschinenantriebsleistung

$$P_a = \frac{F_{cm} \cdot v_c \cdot z_E}{60 \cdot 10^3 \cdot \eta_M}$$

$$b = \frac{a_P}{\sin \chi} = \frac{5}{\sin 60°} = 5{,}77 \ mm$$

$$F_{cm} = b \cdot h_m \cdot k_{cKorr}$$

$$n = \frac{v_c \cdot 1000}{d \cdot \pi} = \frac{160 \cdot 1000}{180 \cdot \pi} = 283 \ min^{-1}$$

$$f_z = \frac{v_f}{n \cdot z} = \frac{600}{283 \cdot 16} = 0{,}133 \ mm \ / \ Schneide$$

$$\cos \varphi_s = 1 - \frac{2 \cdot B}{D} = 1 - \frac{2 \cdot 120}{180} = -0{,}333 \Rightarrow \varphi_s = 109{,}47°$$

$$h_m = \frac{360°}{\pi \cdot \varphi_s} \cdot f_z \cdot \frac{B}{D} \sin \chi = \frac{360°}{\pi \cdot 109{,}47} \cdot 0{,}133 \cdot \frac{120}{180} \sin 60° = 0{,}08 \ mm$$

aus Tabelle 1:
GG 25
$$\Rightarrow k_{c1\cdot1} = 1160 \ N \ / \ mm^2, \quad z = 0{,}26$$

$$k_{cKorr} = k_{c1\cdot1} \cdot f_h \cdot f_\gamma \cdot f_{vc} \cdot f_f \cdot f_{st} \cdot f_{ver} \cdot f_{schn} \cdot f_{schm}$$

$$f_h = \frac{1}{h_m{}^z} = \frac{1}{0{,}08^{0{,}26}} = 1{,}93$$

$$f_\gamma = 1 - \frac{\gamma_{tat} - \gamma_0}{100} = 1 - \frac{8° - 2°}{100} = 0{,}94$$

$$f_{vc} = \frac{1{,}38}{v_c{}^{0{,}07}} = \frac{1{,}38}{160^{0{,}07}} = 0{,}97$$

$$f_f = 1{,}05 + \frac{1}{d} = 1{,}05 + \frac{1}{180} = 1{,}06$$

$$f_{st} = 1{,}2$$

$$f_{ver} = 1$$

$$f_{schn} = 1$$

$$f_{schm} = 1$$

$$k_{cKorr} = 1160 \cdot 1{,}93 \cdot 0{,}94 \cdot 0{,}97 \cdot 1{,}06 \cdot 1{,}2 \cdot 1 \cdot 1 \cdot 1 = 2596{,}6 \ N \ / \ mm^2$$

$$F_{cm} = 5,77 \cdot 0,08 \cdot 2597 = 1199 \; N$$

$$z_E = \frac{z \cdot \varphi_s}{360°} = \frac{16 \cdot 109,47°}{360°} = 4,86$$

$$P_a = \frac{1199 \cdot 160 \cdot 4,86}{60 \cdot 10^3 \cdot 0,72} = 21,6 \; kW$$

b) Prozeßzeit

$$L = l + 3 + \frac{D}{2} - \sqrt{\left(\frac{D}{2}\right)^2 - B'^2} = 3200 + 3 + \frac{180}{2} - \sqrt{\left(\frac{180}{2}\right)^2 - 90^2} = 3200 + 3 + 90 - 0 = 3293 \; mm$$

$$t_h = \frac{l \cdot i}{f \cdot n} = \frac{3293 \cdot 1}{0,133 \cdot 16 \cdot 283} = 5,46 \; min$$

oder

$$t_h = \frac{l \cdot i}{v_f} = \frac{3293 \cdot 1}{600} = 5,48 \; min$$

Lösung zu Beispiel 2

Walzenfräsen

a) Erforderliche Maschinenantriebsleistung

$$P_a = \frac{F_{cm} \cdot v_c \cdot z_E}{60 \cdot 10^3 \cdot \eta_M}$$

$$b = \frac{b}{\cos \lambda} = \frac{80}{\cos 40°} = 104,43 \; mm$$

$$F_{cm} = b \cdot h_m \cdot k_{cKorr}$$

bei $a_p / f = 15$

$$a_{p1} = 15 \cdot f_1 = 15 \cdot 0,2 = 3 \; mm$$
$$a_{p2} = 15 \cdot f_2 = 15 \cdot 0,3 = 4,5 \; mm$$

$$h_{m1} = \frac{360°}{\pi \cdot \varphi_s} \cdot \frac{a_P}{D} \cdot f_z \cdot \sin \chi$$

$$h_{m1} = \frac{360°}{\pi \cdot 24,8°} \cdot \frac{3}{65} \cdot 0,2 \cdot \sin 50°$$

$$\chi = 90° - \lambda = 90° - 40° = 50°$$

$$= 0,033 \; mm$$

$$\cos \varphi_{s1} = 1 - \frac{2 \cdot a_{p1}}{D} = 1 - \frac{2 \cdot 3}{65} = 0,9077 \Rightarrow \varphi_{s1} = 24,8°$$

$$\cos \varphi_{s2} = 1 - \frac{2 \cdot a_{p2}}{D} = 1 - \frac{2 \cdot 4,5}{65} = 0,8616 \Rightarrow \varphi_{s2} = 30,5°$$

$$h_{m2} = \frac{360°}{\pi \cdot 30,5°} \cdot \frac{4,5}{65} \cdot 0,3 \cdot \sin 50° = 0,06 \; mm$$

korrigierte spezifische Schnittkraft bei $f_1 = 0,2$ *mm* und $a_p = 3$ *mm*:

$$k_{cKorr1} = k_{c1\cdot1} \cdot f_h \cdot f_\gamma \cdot f_{vc} \cdot f_f \cdot f_{st} \cdot f_{ver} \cdot f_{schn} \cdot f_{schm}$$

aus Tabelle 1:

GG 20

$\Rightarrow k_{c1\cdot1} = 1030\ N/mm^2,\quad z = 0,25$

$$f_h = \frac{1}{h_m^{\,z}} = \frac{1}{0,03^{0,25}} = 2,35$$

$h_{m1} = 0,03\ mm$

$$f_\gamma = 1 - \frac{\gamma_{tat} - \gamma_0}{100} = 1 - \frac{12° - 2°}{100} = 0,9$$

$$f_{vc} = \frac{2,023}{v_c^{\,0,153}} = \frac{2,023}{12^{0,153}} = 1,38$$

$$f_f = 1,05 + \frac{1}{d} = 1,05 + \frac{1}{65} = 1,07$$

$$f_{st} = 1,2$$

$$f_{ver} = 1,2$$

$$f_{schn} = 1,2$$

$$f_{schm} = 1$$

$$k_{cKorr1} = 1030 \cdot 2,35 \cdot 0,9 \cdot 1,38 \cdot 1,07 \cdot 1,2 \cdot 1,2 \cdot 1,2 \cdot 1 = 5558\ N/mm^2$$

$$F_{cm} = 104,43 \cdot 0,033 \cdot 5558 = 19154\ N$$

Schnittleistung

$$P_c = \frac{19154 \cdot 12 \cdot 0,34}{60 \cdot 10^3} = \underline{\underline{1,3\ kW}}$$

b) Maschinenantriebsleistung

$$P_a = \frac{P_c}{\eta_M} = \frac{1,3}{0,7} = 1,85\ kW \approx \underline{\underline{1,9\ kW}}$$

c) Werkzeug-Maschinen-Gerade

Konstruktion der Werkzeug-Gerade

Schneidstoff SS-Stahl, Werkstoff GG-20:

$f_1 = 0,2\ mm \qquad a_{p1} = 0,3\ mm \quad \Rightarrow \quad A_1 = b \cdot h_{m1} = 104,43 \cdot 0,033 = 3,4\ mm^2 \quad \Rightarrow \quad v_{c1} = 12\ m/min$

$f_2 = 0,3\ mm \qquad a_{p2} = 4,5\ mm \quad \Rightarrow \quad A_2 = b \cdot h_{m2} = 104,43 \cdot 0,060 = 6,30\ mm^2 \quad \Rightarrow \quad v_{c2} = 10\ m/min$

Konstruktion der Maschinen-Gerade

Hinweis: Aus der vorhandenen Maschinenantriebsleistung und den vorgegebenen Zerspanungsbedingungen werden die zugehörigen Schnittgeschwindigkeiten ermittelt. Bei den zu ermittelnden korrigierten spezifischen Schnittkräften k_{cKorr1} und k_{cKorr2} kann der Korrekturfaktor f_{vc} nicht berücksichtigt werden, weil die Schnittgeschwindigkeit v_{c1} und v_{c2} erst ermittelt werden muß!

aus $$P_a = \frac{F_{cm} \cdot v_c \cdot z_E}{60 \cdot 10^3 \cdot \eta_M}$$

erhält man

$$v_c = \frac{P_a \cdot 60 \cdot 10^3 \cdot \eta_M}{F_{cm} \cdot z_E}$$

$$F_{cm} = b \cdot h_m \cdot k_{cKorr}$$

korrigierte spezifische Schnittkraft bei $f_2 = 0,3\ mm$ und $a_P = 4,5\ mm$:

$$k_{cKorr2} = k_{c1\cdot1} \cdot f_h \cdot f_\gamma \cdot f_{vc} \cdot f_f \cdot f_{st} \cdot f_{ver} \cdot f_{schn} \cdot f_{schm}$$

$$h_{m2} = 0,06\ mm$$

$$f_h = \frac{1}{h_m{}^z} = \frac{1}{0,06^{0,25}} = 2,02$$

$$f_\gamma = 1 - \frac{\gamma_{tat} - \gamma_0}{100} = 1 - \frac{12° - 2°}{100} = 0,9$$

$$f_{vc} = 1$$

$$f_f = 1,05 + \frac{1}{d} = 1,05 + \frac{1}{65} = 1,07$$

$$f_{st} = 1,2$$

$$f_{ver} = 1,2$$

$$f_{schn} = 1,2$$

$$f_{schm} = 1$$

$$k_{cKorr2} = 1030 \cdot 2,02 \cdot 0,9 \cdot 1 \cdot 1,07 \cdot 1,2 \cdot 1,2 \cdot 1,2 \cdot 1 = 3462\ N / mm^2$$

bei $f_1 = 0,2\ mm$ und $a_{P1} = 3,0\ mm$ $\Rightarrow$ $f_{vc} = 1$ $\Rightarrow$ $k_{cKorr1} = 3970\ N / mm^2$

bei $f_2 = 0,3\ mm$ und $a_{P2} = 4,5\ mm$ $\Rightarrow$ $f_{vc} = 1$ $\Rightarrow$ $k_{cKorr2} = 3462\ N / mm^2$

<u>somit:</u>

$$P_a = 4\ kW,\ \eta_M = 0,7$$
$$b = 104,43\ mm$$

$$v_{c1} = \frac{4 \cdot 60 \cdot 10^3 \cdot 0,7}{104,4 \cdot 0,03 \cdot 3970 \cdot 0,34} \approx 40\ m/min$$

$$z_{E1} = \frac{z_w \cdot \varphi_s}{360°} = \frac{5 \cdot 24,8°}{360°} = 0,34$$

$$v_{c2} = \frac{4 \cdot 60 \cdot 10^3 \cdot 0,7}{104,43 \cdot 0,06 \cdot 3462 \cdot 0,42} \approx 18\ m/min$$

$$z_{E2} = \frac{z_w \cdot \varphi_s}{360°} = \frac{5 \cdot 30,5°}{360°} = 0,42$$

ermittelte Schnittbedingungen:

$$A_1 = 3,45\ mm^2 \quad \Rightarrow \quad v_{c1} \approx 40\ m/min$$
$$A_2 = 6,3\ mm^2 \quad \Rightarrow \quad v_{c2} \approx 18\ m/min$$

Lösung 3.4.4 zu Beispiel 2: optimaler Arbeitspunkt

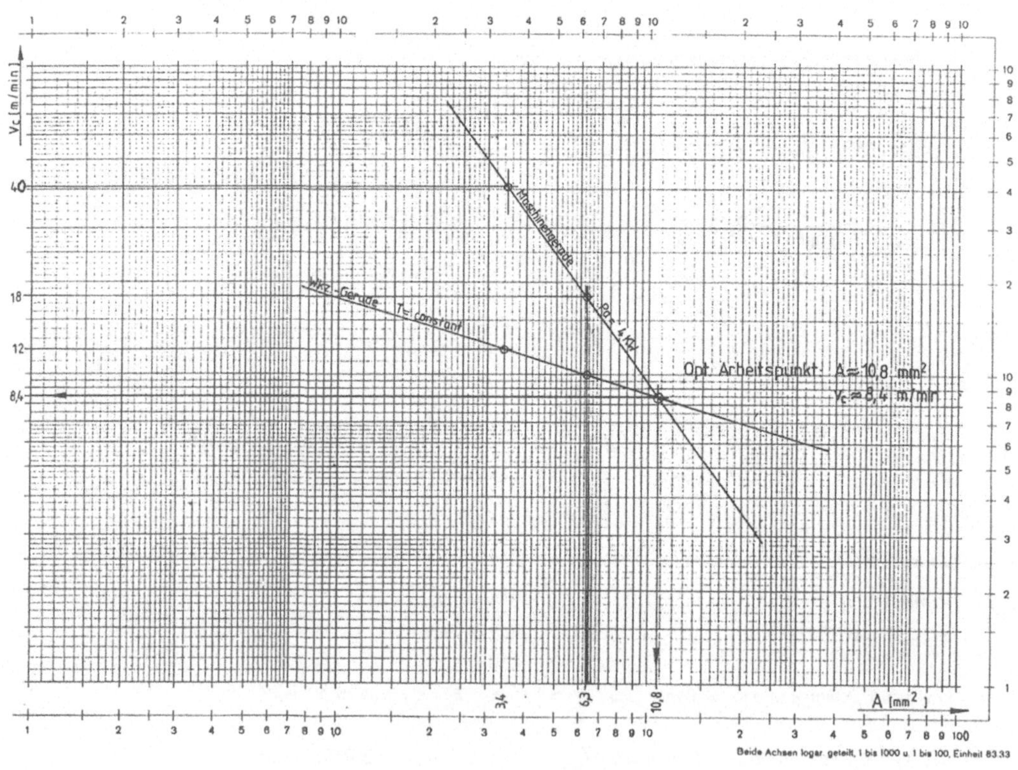

aus Diagramm:

Der **optimale** Arbeitspunkt liegt bei:
$$\Rightarrow A_{opt} = 10,8\ mm^2$$
$$\Rightarrow V_{c\,opt} = 8,4\ m/min$$

Lösung zu Beispiel 3

Vergleich: <u>Walzenfräsen-Stirnfräsen</u>

a) Maschinenantriebsleistung

$$P_a = \frac{F_{cm} \cdot v_c \cdot z_E}{60 \cdot 10^3 \cdot \eta_M}$$

$$F_{cm} = b \cdot h_m \cdot k_{cKorr} \qquad\qquad b = \frac{a_P}{\cos\lambda} = \frac{150}{\cos 25°} = 165,5 \; mm$$

<u>Walzenfräsen</u>

$$\cos\varphi_s = 1 - \frac{2 \cdot a_e}{D} = 1 - \frac{2 \cdot 5}{160} = 0,9376 \Rightarrow \varphi_s = 20,4° \qquad\qquad \chi = 90° - \lambda$$
$$= 90° - 25° = 65°$$

$$h_m = \frac{360°}{\pi \cdot \varphi_s} \cdot \frac{a_P}{D} \cdot f_z \cdot \sin\chi = \frac{360°}{\pi \cdot 20,4} \cdot \frac{5}{160} \cdot 0,25 \cdot \sin 65° = 0,0396 = \underline{\underline{0,04 \; mm}}$$

<u>Stirnfräsen (außermittig)</u>

$$\varphi_S = \varphi_E - \varphi_A \qquad\qquad A_2 = D - A_1 = 250 - 50 = 200 \; mm$$

$$\cos\varphi_E = 1 - \frac{2 \cdot A_2}{D} = 1 - \frac{2 \cdot 200}{250} = -0,6 \Rightarrow \varphi_E = 126,87°$$

$$\cos\varphi_A = 1 - \frac{2 \cdot A_1}{D} = 1 - \frac{2 \cdot 50}{250} = 0,6 \Rightarrow \varphi_A = 53,13°$$

$$\varphi_S = 126,87° - 53,13° = \underline{\underline{73,74°}} \qquad\qquad b = \frac{a_P}{\sin\chi} = \frac{5}{\sin 65°} = 5,52 \; mm$$

$$h_m = \frac{360°}{\pi \cdot \varphi_s} \cdot f_z \cdot \frac{B}{D} \cdot \sin\chi = \frac{360°}{\pi \cdot 73,74°} \cdot 0,25 \cdot \frac{15,0}{250} \cdot \sin 65° = \underline{\underline{0,21 \; mm}}$$

Ermittlung der korrigierten spezifischen Schnittkraft   aus Tabelle 1:
C45E (Ck45)
$$\Rightarrow k_{c1\cdot1} = 2220 \; N/mm^2, \quad z = 0{,}14$$

<u>Walzenfräsen</u>   <u>Stirnfräsen</u>

$$f_h = \frac{1}{h^z} = \frac{1}{0{,}04^{0{,}14}} = 1{,}57 \qquad\qquad f_h = \frac{1}{0{,}21^{0{,}14}} = 1{,}24$$

$$f_\gamma = 1 - \frac{\gamma_{tat} - \gamma_0}{100} = 1 - \frac{12°-6°}{100} = 0{,}94 \qquad f_\gamma = 1 - \frac{\gamma_{tat} - \gamma_0}{100} = 1 - \frac{12°-6°}{100} = 0{,}94$$

$$f_{vc} = \frac{1{,}38}{v_c^{0{,}07}} = \frac{1{,}38}{120^{0{,}07}} = 0{,}99 \qquad f_{vc} = \frac{1{,}38}{v_c^{0{,}07}} = \frac{1{,}38}{120^{0{,}07}} = 0{,}99$$

$$f_f = 1{,}05 + \frac{1}{d} = 1{,}05 + \frac{1}{160} = 1{,}06 \qquad f_f = 1{,}05 + \frac{1}{d} = 1{,}05 + \frac{1}{250} = 1{,}05$$

$$f_{st} = 1{,}2 \qquad\qquad\qquad\qquad\qquad f_{st} = 1{,}2$$

$$f_{ver} = 1{,}3 \qquad\qquad\qquad\qquad\qquad f_{ver} = 1{,}3$$

$$f_{schn} = 1{,}2(SS) \qquad\qquad\qquad\qquad f_{schn} = 1{,}2(HM)$$

$$f_{schm} = 0{,}9 \qquad\qquad\qquad\qquad\qquad f_{schm} = 0{,}9$$

<u>Walzenfräsen</u>

$$k_{ckorr} = 2220 \cdot 1{,}57 \cdot 0{,}94 \cdot 0{,}99 \cdot 1{,}06 \cdot 1{,}2 \cdot 1{,}3 \cdot 1{,}2 \cdot 0{,}9 = 5793 \; N/mm^2$$

$$F_{cm} = 165{,}5 \cdot 0{,}04 \cdot 5793 = 38373 \; N$$

$$z_E = \frac{z_w \cdot \varphi_s}{360°} = \frac{16 \cdot 20{,}4°}{360°} = 0{,}91$$

$$P_a = \frac{38373 \cdot 120 \cdot 0{,}91}{60 \cdot 10^3 \cdot 0{,}8} = 87{,}3 \; kW$$

<u>Stirnfräsen</u>

$$k_{cKorr} = 2220 \cdot 1{,}24 \cdot 0{,}94 \cdot 0{,}89 \cdot 1{,}05 \cdot 1{,}2 \cdot 1{,}3 \cdot 1 \cdot 0{,}9 = 3395 \; N/mm^2$$

$$F_{cm} = 5{,}52 \cdot 0{,}21 \cdot 3395 = 3936 \; N$$

$$z_E = \frac{z_w \cdot \varphi_s}{360°} = \frac{16 \cdot 73{,}74°}{360°} = 3{,}28$$

$$P_a = \frac{3936 \cdot 120 \cdot 3{,}28}{60 \cdot 10^3 \cdot 0{,}8} = 32{,}3 \; kW$$

Ergebnis: Der Energieverbrauch ist beim Stirnfräsen geringer!

b) Vergleich: Zeitspanungsvolumen und Leistungseinheit

Walzenfräsen

$$v_f = f_z \cdot z \cdot n = \frac{0{,}25 \cdot 16 \cdot 120 \cdot 1000}{\pi \cdot 160} = 955 \; mm/min$$

$$Q = a_P \cdot b \cdot v_f = 5 \cdot 150 \cdot 955 = 716{,}25 \; cm^3/min \qquad P_c = P_a \cdot \eta_M = 87{,}3 \cdot 0{,}8 = 69{,}8 \; kW$$

$$Q_P = \frac{Q}{P_c} = \frac{716{,}25}{69{,}8} = 10{,}3 \; cm^3/minkW$$

Stirnfräsen

$$v_f = f_z \cdot z \cdot n = \frac{0{,}25 \cdot 16 \cdot 120 \cdot 1000}{\pi \cdot 250} = 611{,}5 \; mm/min$$

$$Q = a_P \cdot b \cdot v_f = 5 \cdot 150 \cdot 611{,}5 = 458{,}63 \; cm^3/min \qquad P_c = P_a \cdot \eta_M = 32{,}3 \cdot 0{,}8 = 25{,}8 \; kW$$

$$Q_P = \frac{Q}{P_c} = \frac{458{,}63}{25{,}8} = 17{,}78 \; cm^3/minkW$$

Ergebnis: Das Zeitspanungsvolumen ist beim Stirnfräsen größer als beim Walzenfräsen!

Lösung zu Beispiel 4

$$Q_P = \frac{Q}{P_c}$$

$$Q = Q_P \cdot P_c = 0{,}0157 \cdot 43 = 0{,}6751 \; dm^3/min$$

tatsächlich anfallendes Spanungsvolumen pro *min*

$$Q_W = 0{,}6751 \cdot 0{,}65 \cdot (1 - 0{,}35) = 0{,}285 \; dm^3/min$$

Raumbedarf dieser Spänemenge

$$Q_R = Q_W \cdot R = 0{,}285 \cdot 25 = 7{,}13 \; dm^3/min$$

erforderliches Volumen der Spänewanne

$$V_{Sp} = Q_R \cdot t_h = 7{,}13 \cdot 3 \cdot 8 \cdot 60 = 10{,}3 \; m^3 \; \Rightarrow \; 11 \; m^3$$

3.5 Räumen

3.5.1 Verwendete Formelzeichen

z_E		Anzahl der im Eingriff befindlichen Zähne
z_1		Anzahl der Zähne für das Schruppen
z_2		Anzahl der Zähne für das Schlichten
z_3		Anzahl der Zähne für das Kalibrieren
H	$[mm]$	Arbeitshub beim Innenräumen
h_{ges}	$[mm]$	Bearbeitungsaufmaß
l_a	$[mm]$	Dicke der Anschlußplatte
χ	$[°]$	Einstellwinkel
L	$[mm]$	Gesamtlänge der Innenräumnadel
t_{min}	$[mm]$	kleinste zulässige Teilung
a_1	$[mm]$	Länge der Führung der Räumnadel
a_3	$[mm]$	Länge der hinteren Führung der Räumnadel
l_2	$[mm]$	Länge des Endstückes der Räumnadel
a_2	$[mm]$	Länge des Schneidenteils der Räumnadel
P_a	$[kW]$	Maschinenantriebsleistung
λ	$[°]$	Neigungswinkel
t_h	$[min]$	Prozeßzeit
l	$[mm]$	Räumlänge im Werkstück
v_r	$[m / min]$	Rücklaufgeschwindigkeit
a_p	$[mm]$	Schnittbreite der Räumnadel
v_c	$[m / min]$	Schnittgeschwindigkeit
P_c	$[kW]$	Schnittleistung
C		Spanraumzahl
b	$[mm]$	Spanungsbreite
h	$[mm]$	Spanungsdicke
t_1	$[mm]$	Teilung der Schruppzähne
t_2	$[mm]$	Teilung der Schlichtzähne
t	$[mm]$	Zahnteilung
f_z	$[mm]$	Vorschub pro Schneide
f_{z2}	$[mm]$	Vorschub pro Schneide beim Schlichten
f_{z1}	$[mm]$	Vorschub pro Schneide beim Schruppen
w	$[mm]$	Werkstückhöhe
x	$[mm]$	Zahnhöhe

3.5.2 Auswahl verwendeter Formeln

| Kleinste zulässige Teilung | Anzahl der im Eingriff befindlichen Zähne | Spanungsbreite **Innenräumen** bei $\chi = 90°$ | Spanungsbreite **Außenräumen** bei $\chi = 90°-\lambda$ |

$$t_{min} = 3\sqrt{l \cdot f_z \cdot C}$$

$$z_E = \frac{l}{t}$$

$$b = a_p$$

$$b = \frac{ap}{\cos\lambda}$$

Zähnezahl für das Schruppen

$$z_1 = \frac{h - 5 \cdot f_{z2}}{f_{z1}}$$

Zähnezahl

Schlichten: $z_2 = 5$
Kalibrieren: $z_3 = 5$

Länge des Schneidenteils

$$a_2 = t_1 \cdot z_1 + t_2 \cdot (z_2 + z_3)$$

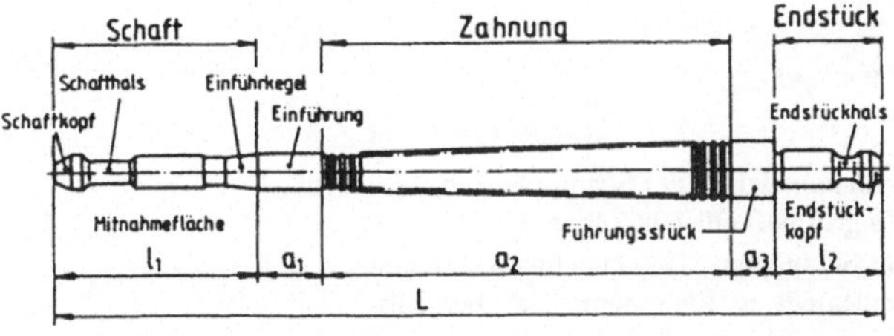

Aufbau einer Innenräumnadel
l_1 Schaft, a_1 Führung, a_2 Schneidenteil, a_3 Führung, l_2 Endstück, L Gesamtlänge

| Spanungsdicke | Gesamtlänge der Innenräumnadel | Korrigierte spezifische Schnittkraft |

$$h = f_z$$

$$L = l_1 + a_1 + a_2 + a_3 + l_2$$

$$k_{cKorr} = k_{c1\cdot1} \cdot f_h \cdot f_\gamma \cdot f_{vc} \cdot f_f \cdot f_{st} \cdot f_{ver} \cdot f_{schst} \cdot f_{schm}$$

Korrekturfaktor für v_c

$$f_{vc} = \frac{(100)^{0,1}}{v_{ctats}}$$

bei $v_c < 20\ m/min$

| Hauptschnittkraft | Zahnhöhe | Schnittleistung | Maschinenantriebsleistung |

$$F_c = a_p \cdot f_z \cdot k_{cKorr} \cdot z_E$$

$$x = 0,4 \cdot t$$

$$P_c = \frac{F_c \cdot v_c}{60 \cdot 10^3}$$

$$P_a = \frac{P_c}{\eta_M} = \frac{F_c \cdot v_c}{60 \cdot 10^3 \cdot \eta_M}$$

| Prozeßzeit | Arbeitshub beim Innenräumen | Arbeitshub beim Außenräumen |

$$t_h = \frac{H \cdot (v_c + v_r)}{v_c \cdot v_r}$$

$$H = 1,2 \cdot l + a_2 + a_3 + l_2$$

$$H = 1,2 \cdot L + l_a + w$$

3.5.3 Berechnungsbeispiele

1. In die Bohrung der skizzierten Führungsbuchse aus 16MnCr5 soll eine Führungsnut durch Räumen eingearbeitet werden. Um die bestmögliche Fertigung zu finden, soll die Berechnung des Räumvorganges für zwei Alternativen durchgeführt werden.

   Fall I: Vorschub beim Schruppen 0,08 mm, Schneide beim Schlichten 0,01 mm

   Fall II: Vorschub beim Schruppen 0,16 mm, Schneide beim Schlichten 0,01 mm

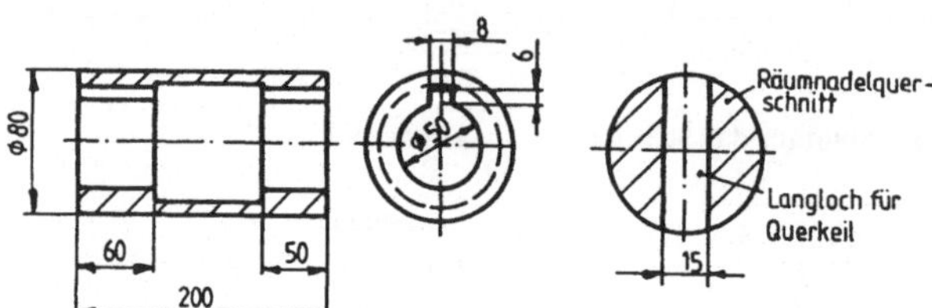

Der gefährdete Schaftdurchmesser der Räumnadel soll 8 mm kleiner sein als die Werkstückbohrung, er wird durch ein Querkeilloch 20 mm x 15 mm geschwächt. Der Räumnadelwerkstoff – 105 WCr 6 – hat eine Festigkeit von 350 N/mm^2.
Spanraumzahl 8
Verschleiß des Werkzeuges 35 %
Kühlschmiermittel: Räumöl
Spanwinkel 15°
Schnittgeschwindigkeit 6 m/min

Ermitteln Sie:

a) die Zahnteilung der Räumnadel für das Schruppen und Schlichten
b) die Anzahl der im Eingriff befindlichen Zähne
c) die Zähnezahl für das Schruppen, Schlichten und Kalibrieren
d) die Länge des Schneidenteils der Räumnadel (Zahnbereich)
e) die korrigierte spezifische Schnittkraft
f) die Schnittkraft beim Schruppen
g) Welche Alternative (Fall I oder Fall II) ist das wirtschaftlichere Fertigungsverfahren (Begründung) ?
h) die vorhandene Zugbelastung im gefährdeten Querschnitt
i) die Zahnhöhe
j) die Schnittleistung und die Maschinenantriebsleistung bei einem Wirkungsgrad von 75 %
k) die Prozeßzeit, wenn das Endstück der Räumnadel 120 mm und die Führungslänge 40 mm beträgt. Die Rücklaufgeschwindigkeit wird mit 20 m/min gewählt.

2. In eine 130 mm lange Schiebemuffe aus 30CrNiMo8 sind drei Profilnuten zu räumen (siehe Skizze).
   Technische Vorgaben: Werkstoff der Räumnadel HSS mit R_m = 750 N/mm^2, Spanraumzahl 8,
   Vorschub für Schruppen 0,15 $mm/Schneide$, Vorschub für Schlichten 0,06 $mm/Schneide$, Spanwinkel 10°,
   Schnittgeschwindigkeit 4 m/min, Kühlschmiermittel: Räumöl, Verschleiß des Werkzeugs 40 %.
   Länge des Schaftes 100 mm
   Länge des Führungstückes 40 mm
   Länge des Endstückes 30 mm
   Länge der hinteren Führung 30 mm

   Berechnen Sie:

   a) die Konstruktionsdaten für die Räumnadel

   b) die erforderliche Zerspankraft für den Räumvorgang, wenn die Nuten in einem Arbeitsgang gefertigt werden

   c) die notwendige Maschinenleistung bei einem Maschinenwirkungsgrad von 65 %

   d) den erforderlichen Mindestdurchmesser der Räumnadel.

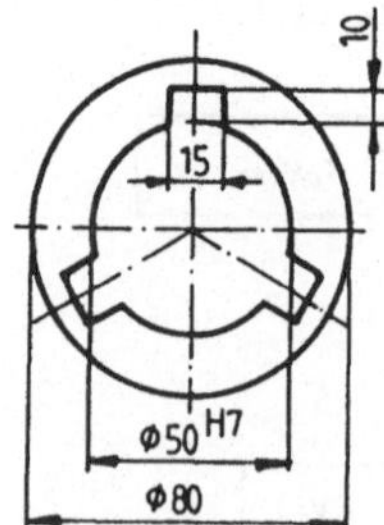

3.5.4 Lösungen

Lösung zu Beispiel 1

a) Zahnteilung

Räumvorgang I	Räumvorgang II
$t_{min} = 3\sqrt{l \cdot f_z \cdot C}$	
Schruppen $t_{min} = 3\sqrt{110 \cdot 0{,}08 \cdot 8} = 25{,}2 \; mm \approx 26 \; mm$	Schruppen $t_{min} = 3\sqrt{110 \cdot 0{,}16 \cdot 8} = 35{,}6 \; mm \approx 36 \; mm$
Schlichten $t_{min} = 3\sqrt{110 \cdot 0{,}01 \cdot 8} = 8{,}9 \approx 9 \; mm$	Schlichten $t_{min} = 3\sqrt{110 \cdot 0{,}01 \cdot 8} = 8{,}9 \; mm \approx 9 \; mm$

b) Anzahl der im Eingriff befindlichen Zähne

Räumvorgang I	Räumvorgang II
$z_E = \dfrac{l}{t}$	
Schruppen $\quad z_E = \dfrac{100}{26} = 3{,}9 \approx 4$ Zähne	Schruppen $\quad z_E = \dfrac{110}{36} = 3{,}06 \approx 3$ Zähne
Schlichten $\quad z_E = \dfrac{110}{9} = 12{,}2 \approx 12$ Zähne	Schlichten $\quad z_E = 12$ Zähne

c) Zähnezahl für Schruppen, Schlichten und Kalibrieren

$z_1 = \dfrac{6 - 5 \cdot 0{,}01}{0{,}08}$ $z_1 = 74{,}3$ Zähne $\approx$ __74 Zähne__	$z_1 = \dfrac{h - 5 \cdot f_{z2}}{f_{z1}}$	$z_1 = \dfrac{6 - 5 \cdot 0{,}01}{0{,}16}$ $z_1 = 37{,}2$ Zähne $\approx$ __37 Zähne__

Hinweis: Für das Schlichten z_2 und Kalibrieren z_3 werden jeweils 5 Zähne angenommen.

d) Länge des Schneidenteils

Räumvorgang I	Räumvorgang II
$a_2 = t_1 \cdot z_1 + t_2 \cdot (z_2 + z_3)$	
$a_2 = 26 \cdot 74 + 8{,}9 \cdot (5 + 5)$ $a_2 = 2013 \; mm$	$a_2 = 36 \cdot 37 + 9 \cdot (5 + 5)$ $a_2 = 1422 \; mm$

e) Korrigierte spezifische Schnittkraft

Räumvorgang I	$k_{cKorr} = k_{c1 \cdot 1} \cdot Korrekturfaktor$ $k_{c1 \cdot 1} = 1600 \; N/mm^2; \quad z = 0,19$	Räumvorgang II
$f_h = \dfrac{1}{0,08^{0,19}} = 1,62$	$f_h = \dfrac{1}{h^z} \quad h \,\hat{=}\, f_z$	$f_h = \dfrac{1}{0,16^{0,19}} = 1,42$
$f_\gamma = 1 - \dfrac{15° - 6°}{100} = 0,91$	$f_\gamma = 1 - \dfrac{\gamma_{tat} - \gamma_0}{100}$	$f_\gamma = 0,91$
$f_{vc} = \left(\dfrac{100}{6}\right)^{0,1} = 1,32$	bei $v_c < 20 \; m/min \Rightarrow f_{vc} = \left(\dfrac{100}{v_{ctat}}\right)^{0,1}$	$f_{vc} = 1,32$
	$f_f = 1,05$ $f_{st} = 1,1$ $f_{ver} = 1,35$ $f_{schst} = 1,2$ $f_{schm} = 0,85$	
$k_{cKorr1} = 1600 \cdot 1,62 \cdot 0,91 \cdot 1,32 \cdot 1,05 \cdot 1,1 \cdot 1,35 \cdot 1,2 \cdot 0,85$ $k_{cKorr1} = 4952 \; N/mm^2$		$k_{cKorr2} = 1600 \cdot 1,42 \cdot 0,91 \cdot 1,32 \cdot 1,05 \cdot 1,1 \cdot 1,35 \cdot 1,2 \cdot 0,85$ $k_{cKorr2} = 4340 \; N/mm^2$

f) Schnittkraft beim Schruppen

Räumvorgang I		Räumvorgang II
$F_{c1} = 8 \cdot 0,08 \cdot 4952 \cdot 4 = 12677 \; N$	$F_c = a_p \cdot f_z \cdot k_{cKorr} \cdot z_E$	$F_{c2} = 8 \cdot 0,16 \cdot 4340 \cdot 3 = 16666 \; N$

g) Festigkeitskontrolle der Räumnadel

Räumvorgang I	$A_0 = (50 - 8)^2 \cdot \dfrac{\pi}{4} = 754,74 \; mm^2$	Räumvorgang II
$\sigma_{vorh1} = \dfrac{12677}{754,74} = 16,8 \; N/mm^2$	$\sigma = \dfrac{F_c}{A_0}$	$\sigma_{vorh2} = \dfrac{16666}{754,74} = 22,1 \; N/mm^2$
$= 16,8 \; N/mm^2$	$\sigma > \sigma_{vorh1}$ und $> \sigma_{vorh2}$ $350 \; N/mm^2 > 16,8 \; N/mm^2$ und $> 22,1 \; N/mm^2$ $\Rightarrow$ Räumnadel kann eingesetzt werden !	$= 22,1 \; N/mm^2$

i) Zahnhöhe

Räumvorgang I		Räumvorgang II
$x_1 = 0,4 \cdot 26 = 10,4\ mm$	$x = 0,4 \cdot t$	$x_2 = 0,4 \cdot 36 = 14,4\ mm$

j) Schnittleistung und Maschinenantriebsleistung

Räumvorgang I		Räumvorgang II
$P_{cI} = \dfrac{12677 \cdot 6}{60 \cdot 10^3} = 1,27\ kW$	$P_c = \dfrac{F_c \cdot v_c}{60 \cdot 10^3}$	$P_{cII} = \dfrac{16666 \cdot 6}{60 \cdot 10^3} = 1,7\ kW$
$P_{aI} = \dfrac{P_c}{\eta_M} = \dfrac{1,27}{0,75} = 1,7\ kW$	$P_a = \dfrac{P_c}{\eta_M}$	$P_{aII} = \dfrac{P_c}{\eta_M} = \dfrac{1,7}{0,75} = 2,3\ kW$

k) Prozeßzeit

Räumvorgang I		Räumvorgang II
$H = 1,2 \cdot l + a_2 + a_3 + l_2$		$H = 1,2 \cdot l + a_2 + a_3 + l_2$
$H = 1,2 \cdot 200 + 2014 + 120 + 40 = 2414\ mm$	$t_h = \dfrac{H \cdot (v_c + v_r)}{v_c \cdot v_r}$	$H = 1,2 \cdot 200 + 1422 + 120 + 40 = 1822\ mm$
$t_{h1} = \dfrac{2{,}414 \cdot (6+20)}{6 \cdot 20} = 0{,}52\ min$		$t_{h2} = \dfrac{1{,}822 \cdot (6+20)}{6 \cdot 20} = 0{,}39\ min$

Beim Räumvorgang I ist die auftretende Schnittkraft geringer, die Prozeßzeit aber größer.
$\Rightarrow$ Für den Fertigungsauftrag ist Verfahren II wirtschaftlicher !

Lösung zu Beispiel 2

a) Konstruktionswerte für die Räumnadel

Kleinste zulässige Teilung für das Schruppen

$$t_{min} = 3\sqrt{l \cdot f_z \cdot C} = 3\sqrt{130 \cdot 0,15 \cdot 8} = 37,5\ mm \quad \text{gewählt} \quad \Rightarrow \quad t_{min} = 38\ mm$$

Kleinste zulässige Teilung für das Schlichten

$$t_{min} = 3\sqrt{l \cdot f_z \cdot C} = 3\sqrt{130 \cdot 0,06 \cdot 8} = 23,7\ mm \quad \text{gewählt} \quad \Rightarrow \quad t_{min} = 24\ mm$$

Anzahl der im Eingriff befindlichen Zähne für das Schruppen

$$z_E = \frac{l}{t} = \frac{130}{38} = \underline{\underline{3,4}}$$

Anzahl der im Eingriff befindlichen Zähne für das Schlichten

$$z_E = \frac{l}{t} = \frac{130}{24} = \underline{\underline{5,4}}$$

Erforderliche Zähnezahl für das Schruppen und Schlichten

Schruppen

$$z_1 = \frac{h_{ges} - 5 \cdot f_{z2}}{f_{z1}} = \frac{10 - 5 \cdot 0,06}{0,15} = 64,66 \Rightarrow \underline{\underline{65\ Zähne}}$$

Schlichten:
Für das Schlichten werden
$z_2 = 5\ Zähne$ gewählt.

Kalibrieren:
Für das Kalibrieren werden ebenfalls
$z_3 = 5\ Zähne$ gewählt

Länge des Schneidenteils

$$a_2 = t_1 \cdot z_1 + t_2 \cdot (z_2 + z_3) = 38 \cdot 65 + 24 \cdot (5+5) = 2470 + 240 = \underline{\underline{2710\ mm}}$$

b) maximale Zerspankraft beim Räumen

$$F_c = a_p \cdot f_z \cdot k_{cKorr} \cdot z_E$$

aus Tabelle 1:
30CrNiMo8
$\Rightarrow k_{c1\cdot1} = 2300\ N / mm^2 ; 1 - z = 0,81$

$$k_{cKorr} = k_{c1\cdot1} \cdot f_h \cdot f_\gamma \cdot f_{vc} \cdot f_f \cdot f_{st} \cdot f_{ver} \cdot f_{schn} \cdot f_{schm}$$

$$f_h = \frac{1}{h_m{}^z} = \frac{1}{0,15^{0,19}} = 1,43$$

$$f_\gamma = 1 - \frac{\gamma_{tat} - \gamma_0}{100} = 1 - \frac{10° - 6°}{100} = 0,96$$

$$f_{vc} = \left(\frac{100}{4}\right)^{0,1} = 1,38 \qquad \text{weil } v_c < 20\ m / min$$

$$f_f = 1,05$$

$$f_{st} = 1,1$$

$$f_{ver} = 1,4$$

$$f_{schn} = 1,2$$

$$f_{schm} = 0,85$$

$$k_{cKorr} = 2300 \cdot 1,43 \cdot 0,96 \cdot 1,38 \cdot 1,05 \cdot 1,1 \cdot 1,4 \cdot 1,2 \cdot 0,85 = 7187 \ N \ / \ mm^2$$

$$F_c = a_p \cdot f_z \cdot k_{cKorr} \cdot z_E = 15 \cdot 0,15 \cdot 7187 \cdot 3,4 = \underline{\underline{54981 \ N}}$$

Da gleichzeitig 3 Nuten geräumt werden, erhöht sich die Räumkraft auf

$$F_{cges} = 3 \cdot F_c = 3 \cdot 54981 = 164943 \approx \underline{\underline{165 \ kN}}$$

c) Maschinenantriebsleistung

$$P_a = \frac{F_c \cdot v_c}{60 \cdot 10^3 \cdot \eta_M} = \frac{164943 \cdot 4}{60 \cdot 10^3 \cdot 0,65} = 16,9 \ kW \approx \underline{\underline{17 \ kW}}$$

d) erforderlicher Mindestdurchmesser der Räumnadel

$$\sigma = \frac{F_{ges}}{A}$$

$$A_{min} = \frac{F_{ges}}{\sigma} = \frac{164943}{750} = 220 \ mm^2$$

$$A_{min} = \frac{d^2 \cdot \pi}{4}$$

$$d = \sqrt{\frac{A_m \cdot 4}{\pi}} = \sqrt{\frac{220 \cdot 4}{\pi}} = 16,7 \ mm \quad \text{gewählt} \ \Rightarrow \underline{\underline{d = 18 \ mm}}$$

3.6 Schleifen

3.6.1 Verwendete Formelzeichen

n	$[DH/min]$	Anzahl der Doppelhübe pro min
z_E		Anzahl der im Eingriff befindlichen Schneiden
i		Anzahl der Schliffe mit Ausfeuern
n_s	$[min^{-1}]$	Drehzahl der Schleifscheibe
n_w	$[min^{-1}]$	Drehzahl des Werkstückes
Δd	$[mm]$	Durchmesserdifferenz
d_v	$[mm]$	Durchmesser vor dem Schleifen
d_n	$[mm]$	Durchmesser nach dem Schleifen
λ_{ke}	$[mm]$	effektiver Kornabstand
φ	$[°]$	Eingriffswinkel
v_w	$[m/s]$	Umfangsgeschwindigkeit des Werkstückes
q		Geschwindigkeitsverhältniszahl
k		Korrekturfaktor, der den Einfluß der Korngröße berücksichtigt
k_{ckorr}	$[N/mm^2]$	korrigierte spezifische Schnittkraft
s	$[mm]$	Längshub beim Schleifen
P_a	$[kW]$	Maschinenantriebsleistung
η_M	$[\%]$	Maschinenwirkungsgrad
h_m	$[mm]$	Mittenspanungsdicke
F_m	$[N]$	mittlere Gesamthauptschnittkraft
F_{cm}	$[N]$	mittlere Gesamthauptschnittkraft pro Schneide
t_h	$[min]$	Prozeßzeit
B	$[mm]$	Schleifscheibenbreite
D_s	$[mm]$	Schleifscheibendurchmesser
l_a	$[mm]$	Schleifscheibenweg-Anlauf
l_u	$[mm]$	Überlaufweg
L	$[mm]$	Schleifscheibenweg in Längsrichtung
b_a	$[mm]$	Schleifscheibenweg-Überlauf
z_h	$[mm]$	Schleifzugabe
v_c	$[m/s]$	Schnittgeschwindigkeit der Schleifscheibe
$l_ü$	$[mm]$	Überlaufweg
v_f	$[mm/min]$	Vorschubgeschwindigkeit
f	$[mm]$	Vorschub je Doppelhub
B_b	$[mm]$	Weg der Schleifscheibe in Querrichtung
b	$[mm]$	Werkstückbreite
d_w	$[mm]$	Werkstückdurchmesser
L_w	$[mm]$	Werkstücklänge
a_c	$[mm]$	Zustellung beim Schleifen
a_f	$[mm]$	Vorschubeingriff
a_p	$[mm]$	Schnittiefe
a_e	$[mm]$	Schnittbreite
f_h		Korrekturfaktor der Spanungstiefe
f_k		Korrekturfaktor, der den Einfluß der Korngröße berücksichtigt

3.6.2 Auswahl verwendeter Formeln

Eingriffswinkel beim Umfangsschleifen (Flachschleifen)

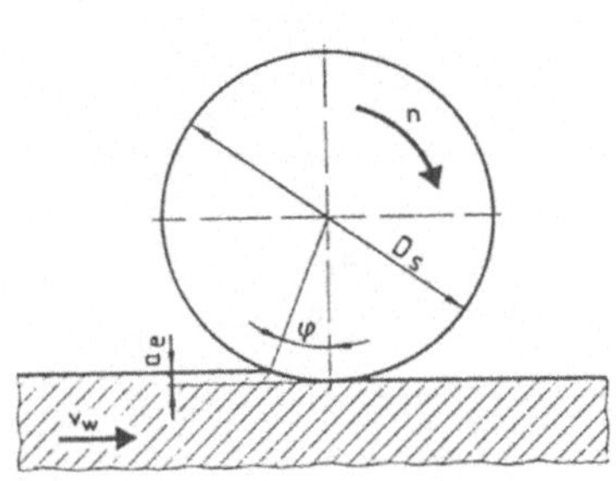
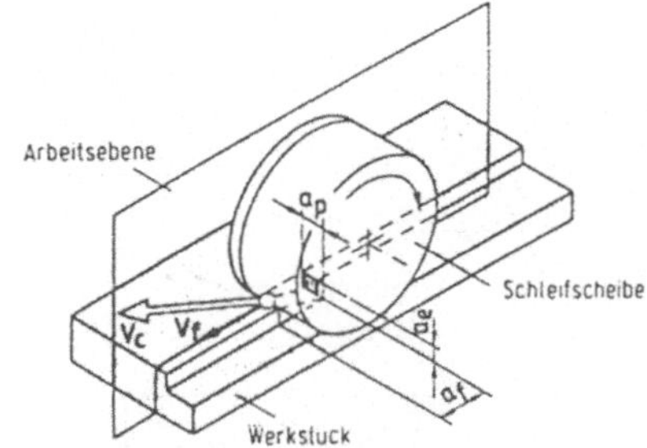

Eingriffswinkel φ

$$\cos\varphi = 1 - \frac{2 \cdot a_e}{D_s}$$

Eingriffswinkel beim Stirnschleifen   Zerspanungsgrößen
(Flachschleifen)   beim Seitenschleifen

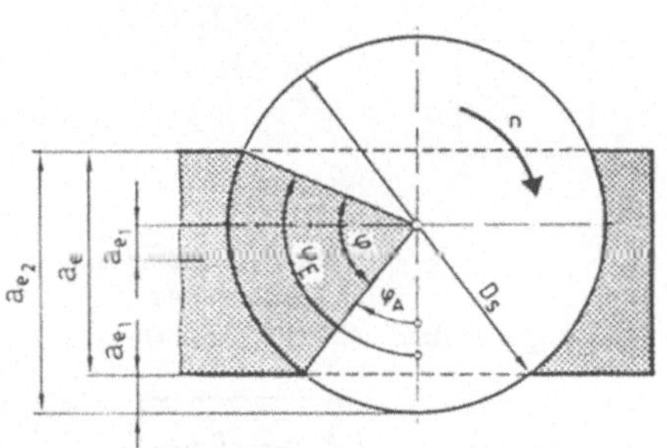

Eingriffswinkel φ

$$\varphi = \varphi_E - \varphi_A$$

$$\cos\varphi_A = 1 - \frac{2 \cdot a_{e1}}{D_s}$$

$$\cos\varphi_E = 1 - \frac{2 \cdot a_{e2}}{D_s}$$

Eingriffswinkel beim Rundschleifen (Näherungsformel)

Rundschleifen (Näherungsformel)

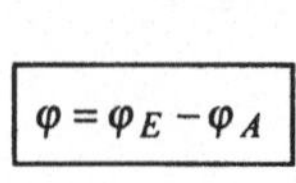

$$\varphi = \frac{360°}{\pi} \cdot \sqrt{\frac{a_e}{D_s\left(1 \pm \dfrac{D_s}{d}\right)}}$$

+ für Außenrundschleifen

− für Innenrundschleifen

Mittenspanungsdicke unter Berücksichtigung des
effektiven Kornabstandes und des Geschwindigkeit-
verhältnisses

Mittenspanungsdicke   **Flachschleifen**   **Rundschleifen**

$$h_m = f_z \sqrt{\frac{a_c}{D_s}}$$ $$h_m = \frac{\lambda_{ke}}{q} \sqrt{\frac{a_c}{D_s}}$$ $$h_m = \frac{\lambda_{ke}}{q} \sqrt{a_c \left(\frac{1}{D_s} \pm \frac{1}{d} \right)}$$

Maschinen-   **mittlere Gesamt-**   **Anzahl der im Eingriff**
antriebsleistung   **Hauptschnittkraft**   **befindlichen Schneiden**

$$P_a = \frac{F_m \cdot v_c}{10^3 \cdot \eta_M}$$

$$F_m = z_E \cdot F_{cm}$$
$$F_{cm} = b \cdot h_m \cdot k_{ckorr}$$

$$z_E = \frac{D_s \cdot \pi \cdot \varphi}{\lambda_{ke} \cdot 360°}$$

$$k_{ckorr} = k_{c1\cdot1} \cdot f_h \cdot f_k$$

Umfangsgeschwindigkeit   **Umfangsgeschwindigkeit**   **Geschwindig-**
der Schleifscheibe   **des Werkstückes**   **keitsverhältnis**

$$V_c = \frac{D_s \cdot \pi \cdot n_s}{60 \cdot 10^3}$$ $$V_w = \frac{d \cdot \pi \cdot n_w}{60 \cdot 10^3}$$ $$q = \frac{v_c}{v_w}$$

Prozeßzeit beim Flachschleifen   Weg der Schleifscheibe
                                                                            in Querrichtung
                                              Umfangsschleifen   (Flachschleifen)

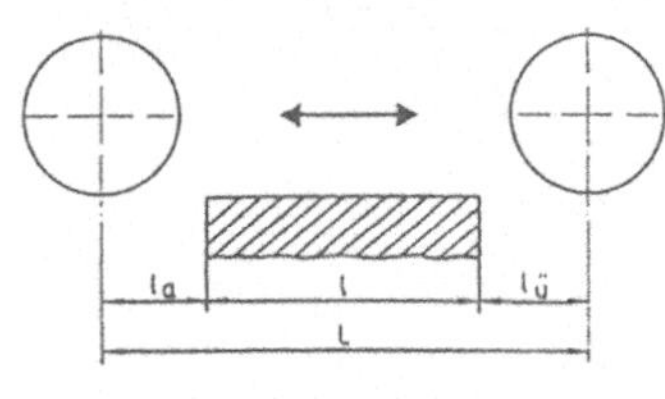
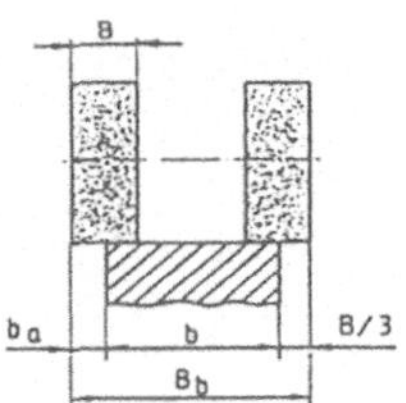

$$t_h = \frac{B_b \cdot i}{f \cdot n}$$

$$B_b = \frac{2}{3} \cdot B + b$$

$$b_a = \frac{1}{3} \cdot B$$

Prinzip des Flachschleifens – Umfangsschleifens

Weg der Schleifscheibe   Anzahl der   Anzahl der Schliffe
in Längsrichtung   Doppelhübe   (Außen- u.
(Flachschleifen)   Innenrundschleifen)

$$L = l_a + l + l_{\ddot{u}}$$ $$n = \frac{v_w}{2 \cdot L}$$ $$i = \frac{\Delta d}{2 \cdot a_c} + 8$$

Anzahl der Doppelhübe
beim Ausfeuern = 8

Prozeßzeit beim Stirnschleifen

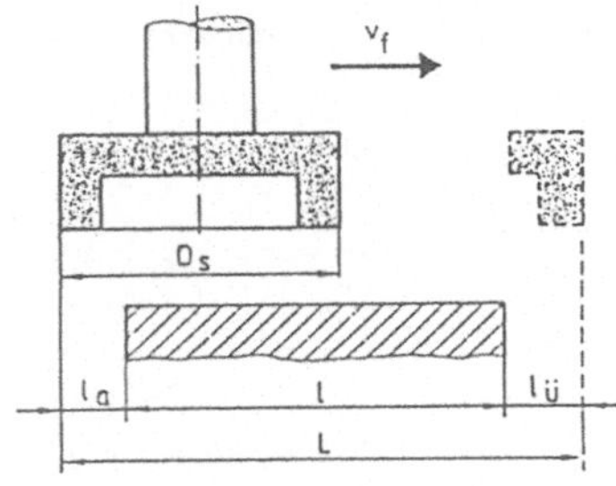

Prinzip des Flachschleifens – **Stirnschleifen**

<u>Stirnschleifen</u>

$$t_h = \frac{i}{n}$$

Prozeßzeit beim Außen- und Innenrundschleifen

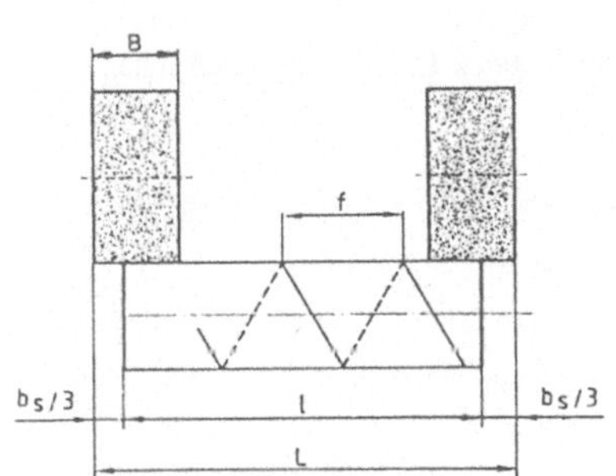

Prinzip des Außenrundschleifens mit Längsvorschub

Außen- und Innenrundschleifen

$$t_h = \frac{L \cdot i}{f \cdot n_w}$$

Anzahl der Schliffe (Außen- u. Innenrundschleifen)

$$i = \frac{\Delta d}{2 \cdot a_c} + 8$$

Durchmesserdifferenz

$$\Delta d = d_v - d_n$$

Weg der Schleifscheibe in Längsrichtung (Außen- u. Innenrundschleifen)

$$L = l - \frac{1}{3} \cdot B$$

3.6.3 Berechnungsbeispiele

1. Die Fläche eines Anschlagwinkels aus E360 (St 70-2) mit den Maßen 250 *mm* x 200 *mm* x 15 *mm*, soll an
    einer Fläche plangeschliffen werden. Das Schleifaufmaß beträgt 0,04 *mm*. Als Schleifverfahren wird
    Umfangs-Planschleifen gewählt.

    Technische Daten:

    Werkzeug: Schleifscheibe EK46K14

    Schleifscheibenabmessung Ø150 *mm* x 25 *mm*

    Schnittdaten: Schnittgeschwindigkeit   30 *m / s*

    Vorschub je Doppelhub   2 *mm*

    Schnittiefe   0,01 *mm*

    Werkstück: Werkstückgeschwindigkeit 15 *m/min*
    Geschwindigkeitsverhältniszahl 120
    An- und Überlauf in Längsrichtung je 25 *mm*

    Berechnen Sie:

    a) die Maschinenantriebsleistung bei einem Maschinenwirkungsgrad von 80 %

    b) die Prozeßzeit

2. Der Zylinder einer Einziehstrebe aus G-AlSi6Cu4 mit den Maßen Ø 30 *mm* x 150 *mm* soll durch Innen-
    rundschleifen auf das Fertigmaß Ø 30,01 geschliffen werden.

    Folgende Werkzeuge und Schnittdaten sind bekannt:

    Schleifscheibe SC60J9, Durchmesser 20 *mm*, Breite 40 *mm*, Körnung 60
    Schnittgeschwindigkeit 25 *m / s*, Vorschub 5 *mm*
    Werkstückgeschwindigkeit 0,42 *m / s*
    Geschwindigkeitsverhältniszahl 60
    Zustellung 0,003 *mm*, Überschliffzahl 8

    Berechnen Sie:

    a) die Drehzahl der Schleifscheibe und des Werkstücks

    b) die Schnittkraft

    c) die Prozeßzeit.

3.6.4 Lösungen

Lösung zu Beispiel 1

a) Maschinenantriebsleistung

$$P_a = \frac{F_m \cdot v_c}{10^3 \cdot \eta_M}$$

$$F_m = F_{cm} \cdot z_E$$

$$F_{cm} = b \cdot h_m \cdot k_{cKorr}$$

Mittenspandicke

$$h_m = \frac{\lambda_{Ke}}{q} \cdot \sqrt{\frac{a_c}{D_s}} = \frac{33}{120} \cdot \sqrt{\frac{0,01}{150}} = 0,00225 \; mm$$

Korrektur der Spanungsdicke

$$f_h = \frac{1}{h_m{}^z} = \frac{1}{0,00225^{0,16}} = 2,65$$

aus Tabelle 2:
bei $a_c = 0,01$ und Körnung bis $60 \Rightarrow \lambda_{Ke} = 33$

aus Tabelle 1:
E360 (St70-2):
$\Rightarrow k_{c1\cdot1} = 2430 \; N \, / \, mm^2, \quad z = 0,16$

Hinweis: Beim Schleifen wird die spezifische Schnittkraft nur durch den Korrekturfaktor K korrigiert. Er berücksichtigt den Einfluß der Korngröße.

somit:

aus Tabelle 3 $\Rightarrow K = 4,3$

$$k_{cKorr} = k_{c1\cdot1} \cdot f_h \cdot K$$

$$F_{cm} = 25 \cdot 0,00225 \cdot 2430 \cdot 2,65 \cdot 4,3 = 1558 \; N$$

Anzahl der im Eingriff befindlichen Schneiden

$$z_E = \frac{D_s \cdot \pi \cdot \varphi}{\lambda_{Ke} \cdot 360°}$$

Eingriffswinkel

$$\cos\varphi = 1 - \frac{2 \cdot a_c}{D_s} = 1 - \frac{2 \cdot 0,01}{150} = 0,999$$

$$\varphi = 0,93°$$

$$z_E = \frac{150 \cdot \pi \cdot 0,93°}{33 \cdot 360°} = 0,0369$$

$$F_m = F_{cm} \cdot z_E = 1558 \cdot 0,0369 = \underline{\underline{57,5\ N}}$$

$$P_a = \frac{57,5 \cdot 30}{10^3 \cdot 0,8} = \underline{\underline{2,2\ kW}}$$

b) Prozeßzeit

Anzahl der Schnitte

$$B_b = \frac{2}{3} \cdot B + b = \frac{2}{3} \cdot 25 + 200 = 217\ mm$$

$$f = 2,0\ mm\,/\,Hub = 4\ mm\,/\,DH$$

$$i = \frac{Bearbeitungszugabe}{a_e} + 8 = \frac{0,04}{0,01} + 8 = 12$$

$$L = l_a + l + l_n = 25 + 250 + 25 = 300\ mm$$

$$n = \frac{v_W}{2 \cdot L} = \frac{15}{2 \cdot 0,3} = 25\ DH\,/\,min$$

$$t_h = \frac{B_b \cdot i}{f \cdot n} = \frac{217 \cdot 12}{4 \cdot 25} = \underline{\underline{26,04\ min}}$$

Lösung zu Beispiel 2

a) Drehzahl der Schleifscheibe

$$n_s = \frac{v_c}{\pi \cdot d_s} = \frac{25 \cdot 60}{\pi \cdot 0,02} = 23873 \; min^{-1}$$

Drehzahl des Werkstücks

$$n_W = \frac{v_W \cdot 60 \cdot 10^3}{d \cdot \pi} = \frac{0,42 \cdot 60 \cdot 10^3}{30 \cdot \pi} = 267 \; min^{-1}$$

Geschwindigkeitsverhältniszahl

$$q = \frac{v_c}{v_w} = \frac{25}{0,42} = 59,5 \quad \text{gewählt} \Rightarrow q = 60$$

b) Schnittkraft

$$F_m = b \cdot h_m \cdot k_c \cdot z_E \qquad\qquad\qquad b = 40 \; mm \text{ (wirksame Schleifbreite)}$$

$$f_z = \frac{b}{\ddot{u}} = \frac{40}{8} = 5 \, mm$$

mittlere Spandicke   aus Tabelle 2:

bei $u_c = 0,003$ und Körnung bis $60 \Rightarrow \lambda_{ke} = 39$

$$h_m = \frac{\lambda_{ke}}{q} \cdot \sqrt{a_c \cdot \left(\frac{1}{D_s} - \frac{1}{d} \right)} = \frac{39}{60} \cdot \sqrt{0,003 \cdot \left(\frac{1}{20} - \frac{1}{30} \right)} = 0,005 \, mm$$

$$f_h = \frac{1}{h_m{}^z} = \frac{1}{0,005^{0,27}} = 4,18$$

aus Tabelle 1:

AlSi6Cu4

$\Rightarrow k_{c1\cdot 1} = 460 \; N \, / \, mm^2, \quad z = 0,27$

aus Tabelle 3:

Korrekturfaktor $K = 3,2$

$$k_{cKorr} = k_{c1\cdot 1} \cdot f_h \cdot K$$

$$k_{cKorr} = 460 \cdot 4,18 \cdot 3,2 = 6153 \; N \, / \, mm^2$$

Anzahl der im Eingriff befindlichen Schneiden

$$z_E = \frac{D_s \cdot \pi \cdot \varphi}{\lambda_{ke} \cdot 360}$$

Eingriffswinkel

$$\varphi = \frac{360°}{\pi} \cdot \sqrt{\frac{a_e}{D_s \cdot \left(1 - \dfrac{D_s}{d}\right)}} = \frac{360}{\pi} \cdot \sqrt{\frac{0,003}{20 \cdot \left(1 - \dfrac{20}{30}\right)}} = 2,44°$$

$$z_E = \frac{20 \cdot \pi \cdot 2,44}{39 \cdot 360°} = 0,011$$

$$F_m = 40 \cdot 0,005 \cdot 6300 \cdot 0,011 = \underline{\underline{13,9\ N}} \approx \underline{\underline{14\ N}}$$

c) Prozeßzeit

$$t_h = \frac{L \cdot i}{v_f}$$

$$L = l + \frac{B}{3} = 150 + \frac{40}{3} = 163\ mm$$

Anzahl der Schnitte

$$i = \frac{\Delta d}{a_e} + 8 = \frac{30,01 - 30}{0,001} + 8 = 18$$

$$v_f = f \cdot n_W = 5 \cdot 268 = 1340\ mm\,/\,min$$

$$t_h = \frac{163 \cdot 18}{1340} = \underline{\underline{2,19\ min}}$$

3.7 Projektaufgabe

1. Die skizzierte Flanschbuchse aus GS-42CrMo4 (R_m = 1000 N / mm^2) ist als Ersatzteil wirtschaftlich herzustellen.

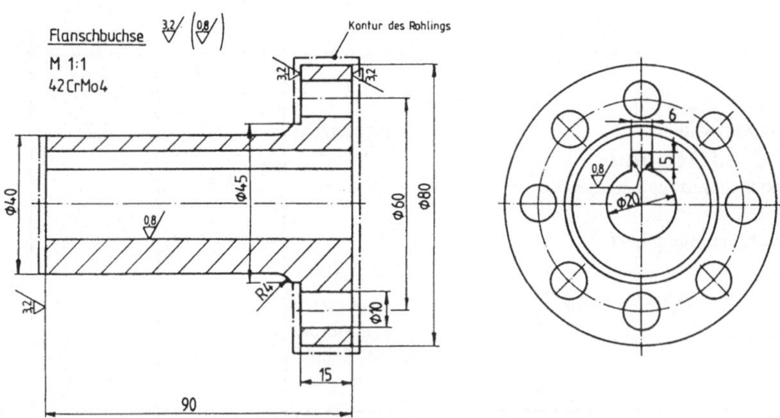

Es stehen vier Drehmaschinen mit unterschiedlicher Leistung zur Verfügung. Maschine A mit 5 kW, Maschine B mit 7 kW, Maschine C mit 10 kW und Maschine D mit 14 kW.
Für das Herstellen der Nut ist eine Räummaschine vorgesehen, eine Räumnadel mit den passenden Nutabmessungen ist ebenfalls vorhanden.
Maße des Werkstückrohlings: Ø 84 mm x 96 mm.
Die Bohrung Ø 20 mm ist auf Ø 15 mm vorgegossen.
Bearbeitet werden die beiden Stirnflächen des Werkstücks und der Flanschaußendurchmesser.
Die rechte Flanschstirnfläche soll in einem Schnitt überdreht werden.
Schnittdaten: Schnittiefe bei allen Arbeitsstufen 2 mm, Vorschub 0,25 mm.

Hinweis: Die für die Berechnung erforderlichen Richtwerte befinden sich im Anhang, s. 3.9.

<u>Arbeitsaufträge:</u>

a) Erstellen Sie unter Verwendung der vorliegenden Daten einen grobstrukturierten Arbeitsplan für den o. a. Arbeitsauftrag mit Angabe der wesentlichsten Arbeitsgänge (Schnittdaten, Werkzeugwahl, Schneidstoffe und Maschinenwahl). Schneidstoff : Drehwerkzeug P 30, Bohrer SS, Räumnadel SS.

b) Wählen Sie die geeignete Drehmaschine entsprechend der erforderlichen Leistung aus. Maschinenwirkungsgrad 80 %, Spanwinkel am Drehmeißel −18°, Einstellwinkel 35°, Werkzeug arbeitsscharf, Kühlemulsion.

c) Kontrollieren Sie, ob für das Aufbohren die vorhandene Maschinenleistung ausreichend ist, wenn der Maschinenwirkungsgrad 80 % beträgt. Werkzeug ist ein Wendelsenker mit 3 Schneiden, Spitzenwinkel 130°, Spanwinkel 20°, arbeitsscharf, Kühlemulsion.

d) Berechnen Sie für den Räumvorgang unter Verwendung einer geradverzahnten Räumnadel die Hauptschnittkraft und entscheiden Sie, ob die maximale Zugkraft der Räummaschine von 100 kN ausreicht. Spanraumzahl der Räumnadel C = 8, Vorschub (Schruppen) 0,1 mm, Vorschub (Schlichten) 0,03 mm, Spanwinkel 15°, Verschleiß 20 %, Schmierung durch Räumöl. Schnittgeschwindigkeit aus der Tabelle entnehmen – <u>niedrigster Tabellenwert!</u>
Rücklaufgeschwindigkeit beträgt das 10-fache der Schnittgeschwindigkeit, Länge der Führung 20 mm, Länge des Endstücks 120 mm.

e) Ermitteln Sie die Auftragszeit zum Fertigen des gesamten Werkstücks (Drehen, Aufbohren, Bohren, Räumen) unter Berücksichtigung der folgenden Angaben: Einzustellende Drehzahl jeweils Grundreihe R 20, An- und Überlauf beim Drehen je 3 mm, Überlauf beim Bohren und Aufbohren 2 mm, für das Rüsten werden insgesamt 30 min angesetzt, Verteilzeit 10 %, Erholzeit 3 %.

3.7.1 Lösung zur Projektaufgabe

a) Arbeitsplan

	Werkzeug-Maschine	Werkzeug	a_p (mm)	f (mm)	v_c (m / min)
1. Drehen – Rohling spannen – rechte Stirnseite planen – Flansch auf Ø 80 drehen – Werkstück umspannen und auf Länge 90 mm drehen – Flanschrückseite planen	$P_a = 10\ kW$	P30 abgesetzter Seitendreh- meißel	2 0,5	0,25 0,25	190
Aufbohren – Bohrung von Ø 15 auf Ø 20 aufbohren	$P_a = 10\ kW$	Wendel- senker (Aufbohrer) SS-Stahl Ø 20			
2. Bohren der 8 Flanschbohrungen – Flanschbohrungen anreißen, körnen – Werkstück spannen – Bohren, 8 x Ø 10		Wendel- bohrer SS-Stahl Ø 10		0,25	20
3. Räumen – Werkstück spannen – Paßfedernut 6 x 5 x 90 räumen	$P_a = 10\ kW$	Räumnadel HSS	6	0,1 0,03	1,5 1,5

b) Wahl der geeigneten Drehmaschine

Maschinenantriebsleistung

$$P_a = \frac{F_c \cdot v_c}{60 \cdot 10^3 \cdot \eta_M}$$

$$F_c = b \cdot h \cdot k_{cKorr}$$

$$f_h = \frac{1}{0,14^{0,14}} = 1,32$$

$$f_\gamma = 1 - \frac{\gamma_{tat} \cdot \gamma_0}{100} = 1 - \frac{-18° - 6°}{100} = 1,24$$

$$f_{vc} = \frac{1,38}{v_c^{0,07}} = \frac{1,38}{190^{0,07}} = 0,96$$

$$f_f = 1$$

$$f_{st} = 1$$

$$f_{ver} = 1$$

$$f_{schn} = 1$$

$$f_{schm} = 0,9$$

$$k_{cKorr} = 2720 \cdot 1,32 \cdot 1,24 \cdot 0,96 \cdot 1 \cdot 1 \cdot 1 \cdot 1 \cdot 0,9 = 3847 \ N / mm^2$$

$$F_c = 3,49 \cdot 0,14 \cdot 3847 = 1880 \ N$$

$$P_a = \frac{1880 \cdot 190}{6 \cdot 10^4 \cdot 0,8} = \underline{\underline{7,4 \ kW}}$$

Für den Fertigungsauftrag ist die Maschine C $\Rightarrow P_a = 10 \ kW$ auszuwählen!

Tabelle 1:
42CrMo4
$\Rightarrow k_{c1\cdot1} = 2720 \ N / mm^2$, $z = 0,14$

$$b = \frac{a_P}{\sin \chi} = \frac{2}{\sin 35°} = 3,49 \ mm$$

$$h = f_z \cdot \sin \chi = 0,25 \cdot \sin 35° = 0,14 \ mm$$

aus Tabelle 1:
Vergütungsstahl (R_m 1000 N / mm^2)
$\Rightarrow v_c = 190 \ m / min$

c) Maschinenantriebsleistung für das Aufbohren

$$P_a = \frac{F_{cz} \cdot v_c \cdot \left(1 + \dfrac{d}{D}\right) \cdot z_E}{2 \cdot 60 \cdot 10^3 \cdot \eta_M}$$

$$F_{cz} = \frac{D - d}{2} \cdot f_z \cdot k_{cKorr}$$

$$f_z = \frac{f}{z} = \frac{0,25}{3} = 0,08 \ mm$$

$$\chi = \frac{\sigma}{2} = \frac{130°}{2} = 65°$$

$$h = f_z \cdot \sin \chi$$

$$h = 0{,}08 \cdot \sin \frac{130°}{2} = 0{,}07 \; mm$$

$$f_h = \frac{1}{h^z} = \frac{1}{0{,}07^{0{,}14}} = 1{,}45$$

$$f_\gamma = 1 - \frac{\gamma_{tat} - \gamma_0}{100} = 1 - \frac{20° - 6°}{100} = 0{,}86$$

$$f_{vc} = \frac{2{,}023}{v_c^{\,0{,}153}} = \frac{2{,}023}{20^{0{,}153}} = 1{,}28$$

$$f_f = 1{,}05 + \frac{1}{d} = 1{,}05 + \frac{1}{20} = 1{,}1 \qquad\qquad \text{aus Tabelle 1:}$$

$$\Rightarrow v_c = 20 \; m/min$$

$$f_{st} = 1{,}2$$

$$f_{ver} = 1$$

$$f_{schst} = 1{,}2$$

$$f_{schn} = 0{,}9$$

$$k_{cKorr} = 2720 \cdot 1{,}45 \cdot 0{,}86 \cdot 1{,}28 \cdot 1{,}1 \cdot 1{,}2 \cdot 1 \cdot 1{,}2 \cdot 0{,}9 = 6189 \; N/mm^2$$

$$F_{cz} = \frac{20 - 15}{2} \cdot 0{,}08 \cdot 6189 = 1238 \; N$$

$$P_a = \frac{1238 \cdot 20 \cdot \left(1 + \dfrac{15}{20}\right) \cdot 3}{2 \cdot 60 \cdot 10^3 \cdot 0{,}8} = 1{,}35 \; kW$$

Die Maschine C $\Rightarrow P_a = 10 \; kW$ kann für das Aufbohren eingesetzt werden!

d) Räumen

Abmessungen der Räumnadel

<u>Schruppen</u>

$$t_{min} = 3 \cdot \sqrt{l \cdot f_z \cdot C} = 3 \cdot \sqrt{90 \cdot 0,1 \cdot 8} = 25,45 \; mm \qquad \text{gewählt} \Rightarrow t_{min} = 26 \; mm$$

<u>Schlichten</u>

$$t_{min} = 3 \cdot \sqrt{l \cdot f_z \cdot C} = 3 \cdot \sqrt{90 \cdot 0,03 \cdot 8} = 13,94 \; mm \qquad \text{gewählt} \Rightarrow t_{min} = 14 \; mm$$

Zähnezahl für das Schruppen

$$z_1 = \frac{h_{ges} - 5 \cdot f_{z2}}{f_{z1}} = \frac{5 - 5 \cdot 0,03}{0,1} = 48,5 \approx 49 \; \text{Zähne}$$

Länge des Schneidenteils

$$a_2 = t_1 \cdot z_1 + t_2 \cdot (z_2 + z_3) = 26 \cdot 49 + 14 \cdot (5 + 5) = 1414 \; mm$$

$z_2 = 5$ Zähne (Schlichten)

$z_3 = 5$ Zähne (Kalibrieren)

Anzahl der im Eingriff befindlichen Zähne

$$z_E = \frac{l}{t} = \frac{90}{26} = 3,46 \approx 4 \; \text{Zähne}$$

Räumkraft (Hauptschnittkraft)

$$h \hateq f_z = 0,1 \; mm$$

$$F_{cz} = a_P \cdot f_z \cdot k_{cKorr} \cdot z_E$$

$$f_h = \frac{1}{h^z} = \frac{1}{0,1^{0,14}} = 1,38$$

$$f_\gamma = 1 - \frac{\gamma_{tat} - \gamma_0}{100} = 1 - \frac{15° - 6°}{100} = 0,91$$

$$f_{vc} = \left(\frac{100}{v_{ctats}} \right)^{0,1} \qquad \text{bei } v_c < 20 \; m/min$$

aus Tabelle 1:

$\Rightarrow v_c = 2 \; m/min$

$$f_{vc} = \left(\frac{100}{2} \right)^{0,1} = 1,48$$

$$f_f = 1{,}05$$

$$f_{st} = 1{,}1$$

$$f_{ver} = 1{,}2$$

$$f_{schn} = 1{,}2$$

$$f_{schm} = 0{,}85$$

$$k_{cKorr} = 2720 \cdot 1{,}38 \cdot 0{,}91 \cdot 1{,}48 \cdot 1{,}05 \cdot 1{,}1 \cdot 1{,}2 \cdot 1{,}2 \cdot 0{,}85 = 7147 \; N \,/\, mm^2$$

$$F_{cz} = 6 \cdot 0{,}1 \cdot 7147 \cdot 4 = 17153 \; N \approx 17{,}2 \; kN$$

Die Räummaschine kann eingesetzt werden, weil $F_{cz\,vorh} > F_{cz\,tat}$ $(100 \; kN \; > \; 17{,}2 \; kN\,)$ ist!

e) Auftragszeit

$$T = t_r + m \cdot t_e$$

$$t_e = t_h + t_n + t_{er} + t_v$$

Berechnung der einzelnen Prozeßzeiten:

I. Planen der rechten Flanschseite

$$t_{h1} = \frac{L \cdot i}{f \cdot n}$$

$$L = \frac{d_a - d_i}{2} + l_a + l_{\ddot{u}} = \frac{84 - 15}{2} + 3 + 3 = 40{,}5 \; mm$$

$$n = \frac{v_c \cdot 1000}{d_a \cdot \pi} = \frac{190 \cdot 1000}{84 \cdot \pi} = 720 \; min^{-1}$$

gewählt $\Rightarrow n = 710 \; min^{-1}$
(Grundreihe R20, Tabelle 1)

$$t_{h1} = \frac{40{,}5 \cdot 1}{0{,}25 \cdot 710} = 0{,}228 \; min$$

II. Längsdrehen des Flanschdurchmessers $\varnothing$ 84 mm auf $\varnothing$ 80 mm

$$t_{h2} = \frac{L \cdot i}{f \cdot n} = \frac{L \cdot d \cdot \pi \cdot i}{f \cdot v_c \cdot 1000}$$

$$L = 17 + 3 + 3 = 23 \; mm$$

$$d = 84 \; mm$$

$$v_c = 190 \; m\,/\,min$$

$$t_{h2} = \frac{L \cdot d \cdot \pi \cdot i}{f \cdot v_c \cdot 1000} = \frac{23 \cdot 84 \cdot \pi \cdot 1}{0{,}25 \cdot 190 \cdot 1000} = 0{,}127 \; min$$

$$i = 1$$

$$a_P = 2 \; mm$$

III. Umspannen und Rückseite des Flansch planen

$$t_{h3} = \frac{L \cdot i}{f \cdot n} = \frac{15,5 \cdot 1}{0,25 \cdot 710} = 0,087 \, min \qquad\qquad L = \frac{d_a - d_i}{2} + l_{\ddot u} = \frac{80 - 55}{2} + 3 = 15,5 \, mm$$

IV. Flansch auf Länge 90 mm plandrehen

$$t_{h4} = \frac{L \cdot i}{f \cdot n} = \frac{18,5 \cdot 2}{0,25 \cdot 710} = 0,208 \, min \qquad\qquad L = \frac{d_a - d_i}{2} + l_a + l_{\ddot u} = \frac{40 - 15}{2} + 3 + 3 = 18,5 \, mm$$

$$i = 2$$

Prozeßzeit für Drehen:

$$t_{hges} = 0,228 + 0,127 + 0,087 + 0,208 = \underline{\underline{0,65 \, min}}$$

V. Bohrung auf $\varnothing$ 20 aufbohren $\qquad\qquad L = l + l_a + l_{\ddot u}$

$$t_{h5} = \frac{L \cdot i}{f \cdot n} = \frac{93,7 \cdot 1}{0,25 \cdot 315} = \underline{\underline{1,190 \, min}} \qquad\qquad l_a = \frac{D - d}{3} = \frac{20 - 15}{3} = 1,7 \, mm$$

$$L = 90 + 1,7 + 2 = 93,7 \, mm$$

$$n = \frac{v_c \cdot 1000}{d \cdot \pi} = \frac{20 \cdot 1000}{20 \cdot \pi} = 318 \, min^{-1}$$

gewählt $\Rightarrow$ $n = 315 \, min^{-1}$
(Grundreihe R20, Tabelle 1)

VI. 8 Flanschbohrungen herstellen

$$t_{h6} = \frac{L \cdot i}{f \cdot n} = \frac{21 \cdot 8}{630 \cdot 0,25} = \underline{\underline{1,067 \, min}} \qquad\qquad L = l + l_a + l_{\ddot u}$$

$$l_a = x + 1 \, mm$$

$$\sigma = 118°$$

$$x = \frac{d}{2 \cdot \tan \dfrac{\sigma}{2}} = \frac{10}{2 \cdot \tan 59°} = 3,0 \, mm$$

$$L = 15 + 4 + 2 = 21 \, mm$$

$$n = \frac{v_c \cdot 1000}{d \cdot \pi} = \frac{20 \cdot 1000}{10 \cdot \pi} = 637 \, min^{-1}$$

gewählt $\Rightarrow$ $n = 630 \, min^{-1}$
(Grundreihe R20, Tabelle 1)

VII.   Prozeßzeit beim Räumen

Arbeitshub

$$t_{h7} = \frac{H \cdot (v_c + v_r)}{v_c \cdot v_r} = \frac{1662 \cdot (2 + 20)}{1000 \cdot 2 \cdot 20} = 0,914\ min$$

$$v_c = 2\ m/min\quad \text{(aus Tabelle 1)}$$

$$v_R = 10 \cdot v_c = 20\ m/min$$

$$H = 1,2 \cdot l + a_2 + a_3 + l_2$$

$$= 1,2 \cdot 90 + 1414 + 20 + 120$$

$$= 1462\ mm$$

VIII.   Gesamte Prozeßzeit I bis VII

$$t_{hges} = 0,228 + 0,127 + 0,087 + 0,208 + 1,19 + 1,067 + 0,914 = 3,821\ min \approx 3,82\ min$$

$$t_e = t_{hges} + t_v + t_{er}$$

$$t_e = 3,82 + \frac{3,82 \cdot 10}{100} + \frac{3,82 \cdot 3}{100} = 4,317\ min \approx 4,32\ min$$

Auftragszeit

$$T = t_r + m \cdot t_e$$
$$T = 30 + 1 \cdot 4,32 = 34,32\ min$$

3.8 Technische Tabellen und Diagramme für spanlose Formgebung

3.8.1 Gießen

Tabelle 1: Formschrägen für Modelle

Formschrägen für Modelle

h_M [mm]	bis 10	über 10	über 18	über 30	über 50	über 80
α [°]	3	2	1,5	1	0,75	0,5
h_M [mm]	über 180	über 250	über 315	über 400	über 500	über 630
b_{FS} [mm]	1,5	2,0	2,5	3,0	3,5	4,5

3.8.2 Fließkurven von ausgewählten Werkstoffen

Fließkurve
Werkstoff: S275JR (St 42-2), weichgeglüht

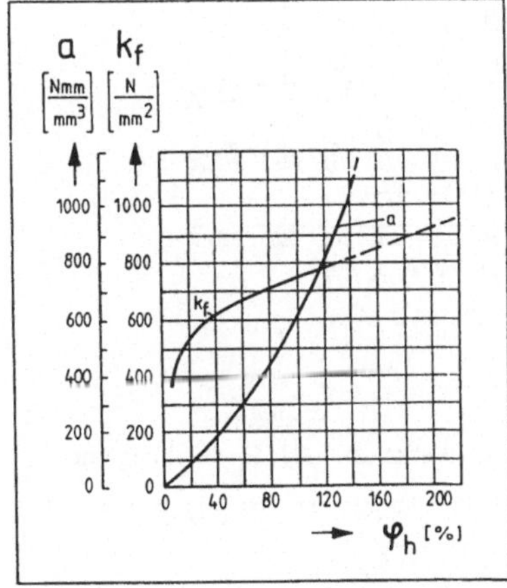

Fließkurve
Werkstoff: E360 (St 70-2), weichgeglüht

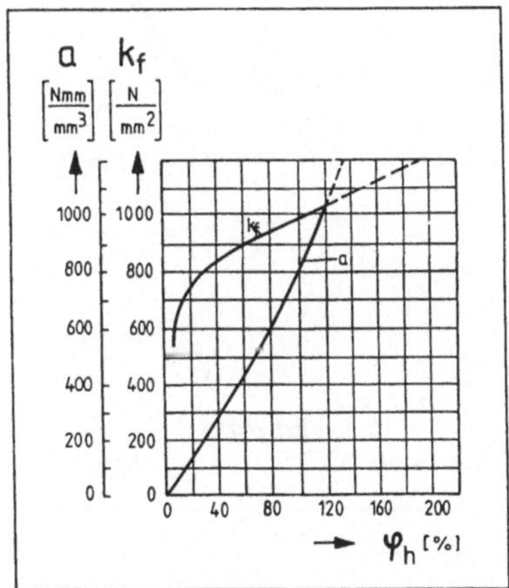

Fließkurve
Werkstoff: C10E (Ck 10), weichgeglüht

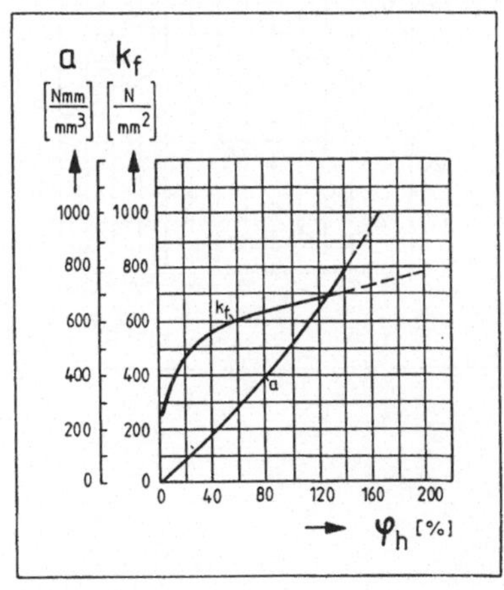

Fließkurve
Werkstoff: C45E (Ck 45), weichgeglüht

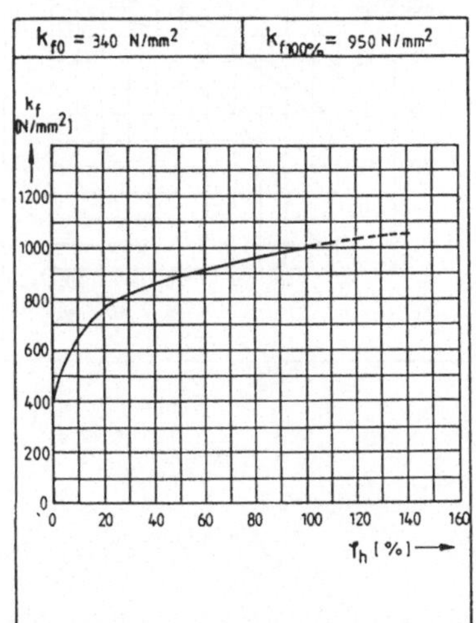

Fließkurven von Stahl C35

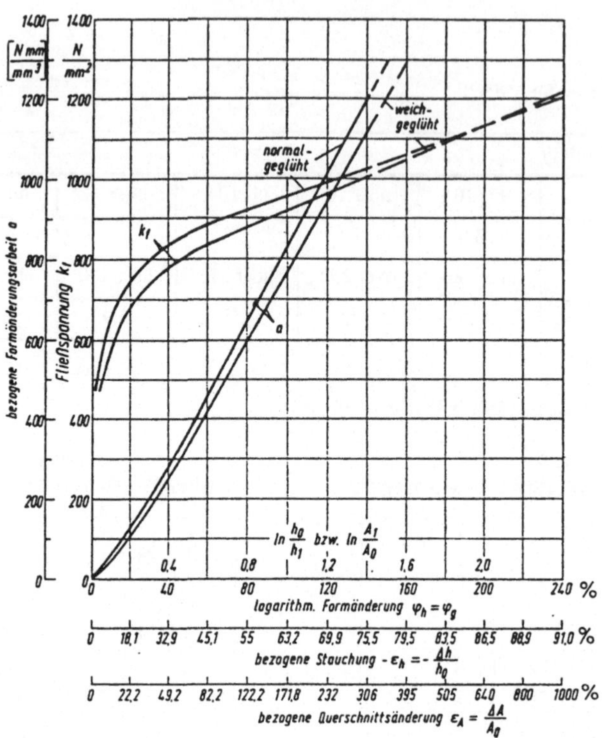

Fließkurve
Werkstoff: Cf 35 / C35, weichgeglüht

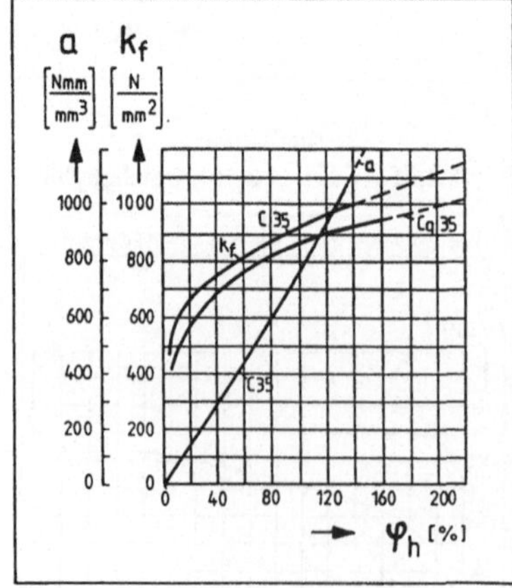

Fließkurve
Werkstoff: C15E, weichgeglüht

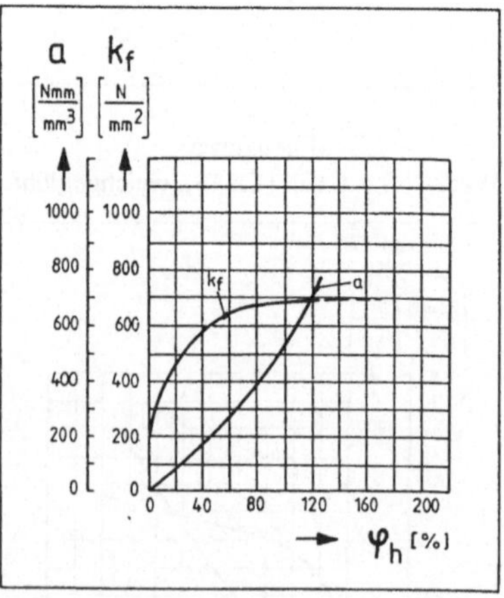

Fließkurven von Stahl 20MnCr 5

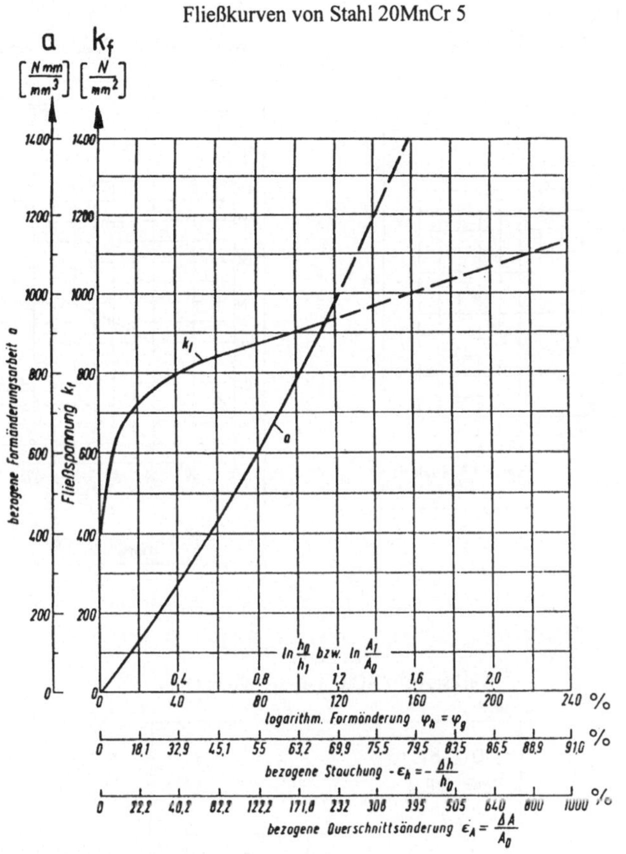

Fließkurve
Werkstoff: C35E (Ck35/Cf 35), weichgeglüht

Fließkurve
Werkstoff: Al99,5, weichgeglüht

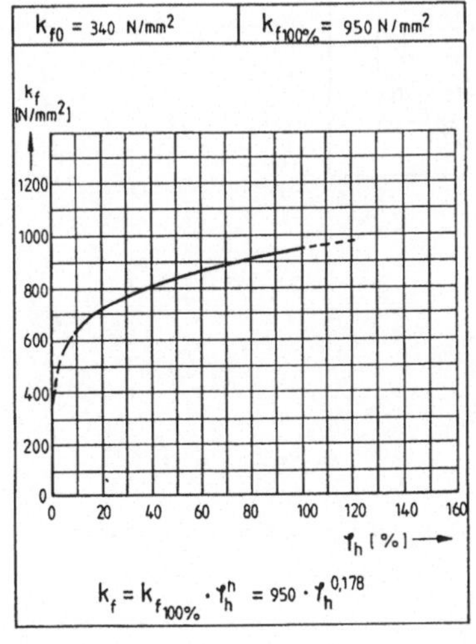

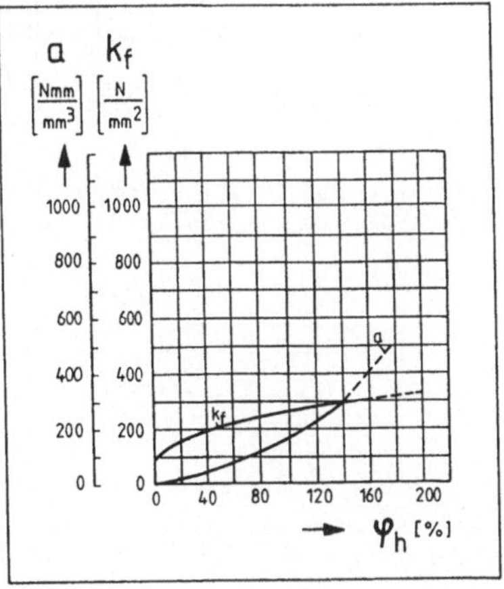

Fließkurve
Werkstoff: AlMgSi1, weichgeglüht

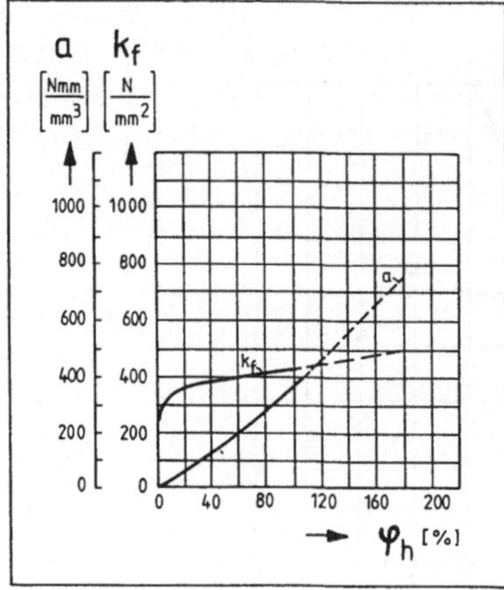

Fließkurve
Werkstoff: G-CuZn37, weichgeglüht

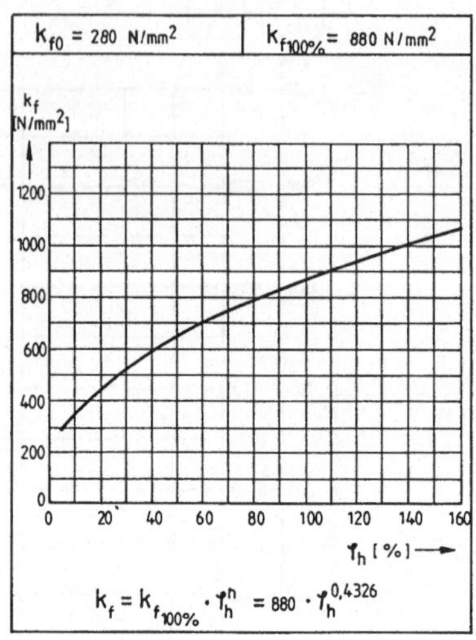

$$k_f = k_{f_{100\%}} \cdot \gamma_h^n = 880 \cdot \gamma_h^{0,4326}$$

Fließkurve
Werkstoff: G-CuZn40, weichgeglüht

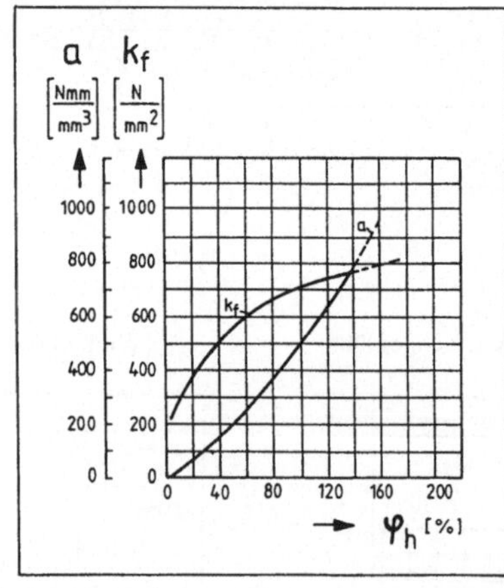

3.8.3 Schmieden

Diagramm 1: Diagramm zur Ermittlung der Umformkräfte

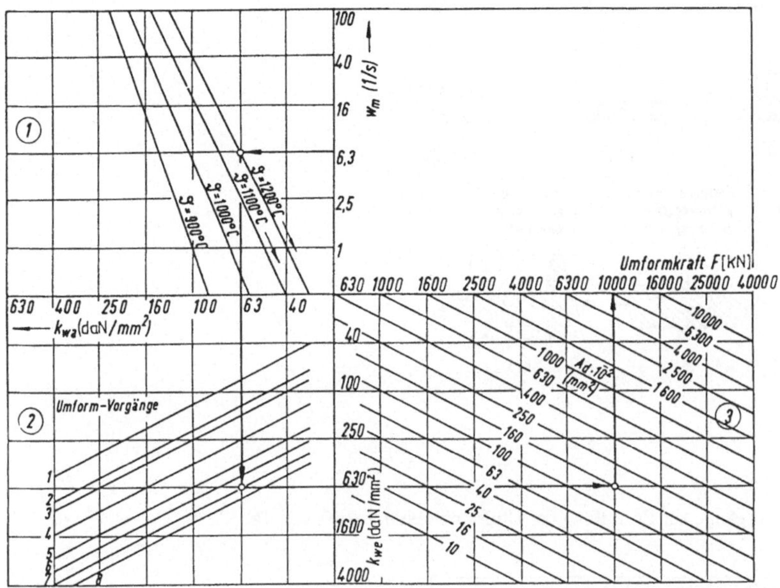

Tabelle 1: Umformvorgänge zur Ermittlung der Umformkräfte

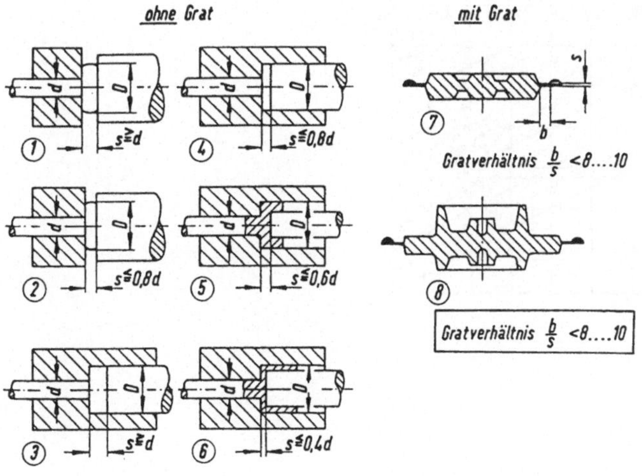

Tabelle 2: Umformvorgänge zur Ermittlung der Umformarbeit

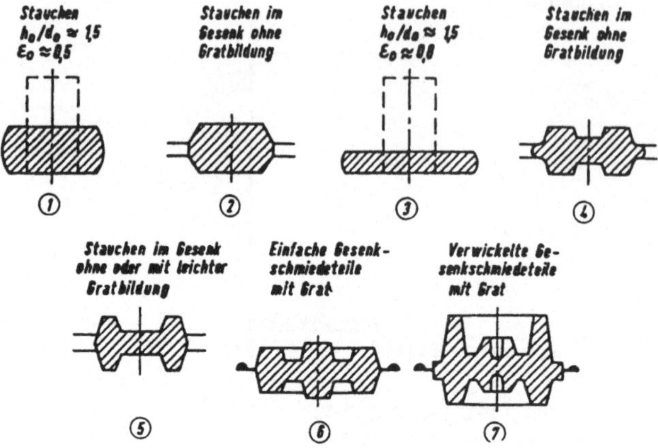

Diagramm 2: Umformvorgänge zur Ermittlung der Umformarbeit mit Hilfe von Tabelle 2

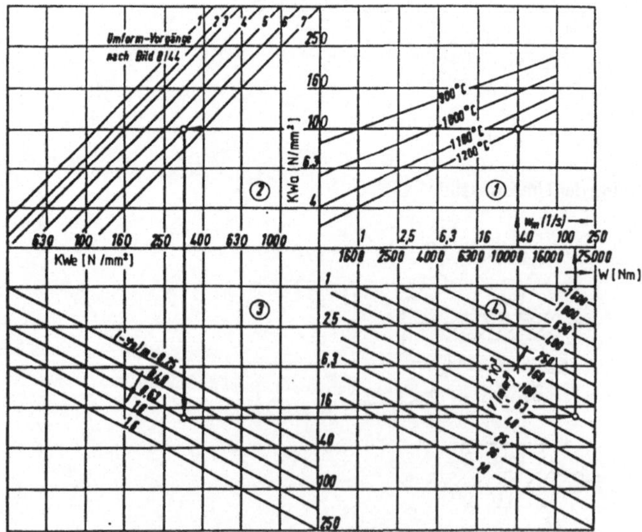

Tabelle 3: Formenordnung (Auszug aus Billigmann/Feldmann, Stauchen und Pressen)

Anwendungsbeispiele	Formen-gruppe	Erläuterung
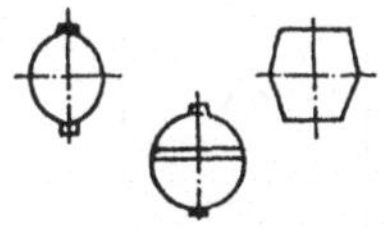	1.1	Kugelähnliche und würfelartige Teile, volle Naben mit kleinem Flansch, Zylinder und Teile ohne Nebenformelemente
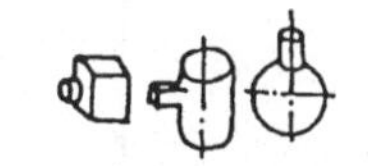	1.2	Kugelähnliche und würfelartige Teile, Zylinder mit einseitigen Nebenformelementen
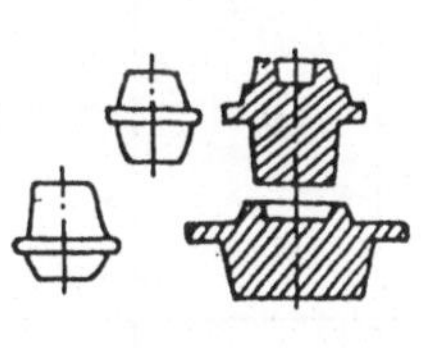	2.1	Naben mit kleinem Flansch, Formgebungteils durch Steigen des Werkstoffes im Obergesenk, teils durch Steigen im Untergesenk
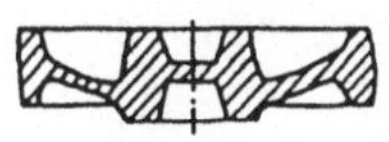	2.2	Rotationssymmetrische Schmiedestücke mit gelochten Naben und Außenkränzen. Gelochte Nabe und der Außenkranz sind durch dünne Zonen miteinander verbunden
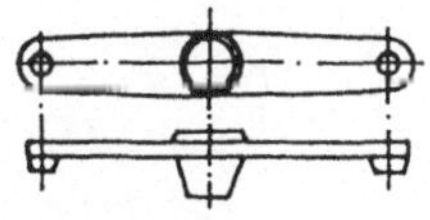	3.1	Zweiarmige Hebel mit vollem Querschnitt und Verdickungen in der Mitte und an beiden Enden, Teile müssen vorgeschmiedet werden, z.B. Fußpedale und Kupplungshebel
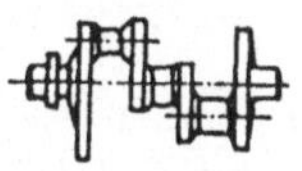	3.2	Sehr lange Schmiedestücke mit mehrmaligem großem Querschnittswechsel, an denen der Werkstoff stark steigen muß, Kurbelwellen mit angeschmiedeten Gegengewichten und mehr als 6 Kröpfungen. Gratanfall sehr hoch wegen mehrfachem Zwischenentgraten

Tabelle 4: Massenverhältnisfaktor W als $f(m_E$ und Formengruppe)

m_E [kg]		1,0	2,5	4,0	6,3	20	100
W	1	1,1	1,08	1,07	1,06	1,05	1,03
bei Formengruppe	2	1,25	1,19	1,17	1,15	1,08	1,06
	3	1,5	1,46	1,41	1,35	1,20	–

Tabelle 5: Formfaktor (*y*), Formänderungsgrad (η_F) und Gratbahnverhältnis (*b/s*) in Abhängigkeit von der Form des Gesenkschmiedeteiles

Form	Werkstück	*y*	η_F	*b/s*
a	Stauchen im Gesenk ohne Gratbildung 	4	0,5	3
b	Stauchen im Gesenk mit leichter Gratbildung 	5,5	0,45	4
c	Gesenkschmieden einfacher Teile mit Gratbildung 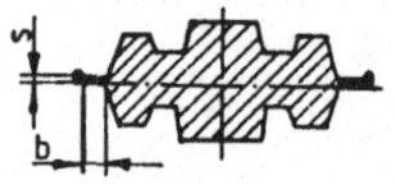	7,5	0,4	6-8
d	Gesenkschmieden schwieriger Teile mit Grat 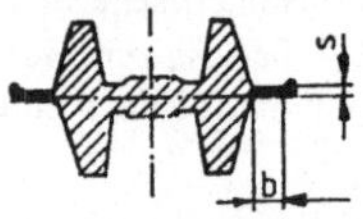	9	0,35	9-12

Tabelle 6: Basiswerte für Formänderungsfestigkeit k_{f1}

Basiswerte k_{f1} für $w_o = 1\,s^{-1}$ bei den angegebenen Umformtemperaturen und Werkstoffexponenten m zur Berechnung von $k_f = f(w_o)$

$$k_f = k_{f1} \cdot w_o^m$$

Werkstoff		m	k_{f1} bei $w_o = 1\,s^{-1}$ $[N/mm^2]$	T [°C]
	C15	0,154	99/84	
	C35	0,144	89/72	1100 / 1200
	C45	0,163	90/70	
St	C60	0,167	85/68	
	X 10 Cr 13	0,091	105/88	
	X 5 CrNi 18 9	0,094	137/116	1100 / 1250
	X 10 CrNiTi 18 9	0,176	100/74	
	E-Cu	0,127	56	800
	CuZn 28	0,212	51	800
	CuZn 37	0,201	44	750
Cu	CuZn 40 Pb 2	0,218	35	650
	CuZn 20 Al	0,180	70	800
	CuZn 28 Sn	0,162	68	800
	CuAl 5	0,163	102	800
	Al 99,5	0,159	24	450
	AlMn	0,135	36	480
	AlCuMg 1	0,122	72	450
Al	AlCuMg 2	0,131	77	450
	AlMgSi 1	0,108	48	450
	AlMgMn	0,194	70	480
	AlMg 3	0,091	80	450
	AlMg 5	0,110	102	450
	AlZnMgCu 1,5	0,134	81	450

3.8.4 Strangpressen

Für die Lösungen aus dem Kapitel Strangpressen werden die nachfolgend aufgeführten Tabellen und Diagramme – aus 3.8.3 Schmieden – benötigt.

Diagramm 1 Ermittlung der Umformkräfte
Tabelle 1 Umformvorgänge zur Ermittlung der Umformkräfte
Tabelle 2 Umformvorgänge zur Ermittlung der Umformarbeit
Diagramm 2 Umformvorgänge zur Ermittlung der Umformarbeit mit Hilfe von Tabelle 2
Tabelle 3 Formenordnung (Stauchen und Pressen)
Tabelle 4 Massenverhältnisfaktor w^x als $f(m_E$ und Formengruppe)
Tabelle 5 Formfaktor (y), Formänderungsgrad (η_F) und Gratbahnverhältnis (b / s) in Abhängigkeit von der Form des Gesenkschmiedeteiles
Tabelle 6 Basiswerte für Formänderungsfestigkeit k_{f1}

3.8.5 Fließpressen und Stauchen

Diagramm 1: Nomogramm zur Ermittlung von Stempelkräften beim Voll-Vorwärtsfließpressen

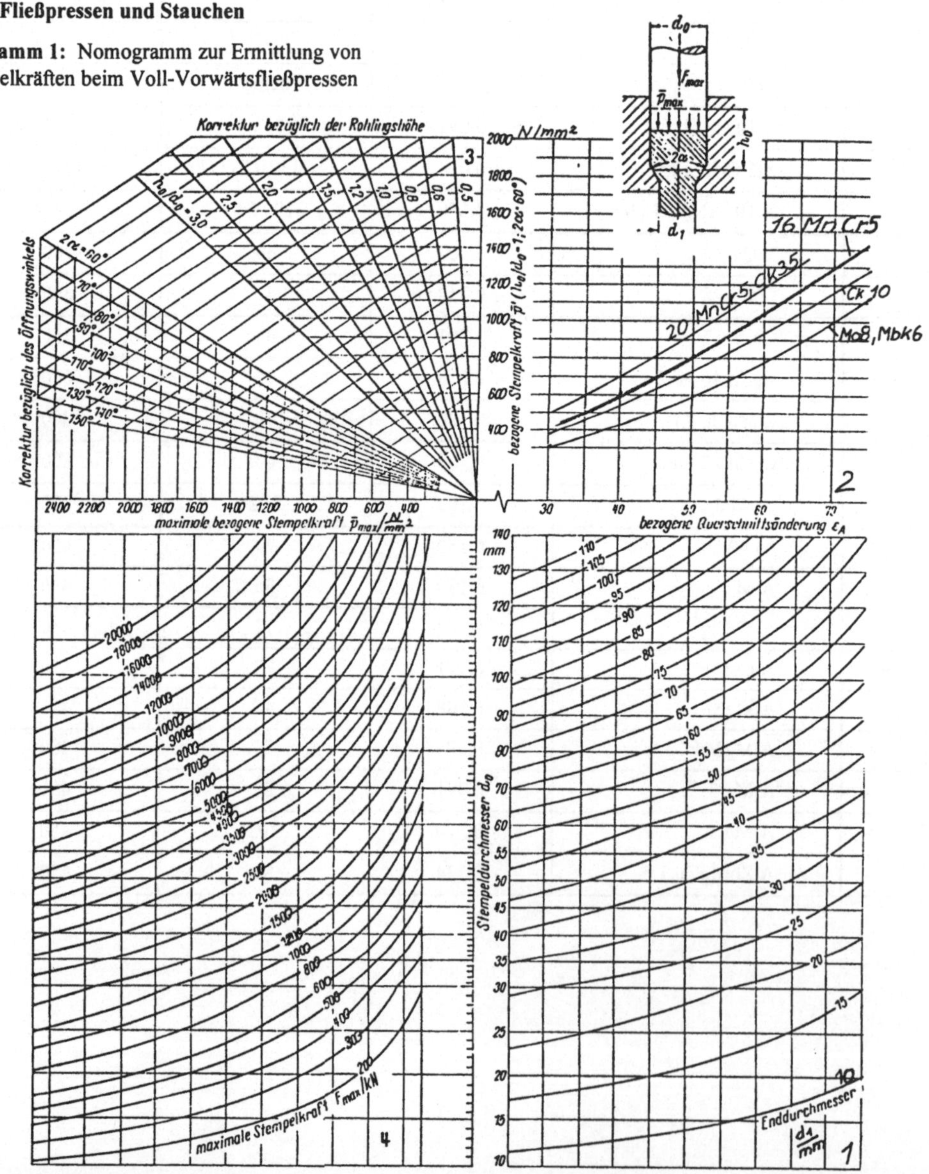

Diagramm 2: Nomogramm zur Ermittlung von Stempelkräften beim Voll-Vorwärtsfließpressen

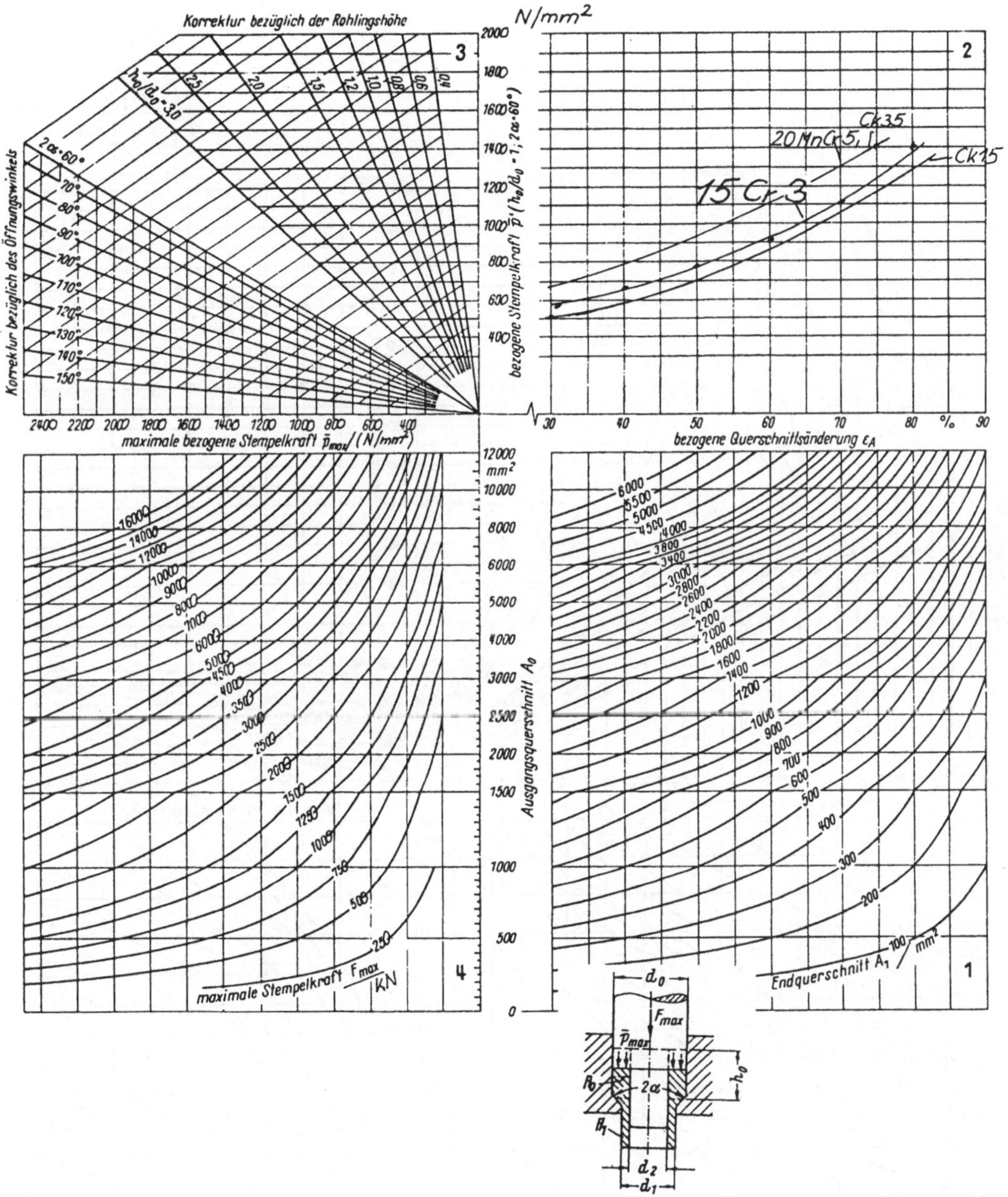

Diagramm 3: Nomogramm zur Ermittlung von Stempelkräften beim Rückwärtsfließpressen

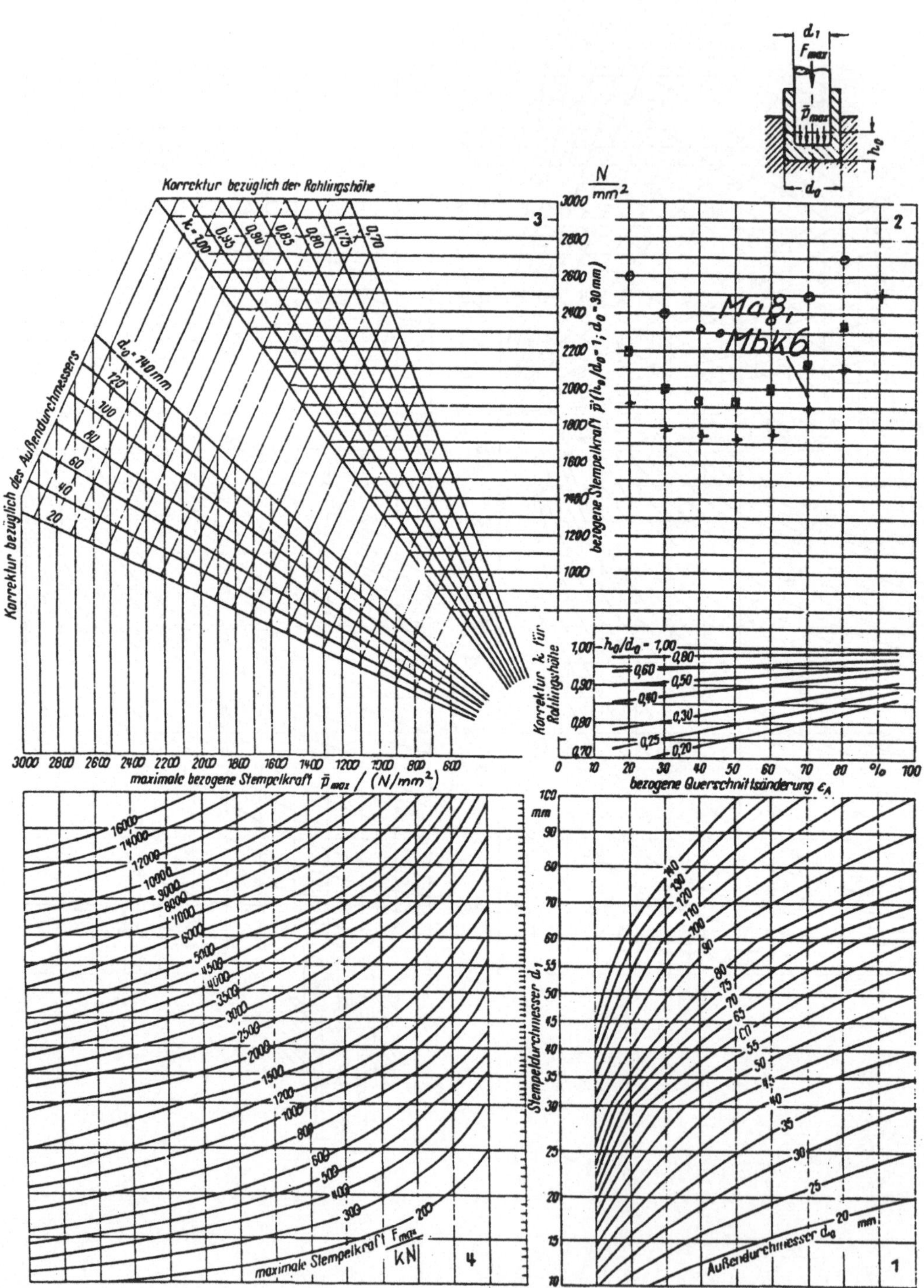

3.8.6 Prägen

Tabelle 1: k_w-Werte für das Massivprägen (N/mm^2)

Werkstoff	R_m (N/mm^2)	k_w (N/mm^2)	
		Gravurprägen	Vollprägen
Aluminium 99 %	80 bis 100	50 bis 80	80 bis 120
Aluminium-Leg.	180 bis 320	150	350
Messing Ms 63	290 bis 410	200 bis 300	1500 bis 1800
Kupfer weich	210 bis 240	200 bis 300	800 bis 1000
Stahl St 12; St 13	280 bis 420	300 bis 400	1200 bis 1500
Rostfreier Stahl	600 bis 750	600 bis 800	2500 bis 3200

3.8.7 Durchziehen

Tabelle 1: Ermittlung der erforderlichen Antriebsleistung (Lösung)

Stufe		1	2	3	4	5	6	7	8	9	10
d	*(mm)*	18,46	17,04	15,73	14,52	13,40	12,37	11,42	10,54	9,73	9,0
F_Z	*(kN)*	12,0	13,7	19,26	24,8	26,2	26,8	27,9	27,6	27,6	26,7
v	*(m/s)*	5,94	6,97	8,18	9,6	11,28	13,23	15,53	18,23	21,39	25,0
P_a	*(kW)*	89	119	196	298	369	443	542	629	738	834

Hinweis: Die theoretisch ermittelten Maschinenantriebsleistungen sind in der Praxis nicht realisierbar !

Folge: Um die Umformarbeiten ausführen zu können, muß der Werkstoff nach jeder Ziehstufe Zwischengeglüht werden!

3.8.8 Abstreckziehen

Tabelle 1: Zulässige Formänderungen mit einem Ziehring

Werkstoff	φ_{hzul}
Al 99,8, Al 99,5, AlMg 1, AlMgSi 1, AlCuMg 1	0,35
CuZn 37 (Ms 63)	0,45
C10, C 15, Cq 22 - Cq 35	0,45
Cq 45, 16 MnCr 5, 42 CrMo 4	0,35

3.8.9 Tiefziehen

Tabelle 1: Rechnerische Ermittlung des Zuschnittsdurchmessers

Voraussetzungen	
Beispiel Abb. 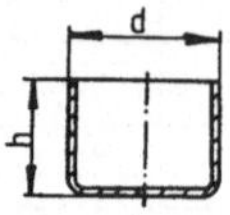	$D = \sqrt{d^2 + 4dh}$
Beispiel 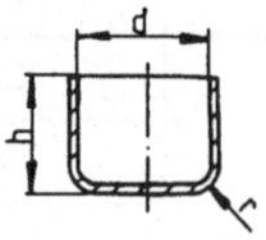	Gesucht wird der Rondendurchmesser D für einen Napf mit rundem Ansatz. $D = \sqrt{(d-2r)^2 + 4d(h-r) + 4\pi \cdot r\left(0{,}9003r + \dfrac{d-2r}{2}\right)}$
Rondendurchmesser D für ausgwählte Ziehteile 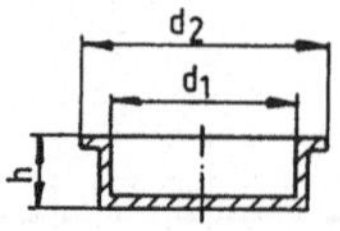 $D = \sqrt{d_2{}^2 + 4d_1 h}$	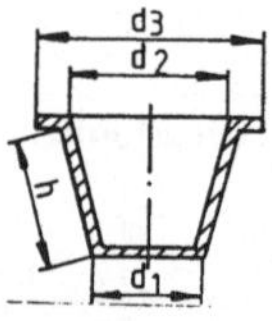 $D = \sqrt{d_1{}^2 - d_2{}^2 + d_3{}^2 + 2h(d_1 + d_2)}$
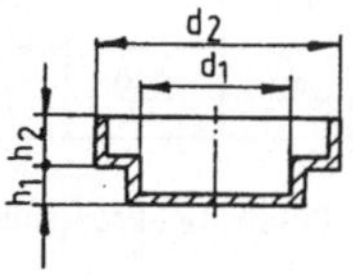 $D = \sqrt{d_2{}^2 + 4(d_1 h_1 + d_2 h_2)}$	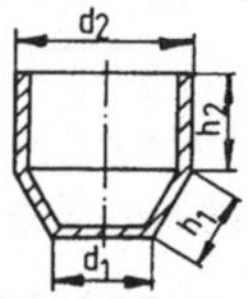 $D = \sqrt{d_1{}^2 + 4d_2 h_2 + 2h_1(d_1 + d_2)}$
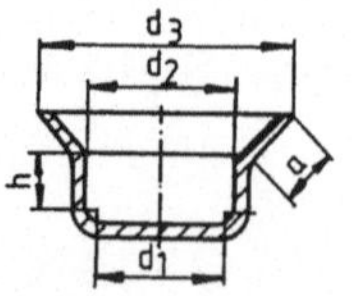 $D = \sqrt{d_1{}^2 + 8r^2 + 2\pi r d_1 + 4d_2 h + 2a(d_2 + d_3)}$	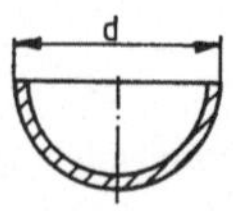 $D = d\sqrt{2} = 1{,}4142d$

Tabelle 2: Typische Werkstückformen mit jeweiliger Formel zur Ermittlung des Rondendurchmessers D

Werkstückendform	Rondendurchmeser D
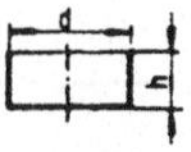	$\sqrt{d^2 + 4dh}$
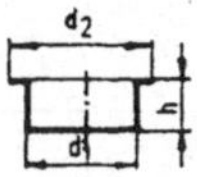	$\sqrt{d_2{}^2 + 4d_1 h}$
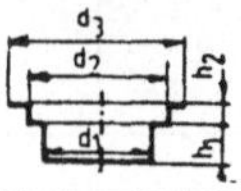	$\sqrt{d_3{}^2 + 4(d_1 h_1 + d_2 h_2)}$
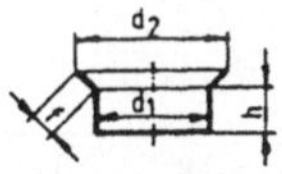	$\sqrt{d_1{}^2 + 4d_1 h_1 + 2f \cdot (d_1 + d_2)}$
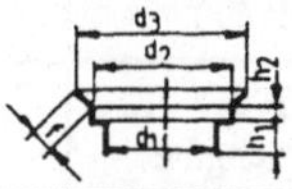	$\sqrt{d_2{}^2 + 4(d_1 h_1 + d_2 h_2) + 2f \cdot (d_2 + d_3)}$
	$\sqrt{2d^2} = 1{,}4d$
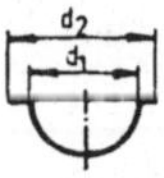	$\sqrt{d_1{}^2 + d_2{}^2}$
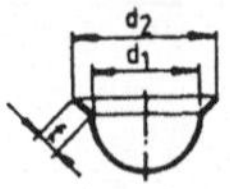	$1{,}4\sqrt{d_1{}^2 + f(d_1 + d_2)}$
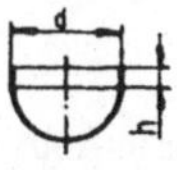	$1{,}4\sqrt{d^2 + 2dh}$
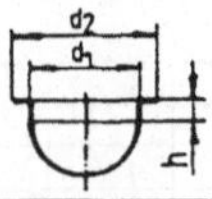	$\sqrt{d_1{}^2 + d_2{}^2 + 4d_1 h}$
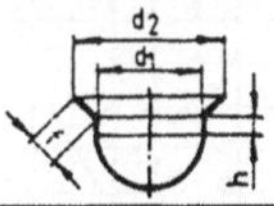	$1{,}4\sqrt{d_1{}^2 + 2d_1 h + f(d_1 + d_2)}$
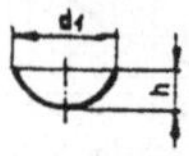	$\sqrt{d^2 + 4h^2}$

Tabelle 3: Mittlere Werte für β_{0zul}, z.B. für WUSt 1403, USt 1303, MS 63, Al 99,5

d/s	30	50	100	150	200	250	300	350	400	450	500	600
β_{0zul}	2,1	2,05	2,0	1,95	1,9	1,85	1,8	1,75	1,7	1,65	1,6	1,5

Tabelle 4: Korrekturfaktor $n = f(\beta_{tat})$

n	0,2	0,3	0,5	0,7	0,9	1,1	1,3
$\beta_{tat} = \dfrac{D}{d}$	1,1	1,2	1,4	1,6	1,8	2,0	2,2

Tabelle 5: Maximale Zugfestigkeiten R_m ausgewählter Tiefziehbleche

Werkstoff	DCO2G1 (USt 13)	DC 04 (St 1404)	CuZn 28 (Ms 72)	Al 99,5 (F10)
$R_{m\,max}\ [N/mm^2]$	400	380	300 Tiefziehgüte	100 halbhart

Tabelle 6: Werkstoffaktor k zur Bestimmung des Ziehfaktors w

Werkstoff	Stahl	hochwarmfeste Legierungen	Aluminium	sonst. NE-Metalle
k	0,07	0,2	0,02	0,04

3.8.10 Biegen

Tabelle 1:

Korrekturfaktor für ausgewählte Werkstoffe

Werkstoff	
Al 99,5	$c = 0,6$
Cu	$c = 0,25$
S275JR (St 44-2)	$c = 0,5$

Diagramm 1:

Korrekturfaktor in Abhängigkeit von $\dfrac{r}{s}$

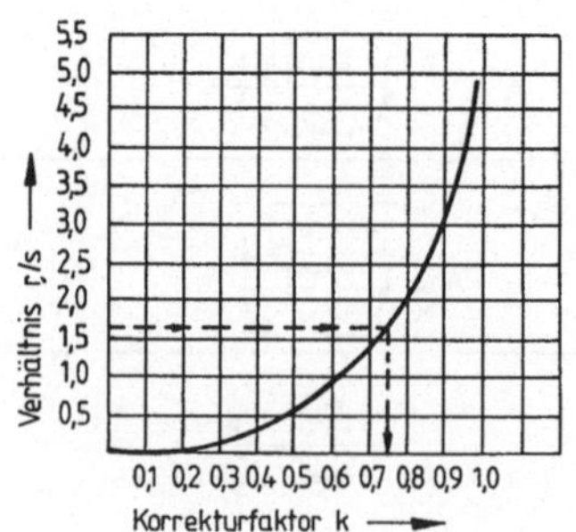

3.9 Technische Tabellen und Diagramme für spanende Formgebung

3.9.1 Spezifische Schnittkräfte

Tabelle 1: Spezifische Schnittkräfte (Auswahl)

Werkstoff Bezeichnung DIN	R_m / R_e (HB) $d_a\,N/mm^2$	$k_{c1\cdot1}$ N/mm^2	$1-z$ $(1-m)$
S 245JR (St 37-2)	38,5 / 20,4	2340	0,77
S 275JR (St 44-2)	54 / 25,9	1770	0,75
E 295 (St 50-2)	52	1990	0,74
E 335 (St 60-2)	62	2110	0,83
E 360 (St 70-2)	83,2	2430	0,84
C22	50	1800	0,84
C45		1550	0,75
C60	73,3 / 34,4	1500	0,84
C35		1380	0,66
C45E (Ck 45)	67	2220	0,86
C60E (Ck 60)	77	2130	0,82
9 S 20 weichgegl.	43 (125)	1600	0,90
15 Cr Mo 5	59	2290	0,83
16 Mn Cr 5	53,2 / 34,8	1600	0,81
18 Cr Ni 8 N	60 (178)	2690	0,82
30 Cr Ni Mo 8	76,6 / 48,3	2300	0,81
34 Cr Mo 4	80	2240	0,79
37 Mn Si 5	72,6 / 48,6	2000	0,88
42 Cr Mo 4	108 (309)	2720	0,86
45 W Cr V 7	71,1	3000	0,81
50 Cr V 4	60	2220	0,74
55 Ni Cr 13	82,6	3910	0,92
55 Ni Cr Mo V 6	73,0 / 47,1	3260	0,87
55 Ni Mo V 6 weichgegl.	94	1740	0,76
55 Ni Cr Mn V 6 verg.	(352)	1920	0,76
100 Cr 6	64 / 35,3	3130	0,77
105 W Cr 6	74,4 / 45,2	2880	0,76
210 Cr 46 N		1790	0,63
X 6 Cr Ni Mo Nb 1810	60	1270	0,73
X 8 Ni Co Cr Ti 55 20 20 ausgeh.	131	2400	0,79
Ni Co 20 Cr 15 Mo Al Ti lösungsg.		2000	0,71
Ni Co 20 Cr 15 Mo Al Ti ausgeh.	127	1950	0,71
Nimonic NCK 20 TAU	110 (240)	1710	0,71
CuZn30		430	0,62
GG-20		1030	0,75
GG-25	(200)	1160	0,74
GG-30		1130	0,70
Meehanite A	36	1270	0,74
Meehanite E	22	1320	0,74
Meehanite M	(300)	1320	0,74
GTW, GTS	40	1200	0,79
GS-45	30 ... 40	1600	0,83
GS-52	50 ... 70	1800	0,84
G-Al Si 10 Mg	25 (95)	440	0,73
G-Al Si 6 Cu 4	17 (93,5)	460	0,73
G-Al Mg 5	16 (71)	450	0,84
GK-Mg Al 9	13 (60)	240	0,66

3.9.2 Lastdrehzahlen für Werkzeugmaschinen (DIN 804)

Tabelle 1: Drehzahlreihen

Nennwerte (min⁻¹)						
Grundreihe R 20	R 20/2	R 20/3 (.. 2800 ..)			R 20/4 (.. 1400 ..)	(.. 2800 ..)
$\varphi = 1{,}12$	$\varphi = 1{,}25$	$\varphi = 1{,}4$			$\varphi = 1{,}6$	$\varphi = 1{,}6$
1	2	3			4	5
100						
112	112	11,2				112
125			125			
140	140			1400	140	
160		16				
180	180		180			180
200				2000		
224	224	22,4			224	
250			250			
280	280			2800		280
315		31,5				
355	355		355		355	
400				4000		
450	450	45				450
500			500			
560	560			5600	560	
630		63				
710	710		710			710
800				8000		
900	900	90			900	
1000			1000			

Abgeleitete Reihen: R 20/3, R 20/4

3.9.3 Richtwerte für das <u>Drehen</u>

Tabelle 1: Schnittgeschwindigkeiten v_c für Stähle beim **Drehen** mit Hartmetall

Werkstoff	Festigkeit oder Härte (N/mm^2)	Schneid-stoff	a_p (mm)	Vorschub f (mm)					
				0,1	0,16	0,25	0,4	0,63	1,0
S185 (St 33)	440 - 500	P 10	1	450	420	400	380	---	---
S275 JR (St 44-2)			2	450	400	370	350	---	---
C15			4	---	370	350	330	310	300
C22		P 20	1	440	400	390	380	---	---
Bau- und Einsatzstahl			2	380	350	330	310	290	---
			4	350	330	310	290	270	250
		P 30	1	---	---	---	---	---	---
			2	---	350	330	300	280	---
			4	---	320	300	280	240	220
E295 (St 50-2)	500 - 800	P 10	1	370	340	320	300	---	---
C35			2	340	310	290	280	260	---
C45									
C35E (Ck35)									
Bau- und Einsatz-			4	320	290	280	260	240	---
Vergütungsstahl		P 20	1	320	290	270	250	---	---
			2	290	270	250	230	210	---
16MnCr5			4	280	250	230	210	190	180
20MnCr85		P 30	1	---	---	---	---	---	---
Werkzeug- und	1600 - 2000 HB		2	---	260	230	200	180	---
Vergütungsstahl			4	---	240	210	190	170	150
E335 (St 60-2)	750 - 900	P 10	1	330	290	260	230	---	---
C45E (Ck45)			2	310	270	240	220	200	---
C60E (Ck60)									
Bau- und			4	280	250	220	200	180	170
Vergütungsstahl		P 20	1	300	270	240	220	---	---
			2	270	240	220	200	180	---
50CrV4			4	250	220	200	180	160	140
42CrMo4		P 30	1	---	---	---	---	---	---
50CrMo4	1000 - 1400		2	---	220	190	160	140	120
Vergütungsstahl			4	---	200	170	140	130	110

3.9.4 Richtwerte für das Bohren

Tabelle 1: Richtwerte für das Bohren mit **Wendelbohrern** aus Schnellarbeitsstahl für Bohrtiefen $i = 5d$

Werkstoffe	v_c (m/min) (Mittelwerte)		2,5	4	6,3	10	16	25	40
						Bohrerdurchmesser d in mm			
unlegierte Baustähle bis 700 N/mm^2	32	n	4000	2500	1600	1000	630	400	250
z.B. C10, C15, C35, 9S20K, 35S20		f	0,05	0,08	0,12	0,18	0,25	0,32	0,4
z.B. S 275 JR, C35		n	2500	1600	1000	630	400	250	160
unleg. Baustahl > 700 N/mm^2		f	0,05	0,08	0,12	0,18	0,25	0,32	0,4
legierter Stahl bis 1000 N/mm^2	20	n	1600	1000	630	400	250	160	100
z.B. C45, C45, 34Cr4,		f	0,04	0,06	0,1	0,14	0,18	0,25	0,32
22NrCr14,									
25CrMo5, 45S20, 20 MnMo4		n	2500	1600	1000	630	400	250	160
legierter Stahl > 1000 N/mm^2									
z.B. 36CrNiMo4, 20 MnCr5,	12	f	0,08	0,12	0,2	0,28	0,38	0,5	0,63
50CrMo4, 37MnSi5									
		n	2000	1350	800	500	320	200	125
			(4000)	(2500)	(1600)	(1000)	(630)	(400)	(250)
		f	0,06	0,1	0,16	0,22	0,3	0,4	0,5
			(0,03)	(0,05)	(0,08)	(0,11)	(0,15)	(0,2)	(0,25)
		n	8000	5000	3200	2000	1250	800	500
		f	0,08	0,12	0,2	0,28	0,38	0,5	0,63
		n	5000	3200	2000	1250	800	500	320
		f	0,06	0,1	0,16	0,22	0,3	0,4	0,5
		n	8000	5000	3200	2000	1250	800	500
		f	0,08	0,12	0,2	0,28	0,38	0,5	0,63
		n	6300	4000	2500	1600	1000	630	400
		f	0,08	0,12	0,2	0,28	0,38	0,5	0,63

3.9.5 Richtwerte für das Räumen

Tabelle 1: Schnittgeschwindigkeiten v_c (m/min) beim Räumen

Werkstoff	Innenräumen	Außenräumen
S275 JR (St 44-2) E335 (St 60-2)	4 – 6	8 – 10
legierte Stähle bis 1000 N/mm^2	1,5 – 2	4 – 6
Stahlguß	2 – 2,5	5 – 7
Grauguß	2 – 3	5 – 7

3.9.6 Richtwerte für das Schleifen

Tabelle 2: Effektiver Kornabstand λ_{Ke} (*mm*) in Abhängigkeit von der Zustellung a_c (*mm*) und der Körnung der Schleifscheibe

a_c (*mm*)	Schlichten				Schruppen		
Körnung	0,003	0,004	0,005	0,006	0,01	0,02	0,03
60	39	38	37	36	33	23	15
80	47	46	45	44	40	31	24
100	54	53	52	51	48	38	30
120	60	59	58	57	53	44	37
150	64	63	62	61	56	48	40

Tabelle 3: Korrekturfaktor k in Abhängigkeit von der Körnung und der Mittenspandicke

h_m (*mm*) Körnung	0,001	0,002	0,003	0,004
40	5,1	4,3	4,0	3,6
60	4,5	3,9	3,5	3,2
80	4,0	3,6	3,2	3,0
120	3,4	3,0	2,8	2,5
180	3,0	2,6	2,4	2,2
280	2,5	2,2	2,0	1,9

Literaturverzeichnis

Billigmann/Feldmann: Stauchen und Pressen.
2. Aufl., München, Hanser, 1973

Degner, Lutze, Smejkal: Spanende Formgebung.
13. Aufl., München, Hanser, 1993

Flimm, J.: Spanlose Formgebung.
4. Aufl., München, Hanser, 1990

Grüning, K.: Umformtechnik.
4. Aufl., Braunschweig/Wiesbaden, Vieweg, 1986

Hille, P.: Spanlose Fertigung.
Würzburg, Vogel, 1979

Krist, Th.: Formeln und Tabellen Zerspantechnik.
23. Aufl., Braunschweig/Wiesbaden, Vieweg 1996

Paucksch, E.: Zerspantechnik.
9. Aufl., Braunschweig/Wiesbaden, Vieweg 1996

Raab, H. H.: Wirtschaftliche Fertigung.
Braunschweig/Wiesbaden, Vieweg 1984

Reichard, A.: Fertigungstechnik 1.
11. Aufl., Hamburg, Handwerk u. Technik, 1994

Schal, W.: Fertigungstechnik 2.
4. Aufl., Hamburg, Handwerk u. Technik, 1989

Semlinger, E., Hellwig, E.: Spanlose Fertigung, Schneiden-Biegen-Ziehen.
5. Aufl., Braunschweig/Wiesbaden, Vieweg 1994

Schmoeckl, D.: Umformtechnik I + II.
Kolleg. TH Darmstadt, 1987

Tschätsch, H.: Handbuch spanende Formgebung.
Vieweg, 1996

Tschätsch, H.: Handbuch Umformtechnik.
Vieweg, 1996

Varnhagen, H.-G.: Prüfungsaufgaben Maschinentechnik.
Braunschweig/Wiesbaden, Vieweg 1977